Teubner Studienbücher Chemie

G. Fellenberg
Chemie der Umweltbelastung

Teubner Studienbücher Chemie

Herausgegeben von

Prof. Dr. rer. nat. Christoph Elschenbroich, Marburg
Prof. Dr. rer. nat. Friedrich Hensel, Marburg
Prof. Dr. phil. Henning Hopf, Braunschweig

Die Studienbücher der Reihe Chemie sollen in Form einzelner Bausteine grundlegende und weiterführende Themen aus allen Gebieten der Chemie umfassen. Sie streben nicht die Breite eines Lehrbuchs oder einer umfangreichen Monographie an, sondern sollen den Studenten der Chemie – aber auch den bereits im Berufsleben stehenden Chemikern – kompetent in aktuelle und sich in rascher Entwicklung befindende Gebiete der Chemie einführen. Die Bücher sind zum Gebrauch neben der Vorlesung, aber auch – da sie häufig auf Vorlesungsmanuskripten beruhen – anstelle von Vorlesungen geeignet. Es wird angestrebt, im Laufe der Zeit alle Bereiche der Chemie in derartigen Lernbüchern vorzustellen. Die Reihe richtet sich auch an Studenten anderer Naturwissenschaften, die an einer exemplarischen Darstellung der Chemie interessiert sind.

Chemie der Umweltbelastung

Von Prof. Dr. rer. nat. Günter Fellenberg
Technische Universität Braunschweig

2., überarbeitete und erweiterte Auflage

B.G.Teubner Stuttgart 1992

Prof. Dr. rer. nat. Günter Fellenberg

Geboren 1936 in Hamburg. Studium der Fächer Biologie, Chemie und Geographie für das Höhere Lehramt an der Universität Erlangen. 1962 Promotion über pflanzliche Gewebekulturen. 1962 wiss. Mitarbeiter am MPI für Pflanzengenetik, Rosenhof/Ladenburg. 1963 wiss. Assistent am Botanischen Institut der TU Hannover. 1968 Habilitation mit einer Arbeit über Restitutionsprozesse an Keimlingen. Im selben Jahr Dozentur am Botanischen Institut der TU Braunschweig.
Seit 1975 werden Lehrveranstaltungen über Fragen der Umweltbelastung für Hörer aller Fakultäten abgehalten.

Die Deutsche Bibliothek – CIP-Einheitsaufnahme

Fellenberg, Günter:
Chemie der Umweltbelastung / von Günter Fellenberg
2., überarb. und erw. Aufl.
Stuttgart : Teubner, 1992
(Teubner Studienbücher : Chemie)

ISBN 978-3-519-13510-4 ISBN 978-3-322-91879-6 (eBook)
DOI 10.1007/978-3-322-91879-6

Vorwort

Während der vergangenen Jahre zeigte sich, daß anthropogene Emissionen nicht nur auf direktem Wege Schäden verursachen, sondern daß oftmals zunächst eine Reihe von Reaktionen in der Umwelt ablaufen, die einen freigesetzten Stoff erst zum Schadstoff werden lassen. Bereits vor Jahrzehnten stellte man fest, daß beispielsweise im oxidierend wirkenden Smog vom Los Angeles Typ bestimmte Bestandteile der Kraftfahrzeugabgase photochemisch zu Ozon und höhermolekularen Kohlenwasserstoffen umgewandelt werden. Inzwischen kennt man eine Vielzahl von Reaktionen, die von Schadstoffen anthropogenen Ursprungs in der Umwelt durchlaufen werden. Dazu gehören nicht nur Umsetzungen, aus denen toxisch wirkende Substanzen hervorgehen. Viele Reaktionsabläufe führen auch zum Abbau oder zur Entgiftung von Umweltschadstoffen. Schließlich nutzt man die Reaktionsfähigkeit verschiedener Schadstoffe für technische Reinigungsverfahren aus. Somit kommt den chemischen Aspekten von Umweltschadstoffen inzwischen besondere Bedeutung zu.

Bei der Betrachtung der Reaktionen von Umweltschadstoffen stellt man fest, daß viele der beobachteten Reaktionen enzymatisch gesteuert werden. So ist die Chemie der Umweltbelastung eng verknüpft mit der Biochemie der Umweltbelastung. Obwohl in diesem Buch biochemische Probleme der Umweltbelastung nur vereinzelt angeschnitten werden, sollte man nicht übersehen, daß die Stoffwechsel von Mensch, Tier und Pflanze wichtige Reaktionsmilieus für freigesetzte Umweltschadstoffe darstellen.

An Einzelbeispielen wird darauf hingewiesen, daß chemische Vorgänge freigesetzter Schadstoffe auch mit Klimafaktoren, Bodenbeschaffenheit, Nahrungsmittelherstellung und Radioaktivität in Beziehung stehen. Solche Hinweise sollen daran erinnern, daß ein so komplexes Gebiet wie das der Umweltbelastungen nicht alleine aus einem Blickwinkel betrachtet werden sollte, um einseitig ausgerichtete Schlußfolgerungen zu vermeiden.

Trotz der Vielschichtigkeit der Umweltproblematik wurde versucht, das dargestellte Gebiet übersichtlich zu gliedern und möglichst nur wichtige oder exemplarische Prozesse herauszugreifen, um sie in einfacher und lernbarer Form wiederzugeben.

Die Anregung, ein Buch über "Chemie der Umweltbelastung" zu schreiben, gab mir Herr Prof. Dr. H. Hopf, Mitherausgeber dieser Lehrbuchreihe und er übernahm gleichzeitig die mühevolle Aufgabe, das Manuskript durchzuarbeiten. Für den Anstoß zu der fesselnden Arbeit und für seine bereitwillige Hilfeleistung während der Erstellung des Manuskripts bin ich Herrn Hopf außerordentlich dankbar. Vervollständigt wurde das angenehme Arbeitsklima durch viele freundlich-geduldige Hilfestellungen von Herrn Dr. P. Spuhler vom Verlag B. G. Teubner.

Braunschweig, Sommer 1990 G. Fellenberg

Vorwort zur zweiten Auflage

Zur Erstellung der zweiten Auflage gaben mir Herr Professor Dr. Chr. Elschenbroich und Herr Professor Dr. H. Hopf viele wertvolle Hinweise und Ratschläge. Herr Professor Dr. R. Brandt, Institut für Kernchemie der Universität Marburg, hat besonders das Kapitel über Kernchemie einer gründlichen Revision unterzogen. Ihnen allen sei für ihre freundliche Mitarbeit herzlich gedankt. Ebenso danke ich Herrn Dr. P. Spuhler für seine Geduld bei der Herausgabe der neuen Auflage, die sich aus arbeitstechnischen Gründen leider etwas verzögerte.

Von den in diesem Buch behandelten Stoffen sind derzeit nicht mehr alle in der Bundesrepublik Deutschland gesetzlich zugelassen. Dazu gehören u. a. DDT, PCBs und einige andere, besonders halogenierte Kohlenwasserstoffe. Wegen der Langlebigkeit dieser Substanzen und weil diese Stoffe oftmals noch in anderen Ländern weiterhin verwendet werden, sind sie nach wie vor für unsere Umwelt von Bedeutung und gehören deshalb weiterhin zum Stoffgebiet dieser Einführung.

Braunschweig, Sommer 1992 G. Fellenberg

Inhaltsverzeichnis

1	Was sind Umweltbelastungen?	11
1.1	Die natürliche Veränderlichkeit der Umwelt	11
1.2	Anthropogene Umweltveränderungen im Vergleich zu natürlichen Umweltveränderungen	13
1.3	Bewertungen von Umweltbelastungsfaktoren	15
2	Veränderungen der Atmosphäre	16
2.1	Stäube und Aerosole	16
2.1.1	Definitionen	16
2.1.2	Ursprung und Verweildauer in der Atmosphäre	17
2.1.3	Verhalten in der Atmosphäre	21
2.1.3.1	Einfluß auf Strahlungsbilanz und Wärmehaushalt der Atmosphäre	21
2.1.3.2	Chemische Reaktionen in Troposphäre und Stratosphäre	22
2.1.3.3	Bedeutung für Korrosionsvorgänge an Metallen und Steinen	25
2.1.3.4	Beeinträchtigung der Gesundheit des Menschen	25
2.1.3.4.1	Hemmung der Vitamin D - Bildung	25
2.1.3.4.2	Silikose und Asbestose	27
2.1.3.4.3	Wirkungen von Metallstäuben	28
2.1.3.4.4	Stäube und Allergiebildung	30
2.1.3.5	Stäube und die Photosynthese der Pflanzen	33
2.1.4	Technische Entstaubungsverfahren	34
2.1.5	Staubfilterung mit Hilfe von Pflanzen	39
2.2	Gase	41
2.2.1	Emission, Transmission, Immission	41
2.2.2	Grenzkonzentrationen für Abgase	45
2.2.3	Kohlenmonoxid	49

2.2.3.1 Herkünfte 49

2.2.3.2 Toxizität 50

2.2.3.3 Bindung und Entgiftung in der Natur 53

2.2.4 Kohlendioxid 53

2.2.4.1 Chemisches und biochemisches Gleichgewicht von CO_2 in der Atmosphäre 53

2.2.4.2 Das Verhalten von CO_2 in der Atmosphäre 54

2.2.5 Schwefeldioxid 59

2.2.5.1 Natürliche und anthropogene Quellen 59

2.2.5.2 Verhalten in der Atmosphäre 60

2.2.5.3 Reaktionen in der Atmosphäre und Bildung von reduzierendem Smog 62

2.2.5.4 Zerstörung von Metallen, Mauerwerk und Gläsern 64

2.2.5.5 Physiologische Wirkung auf Menschen und Tiere 68

2.2.5.6 Physiologische Wirkungen auf Pflanzen 69

2.2.6 Stickoxide 71

2.2.6.1 Natürliche und anthropogene Quellen 71

2.2.6.2 Oxidation und chemische Umsetzungen während der Transmission 73

2.2.6.3 Photochemische Bildung von oxidierend wirkendem Smog 74

2.2.6.4 Tages- und Jahresgang des photochemisch gebildeten Ozons 76

2.2.6.5 Wirkung von NO_x und O_3 auf den Menschen 79

2.2.6.6 Biochemische Effekte bei Pflanzen 80

2.2.7 Das Problem des Waldsterbens 85

2.2.8 Technische Verfahren zur Emissionsminderung 88

2.2.9 FCKW, N_2O und das stratosphärische Ozon 97

2.2.9.1 Herkunft von FCKW und N_2O 98

2.2.9.2 Photochemische Reaktionen in der Stratosphäre und das polare Ozonloch 99

3. Beeinträchtigung von Grund- und Oberflächenwasser 103

3.1 Bewertungsmaßstäbe für die Wasserbelastung 104

3.2 Organische Rückstände 109
3.2.1 Mikrobiell abbaubare Stoffe und Eutrophierung des Abwassers 109
3.2.2 Harnstoff- und Ammoniakbildung im Abwasser 111
3.2.3 Nicht oder schwer abbaubare Substanzen 111
3.2.4 Bedeutung von Tensiden 119
3.3 Anorganische Rückstände 120
3.3.1 Ionen aus Auftausalzen und Düngemitteln 120
3.3.2 Schwermetalle 124
3.3.3 Säureeintrag und Fischsterben 133
3.4 Reinigungsverfahren 134
3.4.1 Biologische Reinigungsverfahren 135
3.4.2 Spezielle Abwasserreinigungsverfahren 141
3.4.3 Reinigungsverfahren bei der Trinkwassergewinnung 145

4 Bodenbelastung 148
4.1 Aufbau und Zusammensetzung des Bodens 148
4.2 Bodenverdichtung 150
4.3 Bodenveränderungen durch bestimmte Formen der Bodennutzung 151
4.4 Anthropogene Schadstoffeinträge 153
4.4.1 Säureeintrag und dessen bodenchemische Konsequenzen 153
4.4.2 Eintrag von Schwermetallen und deren Verfügbarkeit für Pflanzen 155
4.4.3 Eintrag von Pestiziden und deren Verhalten 158
4.4.4 Schadstoffeintrag mit Klärschlamm 161
4.4.5 Bedeutung von Tausalzen für die Bodenstruktur 162
4.5 Böden als Bestandteil von Landschaften und Lebensräumen 163

5 Allgemein verbreitete Substanzen (Ubiquisten) 164

6 Nahrungs- und Genußmittel 183
6.1 Schadstoffbelastung bei der Nahrungsmittelerzeugung 184
6.2 Aufbereitung von Nahrungs- und Genußmitteln 189
6.3 Konservierungsmittel und Verpackungen 192
6.4 Mycotoxine, Phytoplanktontoxine, Bakterientoxine 196
6.5 Natürlich vorkommende Toxine in pflanzlichen Nahrungsmitteln 206

7 Gebrauchsartikel 211
7.1 Schädlingsbekämpfungsmittel 212
7.1.1 Chemische Klassifizierung 212
7.1.2 Beispiele für abiotischen und biotischen Abbau 213
7.1.3 Toxizität 216
7.1.4 Ermittlung von Grenzkonzentrationen 219
7.2 Putz-, Wasch- und Reinigungsmittel 222
7.3 Chemische Reinigung, Farben, Lacke 224
7.4 Kosmetika und Körperpflegemittel 225

8 Radioaktivität 227
8.1 Was ist Radioaktivität? 227
8.2 Physikalische und biologische Halbwertzeit von Radionukliden 230
8.3 Strahleninduzierte Reaktionen im Gewebe 231
8.4 Das Problem der Grenzwertabschätzung 239
8.5 Quellen künstlicher Radioaktivität in der Umwelt 241
8.6 Kernwaffen und der nukleare Winter 245

9 Ausblick 247

Glossar 249

Literatur 253

Sachregister 255

1 Was sind Umweltbelastungen?

1.1 Die natürliche Veränderlichkeit der Umwelt

Will man sich mit Fragen der Umweltbelastung auseinandersetzen, dann hat man keineswegs ein so klar umrissenes Gebiet vor sich, wie es auf den ersten Blick erscheinen mag. Natürlich gibt es ganz eindeutige Fälle: als im Jahre 1976 in Seveso (Italien) der Druckbehälter eines Chemiewerkes undicht wurde und die hochtoxische Substanz 2,3,7,8-Tetrachlordibenzodioxin (TCDD) austrat und Menschen und Tiere in Mitleidenschaft zog, handelte es sich zweifellos um einen Fall von Umweltbelastung. Wie sieht es aber im Falle der Freisetzung von Stickoxiden durch Kraftfahrzeuge aus? Der natürliche Stickoxidgehalt der Atmosphäre liegt um ein Vielfaches höher, als der Betrag der anthropogenen Stickoxidemissionen. Darf man in diesem Falle noch ernsthaft von einer Umweltbelastung sprechen? Dieses Problem wird später (Abschn. 2.2.6) eingehend erörtert. Eine weitere Komplikation erwächst daraus, daß die Lebensbedingungen auf der Erde nie konstant waren, sondern einem steten Wechsel unterlagen.

Greifen wir als Beispiel die Erdatmosphäre heraus. Natürlich weiß man nicht mit letzter Sicherheit, wie sie ursprünglich zusammengesetzt war. Geht man jedoch davon aus, daß sie durch Ausgasung sich verfestigenden, glühenden Gesteinsmaterials entstand, dann dürfte sie ähnlich zusammengesetzt gewesen sein, wie die heute zu beobachtenden vulkanischen Exhalationen, nämlich zu etwa 80 % Wasserdampf, 10 % Kohlendioxid, 5 - 7 % Schwefelwasserstoff, je 0.5 - 1 % Wasserstoff, Stickstoff und Kohlenmonoxid, sowie Spuren von Methan, Halogenwasserstoffen und Edelgasen. Andere Vorstellungen gehen u. a. von einem höheren Methangehalt aus. Einig ist man sich jedoch darüber, daß noch kein freier Sauerstoff vorhanden war. Beweise dafür liefern etwa 2.5 Mrd Jahre alte Gerölle aus Uranitit (hauptsächlich UO_2) und Pyrit (FeS_2), die wegen ihrer abgerundeten Form offenbar als Geröll in Flußläufen rund geschliffen wurden. Hätte zu jener Zeit die Atmosphäre freien Sauerstoff enthalten, dann wären diese leicht oxidierbaren Mineralien nicht, unter alten Sedimenten eingeschlossen, erhalten geblieben. Erst mit der Entstehung photosynthetisch tätiger Organismen auf der Erde, konnte Wasser in großer Menge photolytisch zu Wasserstoff und Sauerstoff gespalten werden. Während die Organismen den Wasserstoff zur Bildung von Assimilaten, d. h. reduzierten Kohlenstoffverbindungen benötigen, entweicht der Sauerstoff in molekularer Form als Abfallprodukt. Zunächst löste sich der freie Sauerstoff in den Ozeanen, wo auch die ersten Photosynthetiker entstanden sein dürften. Erst nach der Sättigung des Wassers mit gelöstem Sauerstoff wurde dieses Gas an die Atmosphäre abgegeben, wo es sich seither anreicherte. Heute setzt sich die Erdatmosphäre folgendermaßen zusammen: etwa 78 % Stickstoff, 21 % Sauerstoff, 0.9 % Argon, 0.4 - 4 % Wasserdampf, 0.03 - 0.034 % Kohlendioxid und einige weitere Spurengase.

Die hier nur ganz knapp geschilderte Veränderung der Erdatmosphäre hatte tiefgreifende Änderungen des Stoffwechsels der auf der Erde lebenden Organismen zur Folge: unter den Bedingungen der reduzierend wirkenden Primordialatmosphäre konnten die damals lebenden Einzeller organische Substanzen nur durch die energetisch ungünstige Glycolyse abbauen. Erst mit dem Auftreten von freiem Sauerstoff erwarben die sich nun entwickelnden, mitochondrienhaltigen Eukaryonten die Fähigkeit, energiereiche Substrate oxidativ abzubauen. Organische Stoffe wurden von nun an zu CO_2 und H_2O veratmet. Mit dem Auftreten der Eukaryonten und ihrer besseren Nutzung von Assimilaten durch Atmung beobachtet man eine stürmische Weiterentwicklung der Organismen: während in dem Zeitraum von vor 3.5 Mrd Jahren bis vor etwa 1.5 Mrd Jahren lediglich Bakterien und Blaugrüne Algen existierten, entwickelten sich während der letzten 1.5 Mrd Jahre alle Tierstämme, alle echten Algen, Pilze und Landpflanzen. Während dieser vergangenen 1.5 Mrd Jahre nahm der Gehalt der Luft an freiem Sauerstoff von schätzungsweise 1 % auf die heute vorhandenen 21 % zu.

Die Änderungen der Zusammensetzung der Erdatmosphäre, Änderungen der klimatischen Verhältnisse, Änderungen des Oxidationszustandes der Gesteine, sowie die kontinuierliche Abnahme der Strahlungsintensität des Bodens haben den Lebensraum auf der Erde immer wieder so tiefgreifend umgebildet, daß davon die Lebewesen stets mitbetroffen wurden: viele Arten starben aus, andere entstanden neu. Wenngleich das Aussterben von Arten häufig auch auf genetische Ursachen zurückzuführen sein dürfte, so sind in aller Regel auch die sich ändernden Umweltbedingungen ursächlich daran mitbeteiligt. Als beispielsweise gegen Ende des Karbons vor etwa 280 Mio Jahren viele Farne, Bärlappe und Schachtelhalme ausstarben, die zuvor die riesigen Steinkohlewälder bildeten, gab dazu das im europäischen Raum deutlich kühler und trokkener werdende Klima den Anlaß. Umweltveränderungen und Veränderungen der Artenzusammensetzung gehörten also von jeher zum normalen Geschehen im Verlaufe der Erdgeschichte.

Ist es angesichts dieses Tatbestandes überhaupt erforderlich, die heute zu beobachtenden Umweltveränderungen als besorgniserregend zu betrachten, wenn natürliche Veränderungen im Verlaufe der Erdgeschichte weitaus einschneidendere Zäsuren setzten, als anthropogene Milieuveränderungen in der Gegenwart? Und ist es den Menschen überhaupt möglich, den Naturhaushalt der Erde so nachhaltig zu belasten, daß die Selbstregulationsmechanismen nicht mehr ausreichen, um die Spuren menschlicher Tätigkeiten wieder zu kompensieren? Solche Fragen werden nicht nur von Laien aufgeworfen sondern auch von Naturwissenschaftlern. Man muß diesen Fragen deshalb ernsthaft nachgehen.

1.2 Anthropogene Umweltveränderungen im Vergleich zu natürlichen Umweltveränderungen

Zur Beantwortung der soeben aufgeworfenen Fragen empfiehlt es sich, natürliche und anthropogene Umweltveränderungen miteinander zu vergleichen. Dabei sollen drei Kriterien kurz beleuchtet werden: der Mengenfaktor, der Zeitfaktor und die Toxizität anthropogener Umweltveränderungen.

Rein quantitativ betrachtet erreichen anthropogene Belastungen der Atmosphäre und der Lithosphäre nicht das Ausmaß der natürlichen Veränderungen, wie sie bereits kurz beschrieben wurden. Gase anthropogenen Ursprungs erreichen, bezogen auf die Gesamtatmosphäre, lediglich Konzentrationen im ppm- oder ppb- Bereich, d. h. es handelt sich nur um Spurengase. In emissionsnahen Regionen, wie Großstädten und industriellen Ballungsräumen erreichen jedoch Abgase wesentlich höhere Konzentrationen als nach globaler Ausbreitung, doch wird auch hier der ppm-Bereich kaum einmal überschritten. Ganz ähnlich verhält es sich mit Veränderungen der Lithosphäre und der Hydrosphäre. Lediglich in sehr eng begrenzten Systemen können Boden und Wasser Veränderungen im Prozentbereich aufweisen. Beispielsweise stieg der Salzgehalt des Baikalsees in der UdSSR durch exzessive Wassergewinnungsmaßnahmen für landwirtschaftliche Zwecke von ursprünglich 0.8 % auf derzeit 2.7 %.

Während alleine die quantitative Betrachtung anthropogener Umweltveränderungen, zumindest auf globaler Ebene nicht besonders auffällig zu sein scheint, setzen sich anthropogene von natürlich ablaufenden Umweltveränderungen recht deutlich in der Geschwindigkeit ab, in der sie sich vollziehen. Natürliche Umweltveränderungen ereignen sich, bezogen auf ein Menschenleben, unmerklich langsam. Anthropogene Umweltveränderungen treten besonders in diesem Jahrhundert vergleichsweise sehr schnell in Erscheinung: Die Sauerstoffanreicherung in der Atmosphäre von ca. 1 % auf derzeit ca. 21 % nahm etwa 1 bis 1.5 Mrd Jahre in Anspruch, das entspricht in 200 000 bis 300 000 Jahren einem Anstieg von 0.004 %. Eine Zunahme des CO_2-Gehaltes der Atmosphäre um ca. 0.004 % schaffte der Mensch innerhalb weniger Jahrzehnte. Zwar ist diese Gegenüberstellung nicht ganz richtig, weil der Sauerstoffgehalt der Atmosphäre nicht linear mit der Zeit zunahm, dennoch zeigt diese Gegenüberstellung ungefähr die Unterschiedlichkeit des zeitlichen Ablaufs natürlicher und anthropogener Umweltveränderungen. Für Lebewesen ergibt sich daraus die Konsequenz, daß ihnen natürliche Umweltveränderungen häufig die Chance zu einer genetischen Anpassung einräumen, während die Geschwindigkeit anthropogener Veränderungen zumindest für höher entwickelte Organismen diese Möglichkeit vollkommen ausschließt.

Eine weitere Eigenschaft anthropogener Umweltbelastungen besteht oftmals in ihrer hohen Toxizität gegenüber Menschen und vielen anderen Lebewesen. Die hohe Toxizität kann entweder durch Anreicherung natürlich vorkommender Elemente verursacht werden oder durch die Herstellung künstlicher Stoffe. Beispiele für die Anreicherung natürlich vorkommender, toxisch wirkender Elemente in der Biosphäre liefern u. a. viele Schwermetalle wie Blei, Chrom, Cadmium usw. Beispiele problematischer, synthetischer Stoffe findet man u. a. im Bereich von Pestiziden und bei bestimmten halogenierten Verbindungen.

1.3 Bewertungen von Umweltbelastungsfaktoren

Beim Vergleich anthropogener und natürlicher Umweltfaktoren klang wiederholt an, daß Umweltbelastungen den Menschen in seinem Wohlbefinden beeinträchtigen. Doch sollte man nicht den Menschen zum alleinigen Maß für Gefährdungen durch Belastungsfaktoren erheben, denn auch Belastungsfaktoren, die den Menschen primär nicht tangieren, können die Umwelt so stark in Mitleidenschaft ziehen, daß viele andere Lebewesen in ihrer Existenz bedroht werden oder es können Veränderungen in der unbelebten Umwelt ablaufen, wie gewisse klimatische Verschiebungen. Viele solcher Veränderungen, die zunächst keine direkten toxischen Auswirkungen auf den Menschen erkennen lassen, können den Lebensraum auf der Erde so stark beeinflussen, daß längerfristig betrachtet, auch das Weiterleben des Menschen schwierig wird. Einige Beispiele sollen das verdeutlichen.

Das Wohlbefinden der Menschen hängt u. a. von einer ausreichenden Produktion pflanzlicher Nahrungsmittel ab. Den hierfür benötigten Kulturpflanzen müssen ausreichend fruchtbarer Boden, Wasser, Sonnenlicht ohne zu hohen UV-Anteil sowie angemessene Temperaturen zur Verfügung stehen. Deshalb wirken sich beispielsweise auch bodenverändernde Einflüsse langfristig auf den Menschen aus. Chemikalien, die von Pflanzen aufgenommen werden, gelangen über die Nahrung schließlich zum Menschen. Deshalb gilt es darauf zu achten, daß Kulturpflanzen nur mit solchen Stoffen in Berührung kommen, die der Mensch verträgt, oder die die Pflanzen in menschenverträgliche Substanzen umwandeln. Dabei ist es unerheblich, ob es sich um Dünger, Pflanzenschutzmittel oder um andere Stoffe handelt, die die Pflanze nur resorbiert, weil sie deren Aufnahme nicht verhindern kann, wie beispielsweise Cadmiumverbindungen oder radioaktives Cäsium. Man sollte sich deshalb stets darum bemühen, alle freigesetzten Stoffe möglichst weitsichtig zu bewerten. Doch damit nicht genug. Da das Gedeihen der Kulturpflanzen von bodenbildenen Tieren abhängt, von sog. Schädlingen, die die Kulturpflanzen selber als Nahrungsquelle nutzen und diese Organismen wiederum in enger Beziehung zu sog. Nützlingen stehen, die die Schädlinge unter Kontrolle halten, gerät man unversehens in das weite Gebiet der Ökologie. Man müßte eigentlich Teilwissenschaft an Teilwissenschaft reihen, um Fragen der Umweltbelastungen wirklich nach allen Richtungen hin durchleuchten zu können. Mit dieser Andeutung fächerübergreifender Probleme der Umweltbelastungen wollen wir es jedoch bewenden lassen und uns hauptsächlich chemischen Fragen der Umweltbelastungen zuwenden.

2 Veränderungen der Atmosphäre

2.1 Stäube und Aerosole

Aus der Fülle von Umweltbelastungen soll zunächst die Luftbelastung herausgegriffen werden. In die Luft werden Stäube, Gase und Dämpfe entlassen, die die Lebensbedingungen der Menschen direkt oder indirekt beeinflussen. Die in die Atmosphäre emittierten Stäube und Aerosole sind meist zu keinen besonders auffälligen, chemischen Reaktionen befähigt, doch können sie die Gesundheit von Lebewesen beeinträchtigen und z. T. im Zusammenhang mit anderen Luftbelastungsfaktoren bedeutsam werden.

2.1.1 Definitionen

Unter Staub versteht man sedimentierbare Partikel von Feststoffen mit einem Partikeldurchmesser > 1 µm. Chemisch lassen sich Stäube nicht definieren, denn sie können von reinen Quarzkörnchen bis zu organischen Feststoffen oder Pollenkörnern von Pflanzen alle denkbaren Substanzen enthalten. Global betrachtet dominieren Mineralstäube bei weitem. Regional können jedoch, je nach der Hauptemissionsquelle ganz andere Substanzen dominieren, wie Alkali- oder Erdalkaliverbindungen, Schwermetalle, Kohlenwasserstoffe oder Farnsporen.

Als Aerosole bezeichnet man kolloidal dispergierte Systeme,

wobei das Dispersionsmedium in der Regel Luft ist. Entsprechend der Definition von Kolloiden liegt die Partikelgröße zwischen 0.1 und 0.001 µm Durchmesser. Im Unterschied zu Stäuben enthalten Aerosole nicht nur Feststoffe sondern auch Flüssigkeitströpfchen, die aus kondensierten Dämpfen gebildet wurden, oder aus Reaktionsprodukten von Gasen hervorgehen. Solche Tröpfchen können auch gelöste Substanzen enthalten. In der Regel werden auch Flüssigkeitströpfchen der Größenordnung zwischen 0.1 und 1 µm den Aerosolen zugerechnet. Weniger einheitlich behandelt man Feststoffe gleichen Durchmessers. Mitunter stellt man sie zu den Aerosolen, häufig werden sie auch als Feinstäube bezeichnet.

Aus physiologischer Sicht kommt den Partikelgrößen < 5 µm besondere Bedeutung zu, denn mit kleiner werdendem Durchmesser tendieren die Teilchen immer stärker dazu, sich gasähnlich auszubreiten. Das bedeutet, sie werden von den Flimmerepithelien der Bronchien des Menschen nicht mehr aus der Atemluft herausgefiltert und sie werden vom Regen kaum noch aus der Luft ausgewaschen. Dadurch erreichen sie wesentlich längere Verweilzeiten in der Atmosphäre als gröbere Stäube. Dieser Tatbestand ist besonders wichtig für die im nächsten Abschnitt zu besprechende Ausbreitung von Stäuben und Aerosolen in der Atmosphäre.

2.1.2 Ursprung und Verweildauer in der Atmosphäre

Zunächst sollen jedoch die wichtigsten Staub- und Aerosolquellen erwähnt werden.

Stäube und Aerosole entspringen teils natürlichen, teils anthropogenen Emittenten. Auf natürliche Weise entstehen Salzkörnchen aus der Gischt des Meerwassers, Mineralstäube stammen aus trockenen Böden, Stäube und Aschen aus Vulkanen, Rauchpartikel aus Vegetationsbränden und es bilden sich Staubpartikel bei Reaktionen von Gasen, wie beispielsweise Nitrate und Sulfate.

Anthropogenen Ursprungs sind industriell erzeugte Stäube und Rauchpartikel, Ruß und Rauch aus Verbrennungsanlagen, sowie Reaktionsprodukte von Gasen anthropogenen Ursprungs. Unter diesen Reaktionsprodukten spielen Sulfate die dominierende Rolle (Abschn.

2.2.5.3).

Da es im Falle der aus Böden ausgeblasenen Stäube vielfach unklar ist, ob die pflanzenlosen Regionen natürlichen oder anthropogenen Ursprungs sind, muß man darauf verzichten, Zahlen für anthropogen und natürlich entstandene Stäube anzugeben. Doch trotz der Unsicherheit über die primären Auslöser der Staubbildung kann man wohl davon ausgehen, daß von den ca. 1670 Megatonnen Staub und Aerosol, die jährlich in die Atmosphäre gelangen, weit über die Hälfte natürlichen Ursprungs sein dürfte.

Die Verweildauer der Partikel in der Atmosphäre und damit ihre Ausbreitung, hängen von deren Größe und Dichte ab, aber auch von der herrschenden Windgeschwindigkeit und davon, wie hoch die Stäube primär in die Atmosphäre emporgewirbelt wurden. Gröbere Partikel sedimentieren innerhalb von Stunden oder Tagen. Dennoch können auch sie über hunderte von Kilometern verdriftet werden, wenn sie hoch genug aufgewirbelt wurden. Beispielsweise konnten Stäube aus der Sahara im Süden der USA, in Mittel- und Südamerika nachgewiesen werden. Die Partikelgröße dieser Stäube liegt bei 12 µm Durchmesser und darüber. Ihre Dichte liegt durchschnittlich bei 2.5 g/cm^3. Dabei handelt es sich keineswegs um Spuren, vielmehr schätzt man die durch die Luft transportierte Staubmenge aus der Sahara auf etwa 100 bis 400 Megatonnen jährlich. Die Stäube werden teils trocken, teils mit dem Regenwasser niedergeschlagen.

Partikel, die sich gasähnlich ausbreiten, besonders solche von 1 µm Durchmesser und weniger, entziehen sich weitgehend dem Auswaschungseffekt durch Niederschläge. Dadurch erreichen sie auch in bodennahen Luftschichten Verweilzeiten von 10 bis 20 Tagen. Diese Zeitspanne reicht aus, um eine Ausbreitung über eine Hemisphäre hinweg zu ermöglichen. Ein Übertritt von der Nordhemisphäre in die Südhemisphäre und umgekehrt ist allerdings auch im Verlauf von 20 Tagen nicht möglich, weil die äquatoriale Tiefdruckrinne rund um den Globus einen Luftmassenaustausch zwischen beiden Hemisphären erheblich erschwert (Abb. 2.1).

Werden Stäube und Aerosole bis in die oberen Schichten der Troposphäre aufgewirbelt, dann können sie mit Jet-Streams (= horizontale Strahlströme im Grenzbereich von Troposphäre und Stratosphäre, die an ihren Flanken Wirbel erzeugen) in die Stratosphäre gelangen (Abb. 2.2).

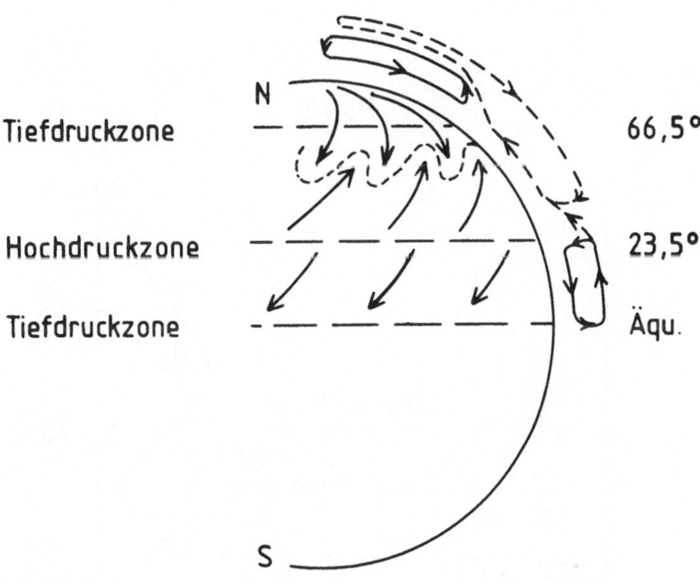

Abb. 2.1 Die planetarischen Windgürtel der Erde

Bei starken Vulkanausbrüchen können Asche- und Staubpartikel bis zu 20 km und höher getragen werden, wie im Falle des Krakatau im Jahre 1883 und des Mount St. Helens im Jahre 1980. Für stratosphärische Stäube und Aerosole rechnet man mit Verweilzeiten von 1 bis 3 Jahren.

Ausschließlich von regionaler Bedeutung sind Stäube und Aerosole, die in Städten und industriellen Ballungsgebieten erzeugt werden. Sie bilden über ihrem Entstehungsort Dunstglocken, die jedoch bei kräftigen Luftbewegungen fahnenartig leeseits verlagert werden und so die Umgebung der Emissionsquelle mit beeinträchtigen.

Besonders in den klimatisch gemäßigten Breiten wechselt die Staubemission mit der Jahreszeit: die natürlich entstandenen Stäube erreichen ihr Maximum während der trockenen Sommermonate, während die anthropogen entstandenen Stäube, speziell in dichten Siedlungsgebieten und Städten ein deutliches Wintermaximum aufweisen. Als Hauptverursacher hierfür sieht man die winterliche Wohnraumheizung an.

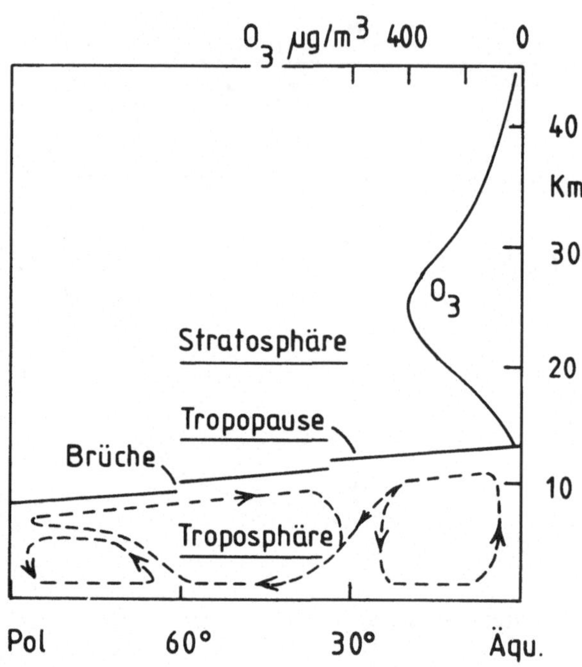

Abb. 2.2 Der vertikale Aufbau der Erdatmosphäre

Noch enger begrenzt auf lokale Emissionsorte bleiben Stäube und Aerosole, die in geschlossenen Räumen erzeugt werden. Sofern keine geeigneten Lüftungs- oder Absaugvorrichtungen vorhanden sind, können sie dort Konzentrationen erreichen, die bereits die Gesundheit der Menschen gefährden. Dazu gehören besonders allergieerzeugende Stäube.

2.1.3 Verhalten in der Atmosphäre

2.1.3.1 Einfluß auf Strahlungsbilanz und Wärmehaushalt der Atmosphäre

Die in der Atmosphäre befindlichen Staub- und Aerosolpartikel beeinflussen den Strahlungshaushalt durch Streuung, Reflexion und Absorption. Diese Vorgänge sind besonders im Hinblick auf mögliche Klimaänderungen in Verbindung mit CO_2 und anderen IR-absorbierenden Gasen von Bedeutung und müssen deshalb kurz erwähnt werden.

Bei Partikeldurchmessern von mehr als 1 µm nimmt die Infrarotabsorption deutlich zu, so daß sich die mit solchen Stäuben belasteten Luftschichten erwärmen und die darunterliegenden Bereiche entsprechend kühler werden lassen. Kleinere Partikel tragen dagegen mehr zur Lichtstreuung bei. Lediglich Teilchen mit einem Durchmesser < 0.4 µm (= kleiner als die Wellenlänge sichtbaren Lichts) spielen auch für die Streuung keine entscheidende Rolle. Je nach ihrer chemischen Konstitution können sie sich an der UV - Absorption beteiligen.

Dunkel gefärbte Partikel, wie Rußteilchen absorbieren naturgemäß am stärksten sichtbares Licht und IR - Strahlen und tragen dadurch am stärksten zur Abkühlung der Erdoberfläche bei (Abschn. 8.7).

Den weitaus größten Teil des troposphärischen und stratosphärischen Aerosols machen Partikel mit einem Durchmesser von 1 µm und weniger aus. Sie verursachen vor allem Streuungen im sichtbaren Spektralbereich. Infrarotstrahlung absorbieren sie nur geringfügig. Die gegenwärtige Aerosoldichte der Troposphäre verursacht schätzungsweise eine Temperaturerniedrigung an der Erdoberfläche von ca. 1.5 °C. Im Vergleich dazu vermindern der Wasserdampfgehalt der Atmosphäre und die Wolken die Oberflächentemperatur der Erde um etwa 15 °C. Würde sich der derzeitige troposphärische Aerosolgehalt verdoppeln, dann würde die Abkühlung der Erdoberfläche zwar mehr als 1.5 °C betragen, nicht aber das Doppelte dieses Betrages. Immerhin glaubt man, daß eine Verdoppelung des momentanen Aerosolgehalts der Atmosphäre klimatische Veränderungen wahrscheinlich machen würde. Doch derartige Voraussagen sind vage, weil die Aerosollast der Atmosphäre in Verbindung mit einer Reihe weiterer Faktoren gesehen werden muß. Dazu gehören die Reflexionseigenschaft der Erdoberfläche, der Gehalt an wärmeabsorbierenden Gasen der Troposphäre sowie ozonzerstörende Gase in der Stratosphäre.

Das stratosphärische Aerosol in etwa 20 km Höhe verursacht bisher keine klimarelevanten Temperaturveränderungen in der Troposphäre. Sogar starke Vulkanauswürfe konnten keine meßbaren Klimaänderungen auslösen, obwohl dadurch die Temperatur innerhalb der Stratosphäre um mehrere Grad Celsius erhöht wurde. Beispielsweise bestand nach Ausbruch des Vulkans Agung auf Bali im Jahr 1963 über 3 Jahre hinweg ein stratosphärisches Staub- und Aerosolband, das im belasteten Bereich die untere Stratosphäre um 6 - 7° C über den Wert vor dem Vulkanausbruch erwärmte. In bodennahen Luftschichten verminderte sich dadurch die Temperatur lediglich um wenige Zehntel Grad, die keine Klimaänderung auslösten.

Eingehende Messungen in den USA ergaben, daß während der vergangenen 20 Jahre der Gehalt an Schwefelsäureaerosolen in der Stratosphäre jährlich um ca. 9 % zunahm. Diesen Zuwachs führt man auf das ständige Eindringen S - haltiger, anthropogener Emissionen zurück. Alle 7.5 Jahre hat sich dadurch die Dichte des Schwefelsäureaerosols in der Stratosphäre verdoppelt. Bei gleichbleibender Zuwachsrate würde sich die Dichte des Schwefelsäureaerosols in 25 Jahren verzehnfachen. Das könnte sich bereits ähnlich auswirken, wie der Auswurf des Vulkans Agung. Würde sich dazu erneut eine besonders kräftige Vulkaneruption gesellen, oder würden andere wärmespeichernde Gase in die Stratosphäre gelangen, dann könnten Klimaänderungen in den Bereich des Möglichen rücken. Einer Abkühlung in Erdbodennähe steht derzeit die Anreicherung wärmespeichernder Gase in der Troposphäre gegenüber (Abschn. 2.2.4.2). Dennoch sollte man vorsorglich den Veränderungen stratosphärischer Stäube und Aerosole erhöhte Aufmerksamkeit widmen.

2.1.3.2 Chemische Reaktionen in Troposphäre und Stratosphäre

Bisher wurde nur der Sulfatgehalt in der Stratosphäre kontinuierlich messend verfolgt. Der Sulfatbildungsvorgang ist noch weitgehend unklar. Denkbar wäre eine Reaktion von SO_2 mit O_3, jedoch kommen auch Reaktionen von SO_2 mit Radikalen wie $OH^{\cdot}$ in Frage.

In der Troposphäre gilt die Sulfatbildung durch Reaktion von SO_2 mit $OH^{\cdot}$ - Radikalen als gesichert. Die erforderlichen $OH^{\cdot}$ - Radikale stammen aus einer Reaktionskette, die durch die Photolyse von Ozon eingeleitet wird. Ozon kommt in der Troposphäre in einer Konzentration von etwa 10 - 100 ppb vor. In zwei Lichtreaktionen kann Ozon entweder angeregte Sauerstoffatome im Grundzustand O (^3P) bilden oder angeregte Sauerstoffatome im Singulett O ('D) Zustand:

$$(2.1) \quad O_3 \xrightarrow{\lambda > 310\,nm} O_2 + O(^3P)$$

$$(2.2) \quad O_3 \xrightarrow{\lambda < 310\,nm} O_2 + O('D)$$

Angeregte Sauerstoffatome können mit dem Wasserdampf der Atmosphäre $OH^{\cdot}$ - Radikale bilden:

$$(2.3) \quad O('D) + H_2O \longrightarrow OH^{\cdot} + OH^{\cdot}$$

Die außerordentlich reaktiven $OH^{\cdot}$ - Radikale bilden mit SO_2 Schwefelsäure:

$$(2.4) \quad SO_2 + 2\,OH^{\cdot} \longrightarrow H_2SO_4$$

In diese Reaktion tritt nicht nur anthropogen erzeugtes SO_2 ein, sondern auch reduzierte Schwefelverbindungen, nachdem sie, vermutlich mit Hilfe von $OH^{\cdot}$ - Radikalen, zu SO_2 oxidiert wurden.

Die troposphärischen Schwefelsäureaerosole bleiben jedoch, im Gegensatz zu den stratosphärischen Schwefelsäureaerosolen, nur wenige Tage in der Atmosphäre erhalten, bis sie mit dem Regenwasser ausgewaschen oder trocken deponiert werden. Über die Auswirkungen sulfathaltiger Niederschläge wird im Zusammenhang mit SO_2 - Emissionen berichtet (Abschn. 2.2.5.4 - 2.2.5.6).

In der Troposphäre können vor allem alkali- und erdalkalihaltige Stäube zur Neutralisation saurer Emissionen beitragen. Das Ausmaß dieser Reaktionen wurde in der Vergangenheit nicht quantifiziert. Vermutlich spielen sie im Bereich industrieller Ballungsgebiete und von Großstädten eine bedeutendere Rolle als über freiem Land. Da in der

Bundesrepublik während der vergangenen 30 Jahre die Staubemissionen etwa um den Faktor 10 reduziert wurden, während sich die sauren Emissionen im gleichen Zeitraum wesentlich weniger verminderten, muß man davon ausgehen, daß dieser Neutralisationseffekt derzeit weniger zu Buche schlägt als in den fünfziger Jahren.

In den Auspuffgasen von Otto - Motoren, die noch mit bleihaltigen Kraftstoffen betrieben werden, konnte u. a. unverbranntes Bleitetraethyl nachgewiesen werden. Die größten Mengen dieses Stoffes emittiert ein Motor beim Kaltstart. Dabei werden Konzentrationen bis zu 5 mg/m^3 im Auspuffgas erreicht. In der Stadtluft tritt dann eine Verdünnung auf ca. 0.1 - 1 $\mu g/m^3$ ein. Das durchaus flüchtige, wenn auch erst bei 200° C siedende Bleitetraethyl wird in der Luft verdriftet und kann so bis in Reinluftgebiete vordringen. Bei diesem Transport können UV - Strahlen mit einer Wellenlänge von etwa 250 nm das Bleitetraethyl in ein Radikal umwandeln, das in Gegenwart noch unbekannter Elektronenakzeptoren (X) Bleitriethylionen bildet:

$$\text{(2.5)} \quad Pb(C_2H_5)_4 \xrightarrow{\lambda = 250\,nm} Pb(C_2H_5)_3^{\cdot} + C_2H_5^{\cdot}$$

$$Pb(C_2H_5)_3^{\cdot} \xrightarrow{+X} Pb(C_2H_5)_3^{+} + X^{-}$$

Diese Reaktion dürfte vermutlich erst in einiger Entfernung über dem Erdboden ablaufen, wo die UV - Strahlung noch nicht zu stark durch bodennahe Stäube und Aerosole reduziert wurde. Die besondere Eigenschaft von $Pb(C_2H_5)_3^+$ besteht darin, daß es durch seinen Ionencharakter eine hydrophile Komponente aufweist und durch seine C_2H_5 - Gruppen eine lipophile Seite. Dadurch kann es Zellmembranen passieren und innerhalb der Zellen vor allem an thiolgruppenhaltige Proteine angelagert werden. Über die reale Gefährdung von Lebewesen durch Bleitriethylionen liegen noch keine konkreten Befunde vor. Man nimmt an, daß das Bleitriethylion die toxische Komponente darstellt, wenn Vergiftungen mit Bleitetraethyl vorzuliegen scheinen. Möglicherweise kann das Bleitriethylion auch auf anderem Wege gebildet werden (biotisch?) als nach G. 2.5.

2.1.3.3 Bedeutung für Korrosionsvorgänge an Metallen und Steinen

Stäube und Aerosole spielen eine wichtige Rolle bei der Korrosion von Metallen und Steinen, weil sie Überzüge sogar auf geglätteten Oberflächen bilden. Die Stäube enthalten in der Regel hygroskopische Bestandteile. Dazu gehören vor allem Sulfate und Chloride, die Feuchtigkeit binden. Im feuchten Staubfilm lösen sich saure Gase wie SO_2 und HCl. Das SO_2 reagiert mit Wasser zu schwefliger Säure,

$$SO_2 + H_2O \rightleftharpoons H^+ + HSO_3^- \rightleftharpoons 2H^+ + SO_3^{2-} \tag{2.6}$$

die ihrerseits durch Katalytwirkung verschiedener Schwermetallstäube, teils auch durch Reaktion mit photochemisch gebildeten $OH^\cdot$ - Radikalen nach Gl. 2.4 zu Schwefelsäure oxidiert wird. Dazu kommen photochemisch in der Troposphäre gebildete Schwefelsäureaerosole, die sich auf den Oberflächen von Metallen und Steinen niederschlagen. So entstehen besonders in Großstädten und deren Umgebung mikroskopisch nachweisbare Sulfatkrusten auf allen exponierten Oberflächen. Der durch die Staub- und Aerosolniederschläge festgehaltene Säurefilm läßt Steine, Gläser und Metalle weitaus schneller korrodieren als das in einer partikelfreien Atmosphäre der Fall ist.

2.1.3.4 Beeinträchtigung der Gesundheit des Menschen

Neben der Bildung von Speicher- und Reaktionsmedien auf festen Unterlagen und der damit verbundenen Schädigung anorganischer Materialien können Stäube und Aerosole die Gesundheit der Menschen auf direktem wie auf indirektem Wege gefährden.

2.1.3.4.1 Hemmung der Vitamin D - Bildung

Indirekte Wirkungen resultieren aus der verminderten Sonneneinstrahlung in Erdbodennähe. Dabei wird vor allem die Reduktion des UV - Anteils der Sonnenstrahlung physiologisch wirksam. UV - Strahlen sind neben der Körpertemperatur des Menschen erforderlich, um aus dem in der Haut in relativ hoher Konzentration vorliegenden 7-Dehydrocholesterin (= Provitamin D_3) Vitamin D_3 zu bilden (Abb. 2.3). Dieses wird anschließend in Leber und Niere zu dem physiologisch wirksamen 1α,25-Dihydroxycholecalciferol hydroxyliert. Bei UV - Mangel läuft der wichtige erste Schritt von Abb. 2.3 in zu geringem Umfang ab, so daß ein Mangel an Vitamin D_3 auftritt, mit den daraus resultierenden Mangelsymptomen wie gestörter Knochenbildung. Diese Erkrankung wurde als

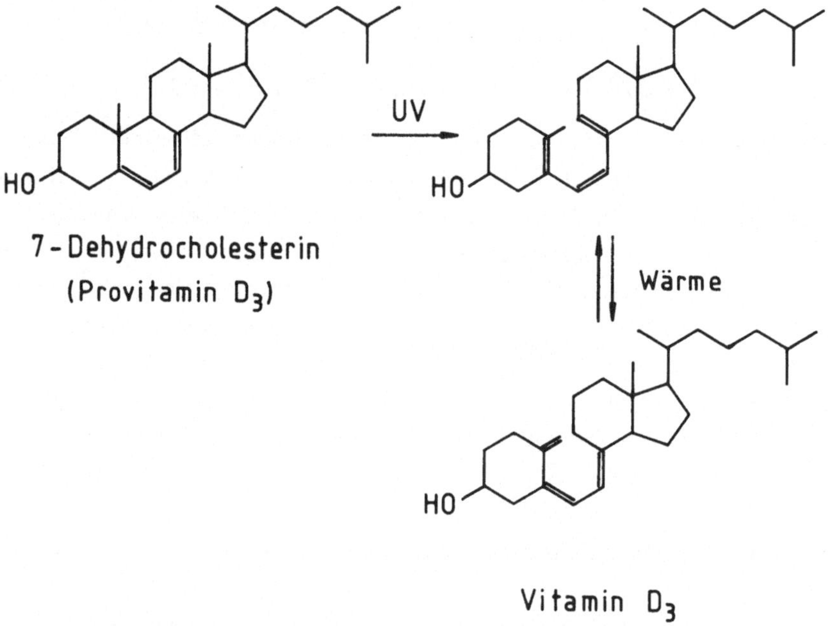

HO

7-Dehydrocholesterin
(Provitamin D_3)

UV

HO

Wärme

HO

Vitamin D_3

Abb. 2.3 Umwandlung von 7-Dehydrocholesterin zu Vitamin D_3

Vitamin D_3 - Mangel - Rachitis bekannt. Sie wurde u. a. im Ruhrgebiet zahlenmäßig erfaßt: während in den städtischen Regionen mit ihrer stark verstaubten Atmosphäre bei etwa 15.1 % der Säuglinge Rachitis festgestellt wurde, lag die Erkrankungshäufigkeit bei Säuglingen ländlicher Regionen mit der wesentlich klareren Luft nur bei 7.6 %. Der unterschiedliche Belastungsgrad der Luft verschieden stark industrialisierter Großstädte geht auch daraus hervor, daß man in Mannheim den

Säuglingen zur Vorbeugung gegen Rachitis in den siebziger Jahren doppelt so viel synthetisches Vitamin D_3 verabreicht wie in Hannover.

UV - Strahlen töten außerdem Mikroorganismen ab. Deshalb üben UV - Strahlen einen sterilisierenden Effekt aus. Durch die Minderung des UV - Anteils, vor allem unter den Dunstglocken der Großstädte, werden weniger Mikroorganismen abgetötet und deshalb erhöht sich das Risiko bakterieller Infektionen.

2.1.3.4.2 Silikose und Asbestose

Bedeutend vielfältiger als die indirekten Auswirkungen von Stäuben und Aerosolen sind deren direkte Effekte auf die Gesundheit der Menschen, weil viele Einzelkomponenten des Aerosols spezifische Erkrankungen auslösen können. Dazu gehören u. a. Silikose und Asbestose. Hierbei handelt es sich um bindegewebige Veränderungen der Lunge, wenn Quarz- oder Asbeststäube über viele Jahre bzw. Jahrzehnte hinweg eingeatmet werden.

Silikosen gehen auf Quarzstäube mit einem Partikeldurchmesser von etwa 3 µm zurück, Asbestosen auf Asbestmikronadeln mit einer Länge > 5 µm und einem Durchmesser < 3 µm. Durchweg handelt es sich um lungengängige Stäube, die in den Lungenalveolen liegen bleiben und dort von Fibroblasten umschlossen werden. Im fortgeschrittenen Krankheitsstadium behindern große Ansammlungen von Faserknötchen den Gasaustausch in der Lunge. Asbestnadeln dürften zusätzlich zu Mikroverletzungen im Lungengewebe führen und somit das Eindringen cancerogener Substanzen in die verletzten Zellen begünstigen. Deshalb können bei Asbeststaubexposition und gleichzeitigem Tabakrauchen besonders häufig Lungenkrebserkrankungen beobachtet werden.

MAK - Werte gibt es für die als cancerogen eingestuften Asbeststäube naturgemäß nicht, weil derartige Stoffe vom Arbeitsplatz weitgehend ferngehalten werden sollten. Für den Fall, daß gefährliche Arbeitsstoffe wie potentiell cancerogene, mutagene oder teratogene Substanzen noch nicht vollständig eliminiert wurden, kommt die technische Richtkonzentration (TRK - Wert) zur Anwendung. TRK - Werte geben diejenige Konzentration des gefährlichen Stoffes an, die am Arbeitsplatz nach Einsatz der verfügbaren technischen Mittel maximal auftreten darf und die meßtechnisch überprüft werden kann. Der TRK - Wert für Asbeststäube liegt bei 0.05 mg Feinstaub oder 10^6 Fasern pro m^3 Luft. Silikosen und Asbestosen treten vor allem bei jahrelanger, berufsbedingter Feinstaubexposition auf, wie bei Bergleuten, Steinmetzen, Sandstrahlern, in der Glas- und Keramikindustrie sowie bei der Asbestbearbeitung.

2.1.3.4.3 Wirkungen von Metallstäuben

Im Unterschied zu Quarz und Asbest, die sich im Körper chemisch inert verhalten und primär mechanisch wirksam werden, können feinste Metallteilchen oder Metallionen, wenn sie in die Blutbahn gelangen, spezifisch toxische Erscheinungen durch biochemische Reaktionen in den Zellen hervorrufen.

Zu den wichtigen, giftigen Schwermetallen in der Umwelt des Menschen gehört Blei. Als Zusatz zu Kraftstoffen von Otto - Motoren nimmt die Bedeutung von Blei ständig ab, womit die Hauptbleiemissionsquelle der vergangenen Jahrzehnte immer mehr in den Hintergrund rückt. Blei wird jedoch auch von Erzhütten emittiert, die sulfidisches Erz verarbeiten, es ist in der Rostschutzfarbe Bleimennige (Pb_3O_4) enthalten und es kann aus nicht bleifreiem Zinngeschirr, bleihaltigen Keramikglasuren oder aus Bleikristallglas, besonders durch saure Speisen und Getränke, freigesetzt werden. Daneben können beim Arbeiten mit organischen Bleiverbindungen, wie z. B. Weichmachern und Kunststoffen, bei der Herstellung von Bleiakkumulatoren und vielen anderen bleihaltigen Produkten Kontaminationen mit Blei auftreten.

Für Arbeitsplätze, an denen Blei freigesetzt werden kann, gilt ein MAK - Wert (Abschn. 2.2.2) von 0.1 µg Blei pro Liter Atemluft. Dadurch wird im Blut eine Konzentration von etwa 0.6 µg/ml aufgebaut, das entspricht einer Konzentration von ca. 0.06 µg/ml Urin. Krankheitssymptome treten bei Bleikonzentrationen im Blut von 1 µg/ml bzw. bei Blei - Harn - Konzentrationen von ca. 0.1 µg/ml auf. Gesundheitsschäden ergeben sich durch Beeinträchtigungen der glatten (= Eingeweide-) Muskulatur, durch Störung der Häm - Synthese im Knochenmark und durch Beeinträchtigung der motorischen Nervenbahnen. Bei Kindern wurden auch signifikante geistige Minderleistungen beobachtet.

Eine für die Gesundheit der Menschen schwer abzuschätzende Metallkomponente des bodennahen Aerosols stellt Cadmium dar. Es ist in verschiedenen Legierungen enthalten, in Nickel - Cadmium - Akkumulatoren, es findet sich im Klärschlamm und Hausmüll in Großstädten, mit Phosphatdüngern, besonders afrikanischer Herkunft, gelangt es in den Ackerboden, es ist in einigen Leuchtfarben enthalten und es wird in Spuren bei allen Verbrennungsprozessen freigesetzt. Zwar gelangen normalerweise stets nur Spuren von Cadmium in die Umwelt, doch dieses Metall wird im Körpergewebe ungewöhnlich lange gespeichert, so daß auch Cadmium - Spuren, wenn sie regelmäßig resorbiert werden, im Laufe von Jahren zum Vielfachen ihrer Ausgangskonzentration angereichert werden können. Durch Bindung an ein spezifisches Trägerprotein, das sog. Metallothionein, dessen Bildung erst durch Aufnahme verschiedener Schwermetalle im Körper induziert wird, kommt es besonders zur Deponie dieses Metalls in der Nebennierenrinde. Bei Kleinkindern beträgt die biologische Halbwertzeit (= Zeitspanne, während der die Hälfte der aufgenommenen Substanz wieder ausgeschieden wird) des an Metallothionein gebundenen Cadmiums etwa 35 Jahre, im höheren Alter etwa 12 Jahre. Neben diesem Bindungstyp wird Cadmium ähnlich wie Calcium in den Knochen als tertiäres Cadmiumphosphat eingebaut. Gleichzeitig wird Ca^{2+} aus den Knochen ausgeschwemmt, wobei es zu einer schmerzhaften Skelettschrumpfung kommt. Dieses Krankheitsbild wurde erstmals in Japan als Itai - Itai Krankheit bekannt. Neben dem Knochenumbau treten vor allem als Folge chronischer Cadmiumvergiftungen ein gelber Saum von CdS um die Zahnhälse auf, Degeneration der Nasen- und Rachenschleimhaut, Verminderung der Erythrozytenzahl und Niereninsuffizienz. Da im Versuch mit Ratten $CdCl_2$ - Aerosole Lungenkrebs erzeugten, geht man davon aus, daß bioverfügbare Cadmium - Ionen auch beim Menschen cancerogen wirken können (s. Abschn. 3.3.2).

Wegen der hohen Toxizität und der ganz außergewöhnlich langen biologischen Halbwertzeit von Cadmium wurde der MAK - Wert auf 0.05 mg/m^3 Luft festgesetzt. Mit der Nahrung sollen wöchentlich nicht mehr als 0.5 mg aufgenommen werden. Wegen der ausgeprägten Bindung des

Cadmiums an Metallothionein stellt sich kein konstantes Gleichgewicht zwischen Blutserum und Urin ein, so daß die Cd - Konzentrationen im Urin kein zuverlässiges Bild von der Cadmiumbelastung eines Menschen ergeben.

Stäube und Dämpfe von Aluminium und Beryllium greifen im Unterschied zu Blei- und Cadmiumstäuben besonders die Atemorgane selber an. Speziell Aluminiumfeinstäube und Stäube, die bei der Herstellung des als Schleifmittel verwendeten Korund (= kristallisiertes Al_2O_3) entstehen, verursachen beim Einatmen Entzündungen der Bronchien und der Lunge. Bei langfristiger Einwirkung kann sich sogar eine Lungenfibrose (= bindegewebige Veränderung) entwickeln. Berylliumstäube verursachen Fibrogranulome (= bindegewebige Vernarbungsstellen) in der Lunge. Werden Beryllium und seine Verbindungen resorbiert, dann verweilen sie auffallend lange in Lunge, Leber und Knochen und es können sich auch in Leber und Niere Granulome bilden. Die Ausscheidung des Berylliums kann sich über mehr als ein Jahrzehnt erstrecken. Deshalb muß man bei Berylliumvergiftungen mit außerordentlich lange anhaltenden Schädigungen rechnen.

Aluminium kann in Form von wasserlöslichen Verbindungen offenbar auch über den Verdauungstrakt resorbiert werden. Bei langfristiger Inkorporation drohen besonders Störungen des Calcium- und Phosphatstoffwechsels und damit Veränderungen der Knochenfestigkeit.

Verschiedene Hartmetallstäube wie Wolfram, Molybdän, Titan, aber auch Thomasmehl aus der Eisenverhüttung beeinträchtigen auf noch ungeklärte Weise die Infektionsabwehr der Lunge, so daß gehäuft Infektionskrankheiten in diesem Bereich auftreten, wenn man solchen Stäuben ausgesetzt ist.

Über weitere Eigenschaften und physiologische Wirkungen, besonders von Schwermetallen wird in den Abschnitten 3.3.2 und 4.4.2 berichtet.

2.1.3.4.4 Stäube und Allergiebildung

Eine Reihe von Stäuben unterschiedlicher Herkunft kann beim Menschen sog. Allergien hervorrufen. Mit dem Begriff Allergie bezeich-

Tab. 2.1 Einige Stäube, die Allergien verursachen können.

Herkunft der Allergene	Vorkommen
Chemikalien und Metalle:	
Kunstharze, Formalin	Industrie
Platin, Vanadium, Beryllium, Nickel, Kobalt, Quecksilber	Baustoffe, Metallindustrie, Schmuck
Chinin, Penicilline usw.	Apotheken, Krankenhäuser
Schädlingsbekämpfungsmittel	ubiquitär
Haare, Federn, Schuppen von Tieren:	
Insekten, Milben	ubiquitär
Perlmutt	Schmuck, Knöpfe
Haustiere	Haushalte
Pelze	Farmen, Bekleidung
Vogelfedern	Zimmervögel, Polstermaterialien
Materialien von Pflanzen:	
Pollen	ubiquitär
etherische Öle	verschiedene Pflanzen
Flachs, Hanf, Jute, Sisal	Polstermaterial
Mehl	Mühlen, Bäckereien
Kaffee- und Kakaobohnen	Frachtschiffe
Holzstäube	Tischlereien
Gummi arabicum	Druckerfarben
Enzyme	Waschmittel, Arzneien

net man eine Überempfindlichkeit des Körpers gegen bestimmte Stoffe. Diese rufen recht unterschiedliche Krankheitssymptome hervor, wie Entzündungen, verstärkte Sekretion von Schleimhäuten, Schwellungen u.a.m. Wegen der unterschiedlichen Reaktionszeit des Körpers vom Zeitpunkt des Kontakts mit der allergieauslösenden Substanz bis zum Auftreten der

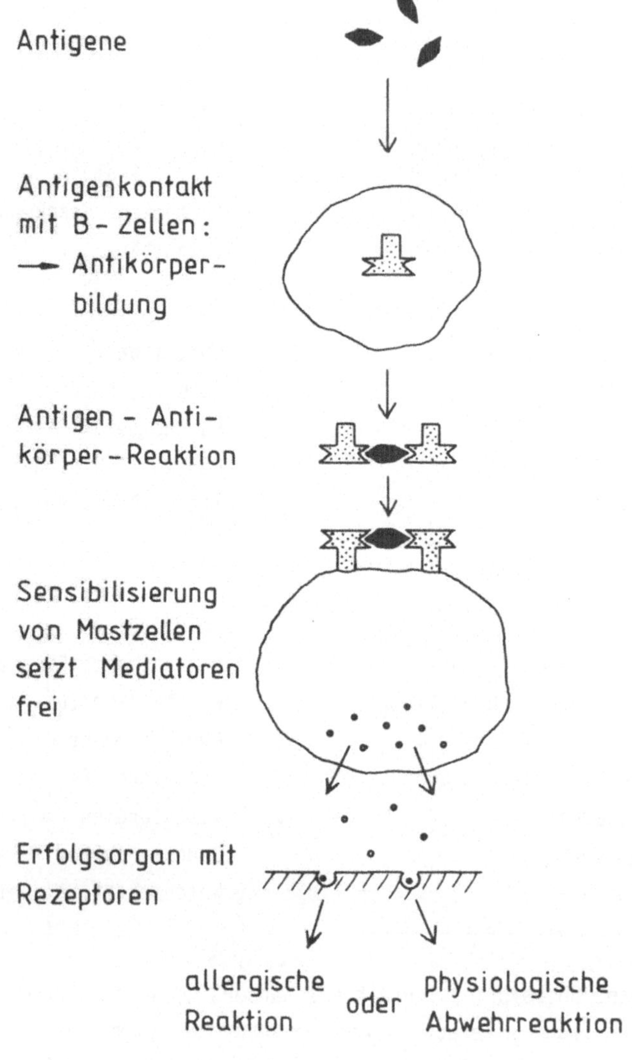
Antigene
Antigenkontakt
mit B - Zellen:
→ Antikörper-
bildung
Antigen - Anti-
körper - Reaktion
Sensibilisierung
von Mastzellen
setzt Mediatoren
frei
Erfolgsorgan mit
Rezeptoren
allergische
Reaktion
oder
physiologische
Abwehrreaktion

Krankheitssymptome unterscheidet man einen Soforttyp, bei dem sich die allergische Reaktion innerhalb von Minuten bis zu wenigen Stunden nach dem Kontakt mit dem Allergen einstellt und verschiedene Spättypen mit Reaktionszeiten bis zu mehreren Tagen.

Um eine Allergie auszulösen, muß ein Allergen den Körper äußerlich berühren oder es muß resorbiert werden. Dabei bildet der Organismus in einer Antigen - Antikörperreaktion spezifische Antikörper gegen den Fremdstoff. Bei wiederholtem Kontakt mit dem gleichen Antigen oder Allergen bilden sich charakteristische Komplexe von Antigen und Antikörper, die sog. Mastzellen im Blut dazu veranlassen, Mediatoren auszuschütten, wie beispielsweise Histamin (Abb. 2.4). Diese Stoffe lösen im Körper die allergischen Reaktionen aus, wenn sie in zu hoher Konzentration vorliegen. Deshalb versucht man in der Medizin Wirkstoffe anzuwenden, die die Wirksamkeit der Mediatoren kompensieren (Antihistamine) oder die Mastzellen daran hindern, Mediatoren auszuschütten.

Als Allergene können nur Proteine fungieren oder solche Stoffe, die an Proteine gebunden werden können. Deshalb sind Substanzen aus vielen, verschiedenen Stoffgruppen dazu befähigt, Allergien auszulösen (Tab. 2.1).

2.1.3.5 Stäube und die Photosynthese der Pflanzen

Stäube lagern sich u. a. auf Pflanzen ab, wobei sie um so fester haften, je stärker die Blattoberflächen mit Haaren besetzt sind. Hygroskopische Stäube können den Blättern durch die Epidermis hindurch

Abb. 2.4 Schematische Übersicht über den Weg der Allergiebildung. Allergene treten mit reaktionsfähigen (= kompetenten) Lymphzellen in Kontakt. Diese sog. B - Lymphozyten bilden Antikörper, die sich mit dem Allergen verbinden und anschließend an Mastzellen im Blut anlagern. Dadurch werden die Mastzellen dazu veranlaßt, Mediatorsubstanzen, wie z. B. Histamin freizusetzen. Ein zu umfangreicher Ausstoß an Mediatoren führt an spezifischen Erfolgsorganen (z. B. Haut, Schleimhäute, Blutgefäße) zu allergischen Reaktionen.

Wasser entziehen und damit den für einen geregelten Stoffwechsel erforderlichen Hydratationsgrad des Cytoplasmas senken, so daß gegebenenfalls Trockenschäden auftreten. Kalkhaltige Stäube sowie Stäube aus Zementwerken bilden mit Wasser aus dem Blatt feste Überzüge von $Ca(OH)_2$ bzw. 3 $CaO \cdot SiO_2$, die die Spaltöffnungen abdichten und so den für Photosynthese und Atmung erforderlichen Gasaustausch weitgehend unterbinden.

Auflagen von einfachem Straßenstaub können ebenfalls die Photosynthese behindern, weil dadurch der für die Photosynthese wichtige Spektralbereich des Sonnenlichtes zwischen 400 und 750 nm verstärkt reflektiert wird. Demgegenüber absorbiert Straßenstaub Infrarotstrahlen und erwärmt dadurch die verstaubten Blätter. So kann besonders während sommerlicher Hitzeperioden der Wasserhaushalt der Blätter zusätzlich überbeansprucht werden und die Erwärmung kann zur Minderung der Aktivität der Photosyntheseenzyme im Sommer beitragen. Regen wäscht die nicht mit Wasser abbindenden Stäube schnell von den Blättern, so daß sich die Pflanzen vom Streß durch Straßenstaub bald erholen.

2.1.4 Technische Entstaubungsverfahren

Stäube beeinträchtigen alle Lebewesen, wenn auch auf sehr unterschiedlichen Wegen. Das erfordert dringend eine Verminderung der Staubemissionen. Der günstigste Weg bestünde zweifellos darin, Stäube nicht erst entstehen zu lassen. Doch diese Forderung ist keinesfalls bei allen Formen der Staubemission zu verwirklichen. In Trockengebieten, wo durch Übernutzung der Vegetation und durch Kahlschlag von Wäldern, der ungeschützte Boden zutage tritt, sind Aufforstungen und Begrünung durch Gräser oftmals nicht möglich, so daß durch den Wind ungehindert Stäube ausgeblasen werden. Derartige Schäden muß man derzeit als irreversibel ansehen. Ebenso lassen sich durch den Straßenverkehr aufgewirbelte Stäube am Entstehungsort kaum vermeiden. Lediglich industriell erzeugte Stäube können durch geeignete technische Maßnahmen noch am Bildungsort eliminiert werden. Dazu bieten sich verschiedene Methoden an, wobei man zwischen Trocken- und Naßabscheideverfahren unterscheidet.

Zu den einfachsten Staubabscheidern gehören Staubkammern, in denen die Strömungsgeschwindigkeit der verstaubten Abluft so stark reduziert wird, daß zumindest die groben Staubpartikel sedimentieren. Solche, alleine mit der Schwerkraft arbeitenden Entstaubungskammern verfügen über einen relativ geringen Wirkungsgrad und sie beseitigen nur Grobstäube mit einem Partikeldurchmesser um 50 µm und mehr (Abb. 2.5). Eine wesentlich gründlichere Sedimentation der Staubpartikel erzielt man durch Vervielfachung der natürlichen Gravitationskraft. Dazu bläst man in sog. Zyklonen die Abgase tangential in einen zylindrischen Behälter. Die dabei auftretenden Fliehkräfte gewährleisten die Sedimentation von Staubpartikeln bis herab zu einem Korndurchmesser von etwa 5 µm. Während die mit der natürlichen Schwerkraft arbeitenden Staubkammern kaum die Hälfte der Staublast aus den Abgasen herausfiltern, erreichen Zyklone Reinigungseffekte von 50 - 90 %. An die zylindrische Staubkammer schließt sich ein konisch zulaufender Bereich an, wo sich Teilströme des Rotationsstroms zum Zentrum des Behälters abgliedern. Durch ein in den Zyklon ragendes Tauchrohr verlassen diese Teilströme den Abscheider. Der an der Kammerwand niedergeschlagene Staub verläßt durch eine Öffnung nach unten die Anlage.

Noch feinere Staubpartikel können Sack- und Schlauchfilter aus den Abgasen entfernen, wobei die Schläuche aus Textilgewebe, Kunststoffvlies oder Metalldrahtgewebe bestehen. Obwohl die Maschenweite der verwendeten Filtermaterialien wesentlich größer ist, als die Partikeldurchmesser der abzuscheidenden Stäube, werden sogar Teilchen mit weniger als 1 µm Korndurchmesser aus den Abgasen entnommen, so daß sich Gewebefilter zur Nachreinigung der durch einfache Staubkammern oder Zyklone vorgereinigten Abgase hervorragend eignen. Die Reinigungswirkung solcher Filteranlagen beruht vor allem darauf, daß die angeströmten Gewebefäden den Gasstrom umlenken und somit kleine Wirbel erzeugen. Diesen Richtungsänderungen können die Staubpartikel wegen ihrer Trägheit nicht folgen und setzen sich deshalb an den Fasern ab. Durch Abschütteln können die niedergeschlagenen Stäube nach unten abgeführt werden. Gewebefilteranlagen können bis zu mehr als 99 % der Staublast aus (möglichst vorgereinigten) Abgasen entfernen.

Ist die verstaubte Abluft zusätzlich mit Aerosolen oder sauren Abgasen belastet, dann setzt man in der Regel Naßabscheideverfahren

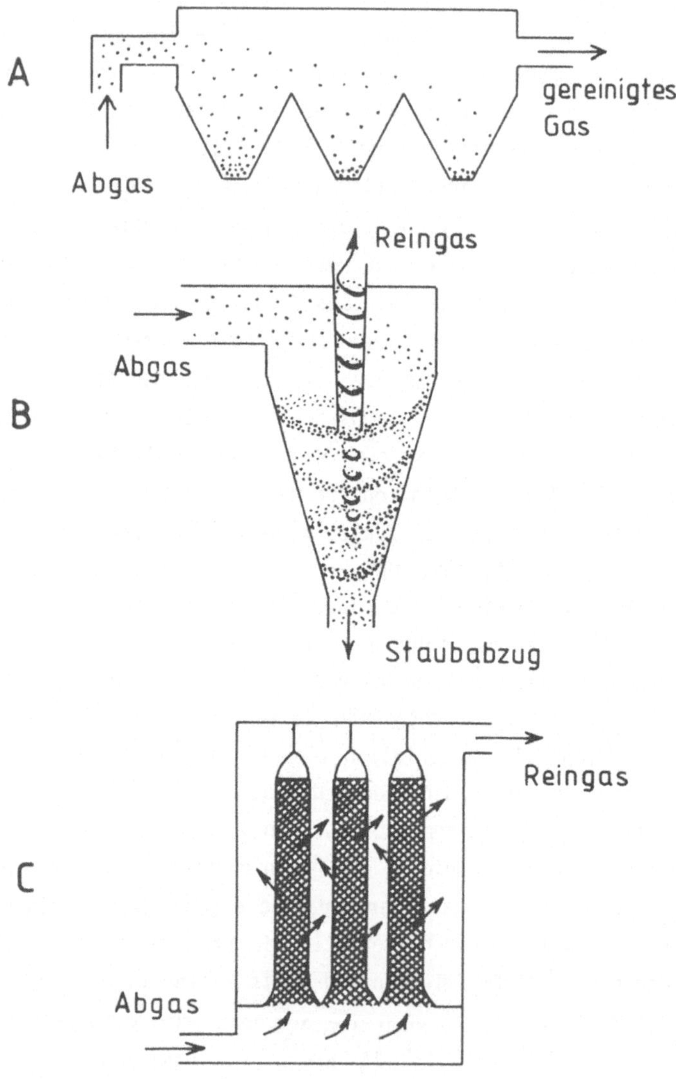

Abb. 2.5 Technische Entstaubungsverfahren: A. Staubkammern, B. Zyklon, C. Schlauchfilteranlage, D. Gaswäscher, E. Venturiwäscher, F. Elektroabscheider

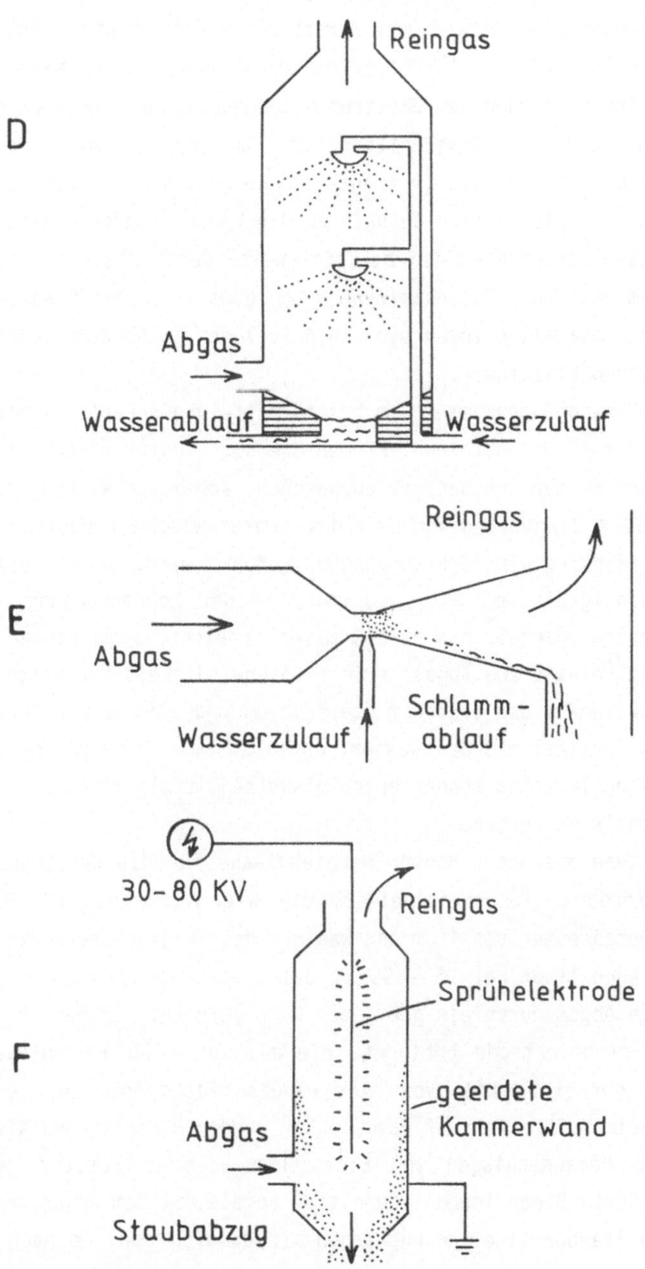
D
Reingas
Abgas
Wasserablauf
Wasserzulauf
E
Reingas
Abgas
Schlamm-
ablauf
Wasserzulauf
F
30-80 KV
Reingas
Sprühelektrode
geerdete
Kammerwand
Abgas
Staubabzug

ein. Häufig verwendet man Düsenkammern, d. h. mehrere, bis zu 30 m hohe Türme, in denen eine Anzahl von Zerstäubungsdüsen zentral angeordnet sind. In der Regel dient als Waschflüssigkeit Wasser. Die feinen Flüssigkeitströpfchen werden dem Gasstrom entgegengesprüht und lenken, ähnlich wie die Fäden der Gewebefilter, den Gasstrom um. Den vielfachen Umlenkungen können die relativ trägen Staub- und Aerosolteilchen nicht folgen und sie schlagen sich deshalb an den Wassertröpfchen nieder. Die beladenen Wassertropfen werden beispielsweise durch Abschlagbleche aus dem Gasstrom entfernt. Düsenkammern nehmen etwa 75 % der Staublast aus den Abgasen. Zusätzlich lösen sie einen Teil der im Abgas mitgeführten, wasserlöslichen Emissionen.

Während Düsenkammern am besten mittelgroße Partikel mit einem Durchmesser um 25 µm entfernen, können die sog. Venturiwäscher Teilchen von 1 µm Durchmesser und weniger auswaschen, wobei der Wirkungsgrad bei weit über 90 % liegt. Das Prinzip des Venturiwäschers besteht darin, daß das Abgas durch eine Rohrverjüngung geführt wird, so daß die Strömungsgeschwindigkeit des Gases zunimmt. An der Rohrverengung, wo die Strömungsgeschwindigkeit bis zu 130 m/sec erreicht, wird Wasser eingespritzt. Die relativ zum Abgas geringe Geschwindigkeit der Wassertröpfchen lenkt wiederum den Gasstrom vielfach um und läßt die relativ trägen, festen Partikel mit den Wassertropfen zusammenstoßen. Die an Wasser gebundenen Teilchen können beispielsweise mittels eines Zyklons aus dem Abgas entfernt werden.

Einen besonders hohen Energieaufwand für die Entstaubung von Abgasen erfordern Elektroabscheider, die wie Venturiwäscher Partikel mit einem Durchmesser von 1 µm und weniger beseitigen. Der Wirkungsgrad solcher Anlagen liegt bei 95 - 99 %. Bei diesem Verfahren wird das zu entstaubende Abgas durch ein geerdetes Rohr geleitet, in dessen Zentrum sich eine Sprühelektrode befindet, die mit 30 - 80 kV pulsierendem Gleichstrom gespeist wird. Von hier wandern Elektronen zur geerdeten Rohrwand. Beim Auftreffen auf Gasmoleküle werden diese in negativ geladene, durch herausschlagen von Elektronen auch in positiv geladene Ionen überführt. Diese Ionen lagern sich an die mit dem Abgasstrom herangeführten Staubpartikel an und laden sie dadurch auf. Je nach Ladung wandern die Partikel zur Sprühelektrode oder zur geerdeten Rohrwand und schlagen sich dort unter Ladungsausgleich nieder. Der Staubniederschlag wird dann mechanisch, z. B. durch Schütteln entfernt. In aller Regel werden den Elektroabscheidern Trocken- oder Naßentstauber vorgeschaltet, um zunächst die groben Partikel zu beseitigen. Anordnung und Gestalt der Elektroden können auch anders, als hier beschrieben gewählt werden, ohne daß sich am Prinzip dieses Reinigungsverfahrens etwas ändert.

2.1.5 Staubfilterung mit Hilfe von Pflanzen

Während sich bei den meisten Formen industrieller Stauberzeugung eine Reinigung der Abgase unmittelbar nach deren Entstehung als günstigste Möglichkeit anbietet, ist es praktisch unmöglich, durch den Straßenverkehr oder durch Ausblasen freier Sandflächen aufgewirbelte Stäube am Entstehungsort zu beseitigen. In solchen Fällen bietet sich ein Schutz der Menschen durch geeignete Schutzpflanzungen an.

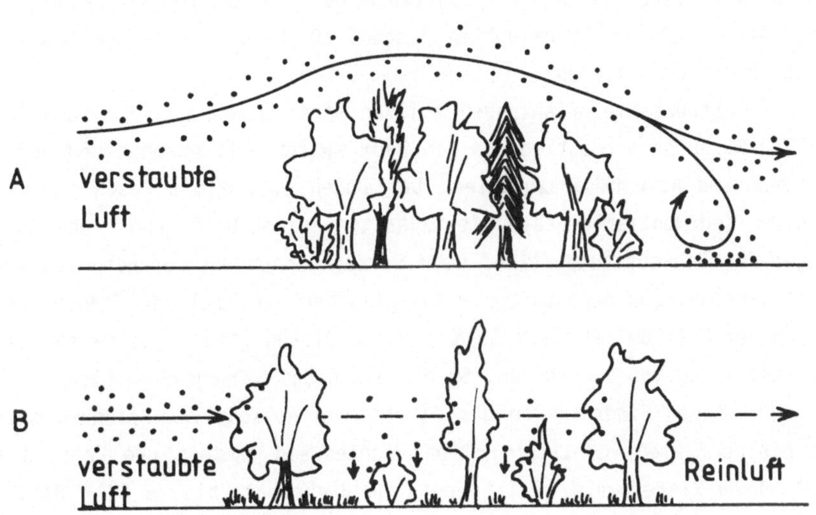

Abb. 2.6 Aufbau und Wirkung einer zu dichten (A) und einer aufgelockerten (B) Staubschutzpflanzung.

Seit alters her ist bekannt, daß in Wäldern die Luft besonders sauber ist. Einen ähnlichen Reinigungseffekt kann man auch durch kleinere Pflanzungen erzielen. Bewährt haben sich Pflanzungsriegel von mindestens 10 - 30 m Tiefe. Die Schutzpflanzungen sollten nicht zu eng angelegt werden, weil sonst die staubbeladene Luft über die Pflanzung hinwegstreicht und im Lee der Bäume Wirbel bildet, die den Staub z. T. sedimentieren lassen (Abb. 2.6). Werden die Pflanzungen dagegen so locker angelegt, daß sie vom Wind durchblasen werden können, dann vermindern sie die Windgeschwindigkeit so stark, daß Partikel mit einem Durchmesser > 40 µm sedimentieren. Feinere Staubteilchen schlagen sich an Blättern, Nadeln und Ästen nieder. Das Blatt- und Astwerk der Gehölze wirkt in gleicher Weise wie die bereits erwähnten Gewebefilter, d. h. sie lenken den Luftstrom vielfach um, so daß sich die relativ trägen Staubpartikel an den Hindernissen niederschlagen (vgl. Abschn. 2.1.4). So wird es verständlich, daß entlaubte Baumbestände im Winter noch immer recht wirksam Stäube filtern: von der gesamten, jährlichen Staubsammelleistung erbringen blattlose Gehölze im Winter beachtenswerte 40 %, während im belaubten Zustand 60 % der jährlichen Gesamtleistung erbracht werden.

Staubsammelpflanzungen sollten stets einen ausreichenden Anteil an Sträuchern besitzen, um den Raum zwischen Baumkronen und Boden mit genügend Astwerk auszufüllen. Der Boden sollte mit Rasen bedeckt sein, um sedimentierte Stäube festzuhalten. Wiederholt konnte bei Zählungen der Schwebstaubpartikel über verschiedenen Untergründen festgestellt werden, daß bereits freie Rasenflächen die Zahl der Staubpartikel in der Luft um mehr als 50 % senken. Diesen Effekt sollte man bei der Gestaltung von Schulhöfen, Spielplätzen und Gehwegen beachten.

Einen Eindruck von der Staubsammelleistung von Pflanzen sollen einige Zahlen vermitteln: 1 ha Fichtenwald sammelt pro Jahr etwa 32 t, 1 ha Kiefernwald 36,4 t und 1 ha Buchenwald bis zu 68 t Staub. Besonders in Städten, in denen durch den Straßenverkehr ständig Stäube aufgewirbelt werden, sollte die Staubbindung durch Pflanzen intensiver genutzt werden als bisher.

2.2 Gase

Gase müssen chemisch differenzierter betrachtet werden als Stäube. Dabei gilt es drei Faktoren zu berücksichtigen: Emission oder Schadstoffauswurf, Transmission oder Schadstoffausbreitung und Immission oder Schadstoffeintrag.

2.2.1 Emission, Transmission, Immission

Die Emissionsbedingungen werden durch die Höhe der Austrittsöffnung über dem Erdboden, den Schadstoffauswurf pro Zeiteinheit, die Abgasmenge, die Abgastemperatur und die Ausströmgeschwindigkeit beschrieben. Es handelt sich also durchweg um technische Größen. Dabei sind Art und Menge der Emissionen für die Belastung der Atmosphäre besonders wichtig.

Wesentlich komplizierter setzen sich die Transmissionsbedingungen zusammen. Sie lassen sich nur noch in begrenztem Umfang technisch steuern, wie z. B. durch die Quellenhöhe und die Abgastemperatur, die für die Steigfähigkeit der Emissionen bedeutsam sind. Während die Transmissionsbedingungen bei Stäuben vor allem durch Größe und Dichte der Partikel sowie durch Luftbewegungen beeinflußt werden, hängt das Ausbreitungsverhalten von Gasen besonders von deren Wasserlöslichkeit und Reaktionsfähigkeit in der Atmosphäre ab. Die Verweilzeit in der Luft entscheidet darüber, ob sie nur wenige 100 km verdriftet werden oder ob sie sich global ausbreiten. Zu den wichtigsten Gasen mit globaler Ausbreitungstendenz gehört CO_2, während SO_2 und NO_2 ebenso wie die nur in die Troposphäre emittierten Stäube lediglich einige Tage bis Wochen in der Atmosphäre verbleiben. Sie sorgen somit für beträchtliche Konzentrationsunterschiede in belasteten und unbelasteten Regionen. Die Transmission wird ferner durch meteorologische Bedingungen und durch die Oberflächenbeschaffenheit des Geländes geprägt. Die Windrichtung ist für die Ausbreitungsrichtung der Emissionen verantwortlich, die Windgeschwindigkeit auch für die Steighöhe der Abgase. Mit zunehmender Windgeschwindigkeit wird die Durchmischung mit der umgebenden Luft intensiviert und damit die Verdünnung der Emissionen beschleunigt. Andererseits verhindern hohe Windgeschwindigkeiten die Steighöhe der Abgase und begrenzen damit in vertikaler Richtung das Luftvolumen, in dem sich die Emissionen ausbreiten können. Auch die thermische Schichtung der Atmosphäre beeinflußt die vertikale Ausbreitung von Abgasen. Normalerweise ist die Troposphäre neutral geschichtet, d. h. die Lufttemperatur nimmt pro 100 m Höhe um etwa 1°C ab. Unter diesen Bedingungen können bodennahe Emissionen ungehindert aufsteigen (Abb. 2.7).

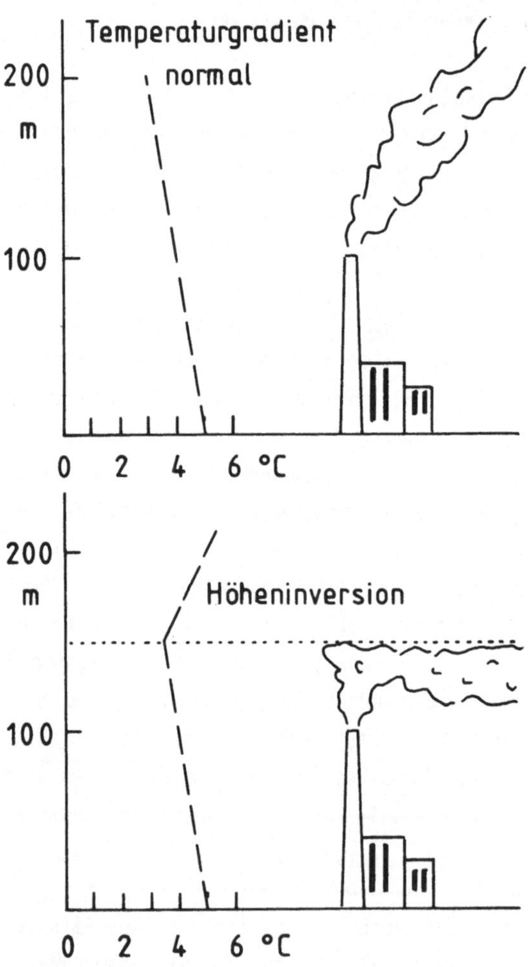

Abb. 2.7 Zwei Beispiele für die Emissionsausbreitung in Abhängigkeit von der thermischen Schichtung der Atmosphäre.

Nimmt die Lufttemperatur pro 100 m Höhenzunahme um weniger als 1°C ab, spricht man von stabiler Schichtung. Unter diesen Bedingungen wird der vertikale Gasaustausch gehemmt. Einen Sonderfall der stabilen Schichtung stellt die Inversion dar. Dabei nimmt die Lufttemperatur in der Höhe zu. Solche Schichtungen entstehen beispielsweise bei rascher, nächtlicher Abkühlung bodennaher Luftschichten oder beim Aufgleiten von Warmluft auf bodennahe Kaltluft. Inversionswetterlagen verursachen eine Anreicherung von Emissionen unterhalb der Inversionsschicht und lassen vor allem bei strahlungsreicher Witterung Smog entstehen (Abschn. 2.2.5.3 und 2.2.6.3). Gewöhnlich unterscheidet man Boden- und Höheninversionen. Bei der Bodeninversion nimmt die Lufttemperatur am Boden beginnend, nach oben hin zu. Hierbei werden bodennah emittierte Abgase am Aufsteigen gehindert. Bodeninversionen lösen sich bei starker Sonneneinstrahlung am Tage rasch auf. Nur im Herbst und Winter können sie mitunter tagelang erhalten bleiben, wenn sich der Boden tagsüber kaum erwärmt. Bei Höheninversionen liegt eine Luftschicht mit inversem Temperaturgradienten über einer Luftschicht mit normalem Temperaturgefälle. Bei derartigen Witterungslagen belasten alle bis zur unteren Inversionsschicht emittierten Abgase die bodennahe Luftschicht.

Auch durch absteigende Luftbewegung im Zentrum von Hochdruckgebieten können Emissionen am Boden festgehalten werden, wenn ein horizontales Ausweichen durch das Bodenrelief erschwert wird.

Starke Erwärmung der Erdoberfläche verursacht aufsteigende Luftbewegung, d. h. es bildet sich eine Thermik. Mit der aufsteigenden Luft werden auch Abgase in die Höhe mitgerissen. Diesen Vorgang strebt man bewußt in Kühltürmen und Fabrikessen an, wo man die Abgase auf mindestens 10 - 15°C über das Temperaturniveau der Umgebung erwärmt, um ein Aufsteigen der Emissionen in 500 - 700 m Höhe zu ermöglichen, so daß eine Vermischung mit einem möglichst großen Luftvolumen erfolgt.

Für die horizontale Ausbreitung der Emissionen ist die vorherrschende Windrichtung maßgebend. Die in unseren Breiten vorherrschenden Westwinde können jedoch vielfältig abgelenkt werden, so u. a. durch Bergrücken und Flußtäler, durch die Verlagerung von Hoch- und Tiefdruckgebieten sowie durch Wälder.

Die Transmission steht ferner unter dem Einfluß bestimmter

Witterungsbedingungen: Regen und Schnee waschen wasserlösliche Gase aus der Atmosphäre aus und begrenzen so deren Ausbreitung. Andererseits können sich in Wolken wasserlösliche Gase anreichern und dadurch dem natürlichen Verdünnungseffekt in der Atmosphäre entgehen.

Die Vielzahl unterschiedlicher Parameter, die die Transmission beeinflussen, gestalten eine Vorhersage über die Verdünnung einer Emission in der Atmosphäre, über Wanderungsrichtung und Wanderungsgeschwindigkeit außerordentlich schwierig. Nur unter der Annahme, daß eine Emission praktisch keine Sinkgeschwindigkeit besitzt, die Emissionsbedingungen stets konstant bleiben, in der Atmosphäre keine chemischen Reaktionen ablaufen, daß das Gas durch Auswaschung nicht verdünnt wird, daß die Emissionen über ebenes und unbebautes Gelände hinwegziehen, und daß die Witterungsbedingungen konstant bleiben, läßt sich die Konzentrationsverteilung im Lee der Emissionsquelle in Bodennähe berechnen. Natürlich ist es höchst unwahrscheinlich, daß alle diese Voraussetzungen gleichzeitig erfüllt sind. Dennoch vermag eine solche Berechnung erste, orientierende Anhaltspunkte über die zu erwartende Belastung oder Immission zu geben. Versucht man außerdem die lokalen Bedingungen von Fall zu Fall mitzuberücksichtigen, dann ergibt sich ein gewisses, realitätsnahes Bild von der zu erwartenden Immissionskonzentration.

$$S_{(x,y)} = \frac{Q}{\mu \cdot \pi \cdot \sigma_y \cdot \sigma_z} \cdot e^{-\left(\frac{H^2}{2\sigma_z^2}\right)} \cdot e^{-\left(\frac{y^2}{2\sigma_z^2}\right)}$$

Dabei bedeuten:

Q = Schadstoffauswurf pro Zeiteinheit (kg/h)

μ = mittlere Windgeschwindigkeit (m/sec)

σ_y, σ_z = meteorologische Streuparameter, die den Öffnungswinkel der Rauchfahne in y- und z- Richtung (Höhe und Breite) beschreiben (m)

H = effektive Quellhöhe (Bauhöhe und Rauchfahnenüberhöhung) (m)

x, y = Lagekoordinaten des Einwirkungsortes

$S_{(x, y)}$ = Immissionskonzentration am Einwirkungsort mit den Koordinaten x und y im Lee des Emittenten

Unter der Immission versteht man das Einwirken oder das Einleiten von Fremdstoffen in ein bestimmtes Luftvolumen. Gemeint ist damit das Einwirken auf Lebewesen oder Gebäude bzw. deren unmittelbare Umgebung. Mitunter bezeichnet man mit dem Begriff Immission auch den Luftschadstoff selber.

Will man versuchen, Immissionen zu beurteilen, dann sollte man nicht nur die gesamte Atmosphäre betrachten. Da die Beurteilung von Immissionen meist aus dem Blickwinkel von Lebewesen erfolgt, müssen auch quantitativ geringfügig erscheinende Schadstoffe berücksichtigt werden, vor allem, wenn sie in geschlossenen Räumen auftreten oder in Bereichen mit geringer Luftaustauschrate.

2.2.2 Grenzkonzentrationen für Abgase

Angesichts der gegenwärtig in die Atmosphäre freigesetzten Fremdstoffe stellt sich die Frage, welche Gründlichkeit bei der Reinigung der Abgase angestrebt werden sollte, bzw. welche Belastungen noch tolerierbar erscheinen. Eine völlige Vermeidung aller anthropogenen Emissionen ist sicher nicht praktikabel. Ein solches Ziel erscheint auch insofern unrealistisch, als von Natur aus ständig Luftbelastungen stattfinden, so daß sich in einer vom Menschen unbeeinflußten Atmosphäre beispielsweise SO_2, NO_x, NH_3 und viele andere Belastungskomponenten finden (Tab. 2.2). Deshalb sollte man Grenzwerte nach einem geeigneten Bewertungssystem festlegen, wobei in erster Linie die Gesundheit von Lebewesen berücksichtigt werden sollte. Es sei jedoch darauf hingewiesen, daß Grenzwerte, die alleine auf der toxischen Wirkung von Immissionen gegenüber bestimmten Lebewesen beruhen, noch keine hinreichenden Bewertungskriterien schaffen. Versucht man nicht nur lineare Kausalketten zu verfolgen, sondern auch miteinander vernetzte Wirkungsketten, dann zeigt sich die Notwendigkeit, auch auf andere Umweltbelastungen durch Abgase zu achten, wie beispielsweise den Wärmehaushalt der Atmosphäre, den pH - Wert von Gewässern und Böden und anderes mehr. Solche Umweltfaktoren können gegebenenfalls auf Lebewesen zurückwirken, so daß sie indirekte Toxine darstellen. So gesehen können die derzeit existierenden Grenzwerte für Schadgasimmissionen oftmals nur als vor-

Tab. 2.2 Einige Emissionen natürlichen und anthropogenen Ursprungs (Kor 87).

Emission	natürlich (Mio t/a)	anthropogen (Mio t/a)
CO_2	600 000	22 000
CO	3 800	550
Kohlenwasserstoffe	2 600	90
CH_4	1 600	110
NH_3	1 200	7
NO, NO_2*	770	53
SO_2	20	150
N_2O	145	4

* zusammen als NO_2 berechnet

übergehend geltende Richtlinien angesehen werden, die einer Korrektur bedürfen, sobald beispielsweise indirekte Toxizitätseffekte bekannt werden oder sobald Wirkungen bei chronischer Exposition, auch in Gegenwart geringster Spuren zutage treten.

Die wichtigsten, der gegenwärtig verwendeten Grenzwerte für gasförmige Schadstoffe sind:

MEK = maximale Emissionskonzentration

MIK = maximale Immissionskonzentration

IW = Immissionsgrenzwert

MAK = maximale Arbeitsplatzkonzentration

TRK = technische Richtkonzentration

Diesen Grenzwerten liegen zum Teil recht unterschiedliche Konzeptionen zugrunde.

MEK - Werte legen fest, welche Konzentration eines Stoffes von einer technischen Anlage an die Luft abgegeben werden darf. MEK - Werte werden in mg/m^3 oder in cm^3/m^3 Luft angegeben. Sie wurden ursprünglich vom VDI (Verein Deutscher Ingenieure) festgelegt, später gingen sie in die TA - Luft (Technische Anleitung zur Reinhaltung der

Luft) über. Die TA - Luft ist eine Ausführungsbestimmung zum Bundesimmissionsschutzgesetz. Die MEK - Werte werden besonders am aktuellen technischen Stand der Abgasreinigung ausgerichtet, jedoch unter Berücksichtigung der Wirtschaftlichkeit dieser Maßnahmen. Die Messungen der Abgaskonzentrationen erfolgen stets direkt im Abgasstrom. Hinsichtlich der Einhaltung dieser Bestimmungen existieren für Einzelfälle Ausnahme- und Übergangsregelungen.

MIK - Werte stellen Grenzkonzentrationen für Fremdstoffe in der Luft am Einwirkungsort dar. Auch sie werden in mg/m^3 oder cm^3/m^3 Luft angegeben. Die MIK - Werte wurden vom VDI geschaffen. Sie sollen Grenzwerte für bodennahe Immissionen festlegen, die nach dem aktuellen Stand der Kenntnisse für Menschen, Tiere und Pflanzen als unbedenklich gelten. Da die Schädigung der Lebewesen nicht nur von der Schadstoffkonzentration sondern auch von deren Einwirkdauer abhängt, wurden diese Grenzwerte für 3 verschieden lange Zeitspannen des Einwirkens definiert: für 1/2 Stunde, für 1 Stunde und für 1 Jahr. Speziell der Jahreswert soll dem Schutz besonders gefährdeter Bevölkerungsgruppen entgegenkommen, wie Kindern, alten und kranken Menschen.

Für die Behörden der Bundesrepublik Deutschland gelten die in der TA - Luft niedergelegten IW - Konzentrationsangaben. Dabei stellt IW 1 den Jahresmittelwert der noch zulässigen Grenzkonzentration dar, IW 2 den Kurzzeitwert, der als eingehalten gilt, wenn 98 % der Meßgrößen unter diesem Wert liegen. Besonders die Langzeitwerte ähneln sehr stark den MIK - Jahreswerten.

MIK - und IW - Werte lassen sich bis jetzt nicht überall einhalten. Besonders an Arbeitsplätzen stößt man immer wieder auf wesentlich höhere Schadstoffkonzentrationen. Deshalb wurden erstmals von der DFG (Deutsche Forschungsgemeinschaft) MAK - Werte eingeführt, die speziell die Verhältnisse am Arbeitsplatz berücksichtigen sollen. Diese Grenzkonzentrationen, die ebenfalls in mg/m^3 oder cm^3/m^3 Luft angegeben werden, sollen bei täglichen Einwirkzeiten von jeweils 8 Std und einer Wochenarbeitszeit von 45 Std keine klinisch nachweisbaren Krankheitssymptome hervorrufen. Die MAK - Werte berücksichtigen nicht Kinder, Kranke oder anderweitig geschwächte Personen.

Für cancerogene und mutagene Substanzen werden keine MAK -

Werte angegeben, weil ihre Anwendung möglichst ganz vermieden werden sollte und meistens exakte Kenntnisse über toxisch wirkende Grenzwerte fehlen. Wo derartige Stoffe noch nicht gänzlich vermieden werden können, gelten TRK - Werte, die vom Bundesministerium für Arbeit und Sozialordnung veröffentlicht werden. Die TRK - Werte sollen das Risiko beim Umgang mit diesen Stoffen möglichst gering halten. Ebenso wie die MAK - Werte werden die TRK - Werte sich ändernden wissenschaftlichen Erkenntnissen bzw. technischen Reinigungsmöglichkeiten angepaßt.

Grenzwerte, wie sie in der Bundesrepublik gelten, existieren auch in anderen Industrieländern. In einigen Fällen treten deutliche Abweichungen von den in der Bundesrepublik üblichen Grenzkonzentrationen auf.

Trotz der unbestreitbaren Notwendigkeit von Emissions- und Immissionsgrenzwerten sollte man diese Richtgrößen niemals unkritisch anwenden, im Vertrauen darauf, stets hinlänglich geschützt zu sein. Daß diese Hoffnung keinesfalls immer erfüllt wird, sollen einige Anmerkungen verdeutlichen:

Zunächst sollte man sich bewußt sein, daß beim Einwirken der Schadstoffe in den vorgegebenen Konzentrationen noch keine erkennbaren Gesundheitsstörungen auftreten. Biochemische Veränderungen im Stoffwechsel, die noch kein Krankheitsbild ergeben, können sich gelegentlich durchaus einstellen.

Immissionsgrenzwerte beziehen sich bisher stets auf Einzelsubstanzen. In der Praxis ist man in der Regel Kombinationen mehrerer Fremdstoffe ausgesetzt. Solche Kombinationen können anders wirken, als es der Summe der Effekte der Einzelstoffe entspricht. Verschiedene Fremdstoffe können sich in ihrer Wirkung gegenseitig abschwächen, wie SO_2 und O_3, sie können sich auch in ihrer Effektivität potenzieren, wie SO_2 und NO_2 bei Pflanzen (Tab. 2.5).

Immissionsgrenzwerte berücksichtigen auch nicht, daß viele Pflanzen, Böden und Bauwerke den Immissionen wesentlich länger ausgesetzt sind, als der vergleichsweise kurzlebige Mensch, so daß langfristige Schäden auftreten können, die sich während der Lebensdauer eines Menschen nicht manifestieren.

Da trotz aller Bemühungen, möglichst viele Lebewesen und unbelebte Güter zu schützen, letztlich der Mensch als entscheidender Maßstab dient, werden sehr empfindliche Organismen nicht geschützt, wie beispielsweise viele Flechten und Moose.

Eine ganz andere Gefahr besteht darin, daß durch solche Grenzwerte ein starres Verteilungsmuster von Emittenten erzeugt werden kann. Bei Auslastung der Emissions- bzw. Immissionsgrenzwerte durch bereits angesiedelte Industriebetriebe, ist es nicht mehr möglich einen anderen Betrieb anzusiedeln, auch wenn er weniger Abgase emittiert als die zuerst angesiedelten Firmen. Um solche Schwierigkeiten zu umgehen, sollten vor allem wirksame Anreize zu kontinuierlicher Emissionsminderung gegeben werden.

2.2.3 Kohlenmonoxid

Nach dieser kurzen Besprechung der Bedeutung von Grenzkonzentrationen sollen nun einige, für die Luftbelastung charakteristische Gase erörtert werden. Zunächst sei das Kohlenmonoxid genannt, das bei unvollständiger Verbrennung C - haltiger Produkte entsteht. In unbelasteter Atmosphäre beträgt der CO - Gehalt etwa 60 Mio t. Damit erreicht die CO - Konzentration nicht einmal ein Tausendstel der CO_2 - Konzentration in der Atmosphäre.

2.2.3.1 Herkünfte

Die geringen CO - Mengen natürlichen Ursprungs stammen aus vulkanischen Exhalationen und der Methanoxidation in der Atmosphäre. Völlig aufgeklärt ist diese Reaktionskette noch nicht, doch spricht vieles dafür, daß $OH^{\bullet}$ - Radikale diese Oxidation einleiten. Ausgangsprodukt für die Entstehung dieser Radikale bildet troposphärisches Ozon das unter dem Einfluß von UV - Strahlen mit einer Wellenlänge < 310 nm angeregten Sauerstoff O('D) freisetzt (Gl. 2.2). Dieser kann mit Wasserdampf in der Troposphäre zu $OH^{\bullet}$ - Radikalen reagieren (Gl. 2.3). Die $OH^{\bullet}$ - Radikale können nun über verschiedene Zwischenstufen Methan oxidieren, wobei schließlich CO entsteht, das vermutlich mit Hilfe weiterer $OH^{\bullet}$ - Radikale CO_2 bilden kann.

Zu den natürlichen CO - Quellen gesellen sich anthropogene CO - Emissionen, die man alleine in der Bundesrepublik auf etwa 8,2 Mio t schätzt. Dieses CO stammt ganz überwiegend aus dem Kraftfahrzeugverkehr, denn bei Verbrennungsmaschinen kann eine optimale C - Oxidation nur bei einem bestimmten Betriebszustand eingestellt werden. In der Regel wird das bei etwa dreiviertel der vollen Leistung der Fall sein. Bei gedrosselter Leistung sowie im Leerlauf emittieren sie deshalb erhöhte CO - Mengen. Beispiélsweise durfte im Jahr 1988 ein PKW mit einem Motorhubraum von 1400 - 1999 cm^3 im Leerlauf 1 - 1,5 Vol% CO im Abgas enthalten. Doch auch unter der Voraussetzung, daß andere industrialisierte und hoch motorisierte Nationen in entsprechender Weise CO an die Atmosphäre abgeben, handelt es sich global betrachtet nur um kleine Mengen. Noch wesentlich weniger CO produzieren Tabakraucher. Wenn diese kleinen Quantitäten dennoch zu einer Belastung der Menschen werden können, dann deshalb, weil sie gerade dort freigesetzt werden, wo sich viele Menschen aufhalten. Damit bleibt der Verdünnungseffekt vor dem Einwirken auf die Menschen gering.

In Großstädten können bei Hochdruck- und Inversionswetterlagen CO - Konzentrationen von 100 ppm und mehr erreicht werden. In Innenräumen wurden besonders als Folge unvollständiger Verbrennung in Öfen und bedingt durch Zigarettenrauch bis zu 50 ppm gemessen. Die Bedeutung solcher Konzentrationen für den Menschen wird besonders dann deutlich, wenn man sie mit dem MAK - Wert vergleicht, der bei 50 cm^3/m^3 oder einfacher ausgedrückt, bei 50 ppm liegt.

2.2.3.2 Toxizität

CO gefährdet den Menschen vor allem durch seine Bindungsfähigkeit an das Hämoglobin im Blut und dadurch, daß es sich an der Smog - Bildung beteiligt (Abschn. 2.2.6.3). Ferner kann CO hochtoxische Carbonyle bilden, doch ist noch nicht hinlänglich geklärt, ob die dazu erforderlichen Bedingungen wirklich häufig gegeben sind.

Bei der Bindung an Hämoglobin wird CO ebenso wie O_2 an die 6. Koordinationsstelle des Fe^{2+} im Häm, der chromatophoren Gruppe des Hämoglobins, angelagert. Die Affinität des Hämoglobins zum CO ist um den Faktor 210 - 300 größer als die zum O_2 (die Angaben variieren, vermutlich wegen der Existenz verschiedener Hämoglobinvarianten). Da die Reaktion mit O_2 ebenso wie diejenige mit CO dem Massenwirkungsgesetz gehorcht, kann man deshalb bei Zugrundelegen einer 300 mal größeren Affinität von CO als von O_2 zum Hämoglobin formulieren:

$$(2.7) \qquad \frac{[Hb \cdot CO]}{[Hb \cdot O_2]} = \frac{300\, P_{CO}}{P_{O_2}}$$

Setzt man gleiche Mengen von Hb•CO und Hb•O_2 voraus, dann ergibt sich:

$$(2.8) \qquad P_{O_2} = 300 \cdot P_{CO} \text{ oder } P_{CO} = \frac{P_{O_2}}{300}$$

Da die O_2 - Konzentration der Luft bei etwa 20 Vol% liegt, ergibt sich eine CO - Konzentration von:

$$(2.9) \qquad P_{CO} = \frac{20}{300} = 0.066 \text{ Vol\%}$$

um gleichviel Hb zu binden, wie der atmosphärische Sauerstoff. Anders formuliert bedeutet das, daß 0.066 Vol% CO in der Atmosphäre genügen, um die Hälfte des Hämoglobins zu blockieren. In diesem Falle treten bereits schwere gesundheitliche Störungen auf (Tab. 2.3).

Die Bindungsgeschwindigkeit von CO an Hämoglobin hängt neben der CO - Konzentration auch von der Stoffwechselaktivität und damit von der Atemfrequenz des Menschen ab: während die CO - Sättigung des Hämoglobins bei einem Atemvolumen von 10 l/min bei 0.1 Vol% CO nach etwa 6 Std erreicht ist, wird sie bei schwerer Arbeit mit einem Atemvolumen von 30 l/min bereits nach längstens 2 Std erreicht (Abb. 2.8).

Für einen Städter, der Zigaretten raucht, vor allem in geschlossenen Räumen, wird die CO - Belastung kritisch, weil sich hier CO aus Industrie und Straßenverkehr zum CO aus dem Zigarettenrauch addieren: während man bei zigarettenrauchenden Industriearbeitern durchschnittlich 5 % Hb•CO feststellte, erreichen nicht rauchende Industriearbeiter höchstens 1.5 % Hb•CO. Nicht zuletzt wegen der starken CO - Belastung schlecht durchlüfteter Innenstädte hat man während der

Tab. 2.3 Vergiftungssymptome bei verschiedenen Hb·CO - Gehalten des Blutes.

CO - Konzentration in der Luft	Hb·CO - Gehalt im Blut	Klinische Symptome
60 ppm = 0.006 Vol%	10 %	Anzeichen von Sehschwäche, leichte Kopfschmerzen
130 ppm = 0.013 Vol%	20 %	Kopf- und Leibschmerzen, Müdigkeit, beginnende Bewußtseinseinschränkung
200 ppm = 0.02 Vol%	30 %	Bewußtseinsschwund, Lähmung, Beginn von Atemstörungen, eventuell Kreislaufkollaps
660 ppm = 0.066 Vol%	50 %	Tiefe Bewußtlosigkeit, Lähmung, Atmungshemmung
750 ppm = 0.075 Vol%	60 %	Beginn der letalen Wirkung innerhalb einer Stunde

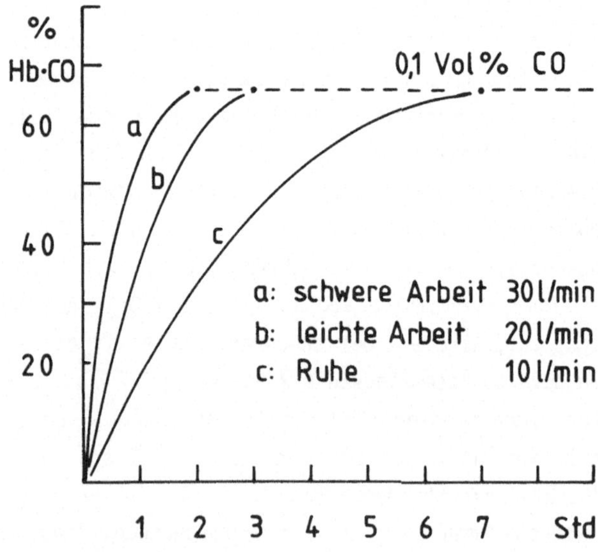

Abb. 2.8 CO - Sättigung des Hämoglobins bei unterschiedlicher Aktivität (For 84).

sechziger und siebziger Jahre damit begonnen, in Innenstädten Fußgängerzonen einzurichten.

2.2.3.3 Bindung und Entgiftung von CO in der Natur

Die kontinuierlichen CO - Emissionen, verbunden mit der relativ langen Verweildauer in der Atmosphäre, sollten eigentlich die CO - Konzentration in der Luft stärker zunehmen lassen, als es tatsächlich der Fall ist. Einer solchen Anreicherung wirken jedoch höhere Pflanzen, Algen und besonders bodenbewohnende Mikroorganismen entgegen. Höhere Pflanzen können in begrenztem Umfang CO an die Aminosäure Serin anlagern. Daneben scheint auch Oxidation zu CO_2 möglich zu sein. Verschiedene Mikroorganismen im Boden sind offenbar ebenfalls in der Lage, CO teils in organische Substanzen einzubauen, teils zu oxidieren. Dadurch wird der Boden zum wichtigsten CO - Entgifter.

2.2.4 Kohlendioxid

Im Unterschied zum Kohlenmonoxid entsteht Kohlendioxid bei vollständiger Oxidation von C - haltigen Brennstoffen. Der CO_2 - Gehalt der Atmosphäre steht in ständigem Austausch mit dem von Erdrinde, Wasser und Lebewesen, so daß ein geschlossener Kreislauf entsteht.

2.2.4.1 Chemisches und biochemisches Gleichgewicht von CO_2 in der Atmosphäre

Die CO_2 - Emittenten in diesem Kreislauf sind: vulkanische Exhalationen, Verwitterung C - haltigen Gesteins, mikrobieller Abbau organischer Substanzen am und im Boden, Atmung von Tieren und Pflanzen, Vegetationsbrände und die Verbrennung fossiler Brennstoffe.

Den CO_2 - Emittenten stehen folgende CO_2 - Fixierungsmechanismen gegenüber, die CO_2 aus der Atmosphäre entnehmen: Photosynthese der Pflanzen, Lösung im Meerwasser, Sedimentation C - reicher Verbindungen und Fossilienbildung.

Die Kohlenstoffmengen, die bei den einzelnen Prozessen umgesetzt werden, lassen sich zur Zeit nur abschätzen, so daß zuverlässige Zahlenangaben nicht möglich sind. Deshalb kann man eine Reihe von Eingriffen in den Kohlenstoffkreislauf nicht quantitativ erfassen.

Kohlenstofffreisetzung durch Atmung und Kohlenstoffbindung durch Photosynthese dürften sich etwa die Waage halten. Das gilt auf dem Festland ebenso wie in den Ozeanen. Dieser Austauschmechanismus macht jedoch nur einen Bruchteil des gesamten Kohlenstoffdepots aus, der in der gesamten Biomasse festgelegt ist.

Die mit zunehmender Industrialisierung angestiegene Verfeuerung fossiler Brennstoffe hat besonders im Verlauf der vergangenen 100 - 200 Jahre zu einer deutlichen Erhöhung des CO_2 - Gehalts der Atmosphäre beigetragen. Durch Vergleich der gegenwärtigen Luftzusammensetzung mit derjenigen in Gasblasen arktischen und antarktischen Eises aus etwa 200 Jahre alten Schichten ergibt sich, daß der CO_2 - Gehalt um das Jahr 1750 noch bei 280 ppm lag, während er inzwischen einen Wert von etwa 330 - 340 ppm erreicht hat. Allein in der Zeit von 1860 bis 1978 nahm die C - Freisetzung jährlich um 0.1 Mrd t zu.

Neben der Verfeuerung fossiler Brennstoffe greift der Mensch auch in anderer Weise in den Kohlenstoffhaushalt der Natur ein. Durch intensive Bodenbearbeitung und zunehmende Ackerlandgewinnung wird der Humus im Boden rascher abgebaut und der darin festgelegte Kohlenstoff beschleunigt freigesetzt. Dazu kommt das Abholzen der Wälder, besonders der tropischen Regenwälder, in denen früher große Kohlenstoffdepots festgelegt wurden. Auch die Abholzungen tragen zum Ungleichgewicht von Kohlenstoffbindung und Kohlenstofffreisetzung bei. Bisher ist es jedoch nicht gelungen, die Bedeutung des beschleunigten Humusabbaus und der Entwaldungen für den CO_2 - Gehalt der Atmosphäre zu quantifizieren.

2.2.4.2 Das Verhalten von CO_2 in der Atmosphäre

Das in die Atmosphäre entlassene CO_2 verbleibt dort durchschnittlich 2 - 4 Jahre. Während dieser Zeit kann sich das Gas über die äquatoriale Kalmenzone hinweg global ausbreiten. CO_2 - Emissionen beeinflussen also die gesamte Erdatmosphäre. Diese Einflüsse bestehen nicht in einer toxischen Wirkung auf Lebewesen, sondern in der Eigenschaft, Infrarotstrahlen zu absorbieren.

Wenn sich die Erdoberfläche durch Sonneneinstrahlung erwärmt, dann wird diese Wärme zum Teil in Form von Infrarotstrahlen in den Weltraum zurückgestrahlt. Diese Wärmerückstrahlung wird z. T. durch IR - absorbierende Gase aufgenommen, die sich dadurch erwärmen. Reichern sich IR - absorbierende Gase in der Troposphäre an, dann kann bei zunehmender Erwärmung das Klimageschehen beeinflußt werden.

Die entscheidende Frage, die sich uns heute stellt lautet, ob gegenwärtig oder in absehbarer Zukunft die Wärmespeicherung durch CO_2 Klimaänderungen auslösen kann.

Bisher ließen sich Klimaänderungen durch IR - Absorption in der Atmosphäre nicht zweifelsfrei nachweisen. Alle Bemühungen zur Erfassung möglicher Auswirkungen eines CO_2 - Anstiegs in der Atmosphäre gehen deshalb von der Frage aus, welche Auswirkungen ein wesentlich höherer Anstieg des CO_2 - Gehalts in der Atmosphäre haben könnte, etwa wenn die CO_2 - Konzentration auf 0.06 Vol% zunehmen sollte. Wann dieser Zustand erreicht sein könnte, ist schwer zu prognostizieren. Nimmt man eine weiterhin konstant zunehmende CO_2 - Emission an, dann müßte dieser Zustand etwa im Jahr 2050 erreicht sein. Bleibt der gegenwärtige Kohlenstoffverbrauch dagegen konstant, dann sind 0.06 Vol% CO_2 in der Atmosphäre erst im Jahr 2200 zu erwarten. Gelingt es, den Verbrauch fossiler Brennstoffe kontinuierlich zu senken, dann müßte mit einer Zeitspanne bis etwa zum Jahr 3000 gerechnet werden.

Um mögliche Klimaänderungen durch Verdoppelung des CO_2 - Gehalts voraussagen zu können, führt man Modellrechnungen durch. Je nach Komplexität der verwendeten Modelle ergeben sich unterschiedliche Resultate. Einige, für solche Modelle wichtige Fragen sind noch nicht hinlänglich geklärt. Dazu gehört u. a. wieviel CO_2 sich in den Ozeanen zusätzlich löst und somit aus der Atmosphäre entfernt wird. Diese Frage ist deshalb so schwer zu beantworten, weil für die Lösung des CO_2 zunächst nur eine verhältnismäßig dünne Oberflächenschicht der Ozeane zur Verfügung steht, die bis zu einer Tiefe von etwa 100 - 200 m reicht, d. h. bis zur sog. Thermoklinen. Langfristig muß in die Überlegungen auch die Tiefsee einbezogen werden, die mit dem Oberflächenwasser in einem Austauschzyklus steht, der sich etwa in einem Zeitraum von

1500 Jahren vollzieht.

Je nach dem verwendeten Modell erhält man bei Verdopplung des CO_2 - Gehalts in der Atmosphäre durchschnittliche, globale Temperaturerhöhungen von 0.8 - 2.9 °C. In den Tropen würde die zu erwartende Erwärmung unter dem Globalwert liegen, in den Polarzonen darüber.

Die errechneten Temperaturänderungen in der Troposphäre sagen noch nichts über mögliche Klimaänderungen aus. Auf Grund langjähriger Beobachtungen natürlicher Temperaturschwankungen in der Troposphäre, vor allem nach großen Vulkanauswürfen weiß man, daß Temperaturschwankungen von einigen Zehntel Grad noch keine Klimaänderungen auslösen. Man glaubt deshalb, daß Klimaänderungen erst bei troposphärischen Temperaturverschiebungen von etwa 0.8 °C und mehr zu erwarten sind.

Mit einer Verdopplung des CO_2 - Gehalts in der Troposphäre werden mit hoher Wahrscheinlichkeit klimabeeinflussende Temperaturänderungen erreicht, sofern nicht kompensatorische Prozesse ablaufen, wie verstärkte Strahlungsabsorption und Strahlungsreflexion in der Stratosphäre durch Verstaubung und Aerosolbildung.

Mit Hilfe der bereits angesprochenen Modellrechnungen hat man versucht, Auswirkungen möglicher Klimaänderungen abzuschätzen, wobei man von einer mittleren Temperaturerhöhung von ca. 2 °C ausging. Bei diesem Betrag würden sich die Klimagürtel der Erde polwärts verschieben. Das hätte zur Folge, daß vereiste Häfen in Nordeuropa, Nordamerika und Nordasien eisfrei würden, gleichzeitig ergäbe sich eine Verschiebung subtropischer Trockenzonen in die derzeit wichtigen Getreideanbaugebiete. Dadurch würde die Ernährungsgrundlage der Erdbevölkerung drastisch beeinträchtigt. Man befürchtet für diesen Fall eine Abnahme der Maisproduktion in den USA um 20 % und eine Minderung der Weizenerzeugung um 10 %. In Kasachstan in der UdSSR soll der Weizenertrag sogar um 20 % zurückgehen. Demgegenüber erhofft man sich für tropische Regionen eine Ertragssteigerung im Reisanbau von 12 - 16 %.

Ein anderes Problem besteht darin, daß eine Temperaturerhöhung die polaren Eiskappen vermehrt abschmelzen ließe. Ein Abschmelzen des Nordpoleises wäre von geringer Bedeutung, da es sich hauptsächlich im Schwimmgleichgewicht mit dem Meerwasser befindet. Anders verhält es sich bei dem größtenteils auf einem Festlandsockel ruhenden antarktischen Eisschild. Schmilzt er ab, oder kippt er in den Ozean, dann muß man mit Hebungen des Meeresspiegels bis zu mehreren Metern rechnen. Das Wasser würde etwa 2 % der Fläche der USA mit ca. 12 Mio Bewohnern überschwemmen. Von Schleswig - Holstein, Niedersachsen, Hamburg und Bremen gingen etwa 16 % der Fläche verloren, auf denen 2 Mio Menschen leben.

Wenn auch die hier nur ganz kurz angedeuteten Schätzwerte über Konsequenzen einer Klimaänderung auf der Erde keine Gewißheit über die Auswirkungen einer Temperaturerhöhung bringen können, so deuten sie doch unmißverständlich an, daß die Problematik um mögliche, troposphärische Temperaturänderungen ernst zu nehmen ist.

Um einer CO_2 - Anreicherung in der Troposphäre entgegenzuwirken, bieten sich technische Möglichkeiten der CO_2 - Ausscheidung aus Luft und Wasser an, die jedoch außerordentlich kostenintensiv wären. Man könnte auch Energie sparen, beispielsweise durch bessere Energienutzung. Schließlich könnte man Energiegewinnungsverfahren anstreben, die kein CO_2 freisetzen, wobei regenerierbare Energiequellen den größten Vorteil versprechen.

Das hier nur äußerst kurz skizzierte CO_2 - Problem bedarf einiger kritischer Anmerkungen. CO_2 sollte nicht isoliert betrachtet werden, weil es mit synergistisch und antagonistisch wirkenden Faktoren in Wechselwirkung steht. Zu den synergistisch wirkenden Gasen zählen Wasserdampf, SO_2, N_2O, FCKWs, CH_4 und O_3. Wasserdampf soll aus dieser Betrachtung ausgeklammert werden, da trotz lokaler Schwankungen sein Anteil an der Gesamtatmosphäre der Erde etwa konstant sein dürfte, solange keine deutliche Erwärmung der Erdoberfläche eintritt. Die übrigen IR - absorbierenden Gase erreichen schätzungsweise knapp 50 % der Wärmespeicherkapazität des CO_2. Eine realistische Einschätzung des sog. Treibhauseffekts der anthropogen belasteten Atmosphäre muß also diese Komponenten mit berücksichtigen.

Sehr komplex gestaltet sich der Einfluß des Ozons. Das in Erdbodennähe durch Kraftfahrzeugabgase produzierte O_3 (Abschn. 2.2.6.2) spielt dabei sicher die geringste Rolle, weil es in Erdbodennähe stets wieder schnell zerstört wird. Das in der obersten Troposphäre und in der Tropopause aus Flugzeugabgasen photochemisch gebildete O_3 trägt dagegen zu einer Erwärmung der Troposphäre bei. Das stratosphärische Ozon verursacht durch Energieabsorption in der Stratosphäre eine geringfügige Abkühlung der Troposphäre. Da jedoch die stratosphärische Ozonkonzentration derzeit durch FCKWs und andere anthropogene Einflüsse dezimiert wird, fällt die Strahlungsabsorption in der Stratosphäre entsprechend geringer aus, so daß ein höherer Energiebetrag in Erdbodenniveau eintrifft und hier den Erwärmungseffekt unterstützt. Unsicher ist man sich jedoch in der Beurteilung der Mengen von freigesetztem N_2O. Uneinheitlich wird auch die Beteiligung der FCKWs am Erwärmungseffekt der Atmosphäre eingeschätzt, weil sie mit Ozon und anderen Gasen photochemische Umwandlungen erfahren. In der Troposphäre befindliche FCKWs verstärken hier sicher den Treibhauseffekt von CO_2. Stratosphärische FCKWs scheinen sich vor allem am Ozonabbau zu beteiligen (Abschn. 2.2.9) und tragen so durch eine Verminderung der ozonbedingten Strahlungsabsorption in etwa 40 km Höhe zu einer Erwärmung der Troposphäre bei. Die ursprünglich verwendeten Verbindungen CCl_2F_2 und CCl_3F wurden wegen ihres hohen Cl - Gehalts, der für die Ozonzerstörung verantwortlich ist, durch $CHClF_2$ ersetzt, das geringere O_3 - Verluste verursachen soll. Dieses Gas absorbiert allerdings noch stärker IR - Strahlen als die beiden früher verwendeten Substanzen und verstärkt damit besonders effektiv den Treibhauseffekt, solange es sich in der Troposphäre aufhält. Während bisher der Gehalt an CCl_2F_2 und CCl_3F in der Atmosphäre eher hinter den Erwartungen zurückgeblieben ist, sollen von $CHClF_2$ größere Mengen in der Atmosphäre nachweisbar sein, als prognostiziert wurde.

Erstaunlicherweise hat sich auch der Methangehalt der Atmosphäre in den vergangenen Jahrzehnten verändert. Nach Untersuchungen von Gasblasen aus dem Grönlandeis lag der CH_4 - Gehalt der Atmosphäre für lange Zeit, nämlich vor 500 bis 27 000 Jahren bei ca. 0.7 ppm. Vor 25 Jahren stieg dessen Gehalt auf 1.25 ppm und er liegt heute bei 1.7 ppm. An diesem Anstieg könnten der zunehmende Reisanbau mit seinen anaeroben Kulturbedingungen sowie die Massentierhaltung moderner Prägung beteiligt sein. Genauere Angaben über die Herkunft der vermehrten Methanemissionen liegen noch nicht vor. Man befürchtet, daß die Zunahme des Methangehalts der Atmosphäre einen ähnlich hohen wärmespeichernden

Effekt verursacht, wie die FCKWs.

Antagonistisch zu den wärmespeichernden Gasen wirken Stäube und Aerosole, weil sie die Sonneneinstrahlung an der Erdoberfläche vermindern. Allerdings erwärmen sich die staubhaltigen Schichten stärker als staubfreie Luft, so daß der Position der Stäube in der Atmosphäre entscheidende Bedeutung zukommt, ob Stratosphäre oder Troposphäre mehr Energie absorbiert.

2.2.5 Schwefeldioxid

Während CO_2 durch seine IR - Absorption den Energiehaushalt der Atmosphäre beeinflußt, übt SO_2 darüber hinaus auch direkt toxische Effekte auf Lebewesen aus. Außerdem erweist sich SO_2 als wesentlich reaktionsfreudiger in der Atmosphäre als CO_2.

2.2.5.1 Natürliche und anthropogene Quellen

Zu den natürlichen SO_2 - Quellen gehören besonders vulkanische Exhalationen, Rauch natürlich entstandener Vegetationsbrände, die Gischt der Ozeane und mikrobielle Umsetzungen schwefelhaltiger Substanzen. Das in die Atmosphäre emittierte SO_2 wird z. T. von Kalkstein gebunden, so daß sich eine konstante SO_2 - Konzentration von ca. 1 ppm in der Atmosphäre einstellt.

Das anthropogen freigesetzte SO_2 stammt aus der Verbrennung von Kohle und Öl, aus der Verhüttung sulfidischer Erze, sowie aus verschiedenen Zweigen der chemischen Industrie. Den weitaus größten Teil anthropogener SO_2 - Emissionen steuern mit etwa 87 % der Gesamtbelastung die Energiegewinnung und die Industrie bei. Allein in der Bundesrepublik Deutschland, so schätzt man, werden jährlich 3 - 4 Mio t SO_2 freigesetzt. Das entspricht etwa der doppelten Menge weltweit freigesetzter, natürlicher SO_2 - Emissionen. Rechnet man zu den bundesdeutschen SO_2 - Produzenten diejenigen der wichtigsten anderen Industrienationen der Erde hinzu, dann erreicht man Werte, die um den Faktor 20 bis 30 über der natürlichen SO_2 - Freisetzung liegen dürften.

2.2.5.2 Verhalten in der Atmosphäre

Die Verweildauer von SO_2 in der Atmosphäre liegt bei durchschittlich etwa zwei Wochen. Diese Zeitspanne ist zu kurz, als daß sich das Gas global ausbreiten könnte. Deshalb ergeben sich hohe Konzentrationsunterschiede in Regionen hoher und geringer anthropogener SO_2 - Emission. Das SO_2 - Problem wird somit hauptsächlich zu einem Problem hochindustrialisierter Länder und ihrer Umgebung.

Neben SO_2 tragen auch HCl und HF sowie NO_2 zur Säurebelastung der Atmosphäre bei. Speziell HCl und HF sind nur von lokaler Bedeutung, wie beispielsweise in der Umgebung von Emallier- und Porzellanfabriken, von Müllverbrennungs- und Pyrolyseanlagen (HCl), oder von Aluminium- und Glashütten (HF). Auf NO_2 wird später eingegangen (Abschn. 2.2.6).

Mit SO_2 - haltigen Emissionen machte man während der vergangenen Jahrzehnte immer wieder negative Erfahrungen, weil sie erkennbare Schäden an der Vegetation verursachten. Man versuchte deshalb durch den Bau hoher Essen eine Vermischung der SO_2 - Emissionen mit großen Luftvolumina zu erreichen. In unmittelbarer Nähe der Emissionsquellen hatte man mit diesem Verfahren durchaus Erfolg, doch eine Verdünnung zu physiologisch unbedenklichen Konzentrationen erzielte man auf diese Weise nicht. Vielmehr wird das leicht wasserlösliche, säurebildende Gas mit den zyklonalen Luftströmungen hunderte von Kilometern weit verdriftet, maximal bis etwa 1500 km. Dabei reichern sich die Säurebildner häufig in Wolken an und verursachen saure Niederschläge. In Mittel- und Nordeuropa, sowie in Nordamerika werden saure Emissionen durch die Verdriftung zu internationalen Problemen und Streitobjekten.

In Europa kann man viele Staaten nach iherer Schwefelbilanz in vorzugsweise schwefelexportierende und schwefelimportierende Länder einteilen. Beispielsweise erhalten Norwegen, Schweden, Finnland, Österreich und die Schweiz mehr Schwefel von ihren Nachbarländern, als sie selber über ihre Landesgrenzen hinweg entlassen. Dänemark, Niederlande, Belgien, Großbritannien, Bundesrepublik Deutschland, DDR und Frankreich verteilen mehr Schwefelemissionen in Europa, als sie von ihren Nachbarländern erhalten.

Während der Transmission werden SO_2 und andere saure Emissionen nur zu einem sehr geringen Prozentsatz entgiftet. Neutralisation findet vor allem dann statt, wenn sich gleichzeitig mit SO_2 alkali- oder erdalkalihaltige Stäube in der Luft befinden. Hauptsächlich wird jedoch die Atmosphäre durch Auswaschen der sauren Gase mit Regen und Schnee, sowie durch trockene Deposition entlastet.

Trockene Depositionen umfassen nicht nur das reine Gas, sondern auch an kleinste Staubteilchen adsorbierte Gaspartikel. Daneben löst sich SO_2 in feinsten Flüssigkeitströpfchen (Nebel), die ebenfalls zu den trockenen Depositionen zählen, wenn sie niedergeschlagen werden. In Europa werden 2/3 aller Schwefelniederschläge trocken deponiert. Der Rest wird mit Regen und Schnee aus der Atmosphäre ausgewaschen.

Trockene Depositionen überwiegen in unmittelbarer Nähe des Emittenten und in mittlerer Entfernung. Nach längerem Transport durch die Luft gehen hauptsächlich nasse Depositionen nieder. Kammlagen und Luvseiten von Höhenzügen werden durch die dort erzwungenen Steigungsregen stärker belastet als Leeseiten. Wälder mit ihrer großen und stark gegliederten Oberfläche fangen ein Vielfaches dessen an sauren Imissionen auf, wie Wiesen und Äcker. Von Bäumen werden trockene Depositionen mit Niederschlagswasser in den Boden gespült, ein kleiner Teil wird über Blätter, Nadeln oder die rissige Borke aufgenommen.

Nasse Depositionen bezeichnet man häufig als "sauren Regen". Dieser Begriff sollte jedoch mit der erforderlichen Vorsicht angewendet werden, denn ein künstlich angesäuerter Regen muß einige spezielle Kriterien erfüllen. Dazu gehört ein pH - Wert < 5.6 und gegenüber unbelasteten Niederschlägen erhöhte Mengen an Sulfit, Sulfat, Nitrit, Nitrat, Chlorid und Fluorid oder wenigstens einer dieser Komponenten. An Hand der genannten Anionen läßt sich der pH - Wert von Niederschlägen rekonstruieren, die in vorindustrieller Zeit niedergingen. Depots derartiger Niederschläge findet man heute im Eis der Polargebiete oder von Gebirgsgletschern. Als sich die Eisdecke auf Grönland vor etwa 180 000 Jahren bildete, lag der pH - Wert der Niederschläge zwischen 6 und 7.6. Nach der sog. industriellen Revolution vor 150 - 200 Jahren wurde man erstmals auf saure Niederschläge aufmerksam. Vor 100 Jahren brachte der britische Chemiker R. Smith erstmals SO_2 - Emissionen mit Schädigungen der Vegetation, von Steinbauten und Metallen in Verbindung. Doch präzise Messungen der anthropogenen Säurebelastung der Atmosphäre stellte man erst seit Mitte dieses Jahrhunderts an. Zwischen dem Ende der fünfziger Jahre und dem Beginn der siebziger Jahre wurden Niederschläge mit einem pH - Wert von 4 - 4.5 in den Benelux - Ländern, der Bundesrepublik Deutschland, Nordfrankreich, dem Osten der Britischen Inseln und Südskandinavien beobachtet. Mitte der siebziger Jahre, zusammen mit dem Maximum der SO_2 - Emissionen in Mitteleuropa (1973/1974), wurden die bisher niedrigsten pH - Werte von Niederschlägen gemessen. Sie sanken in Schottland auf 2.4 und an der Westküste Norwegens auf 2.7. In der Bundesrepublik lag der mittlere pH - Wert der Niederschläge im Jahr 1960 bei 5.3 und 1980 bei 3.97. Während der winterlichen Heizungsperiode sanken die pH - Werte zuweilen sehr deutlich unter diese Mittelwerte.

Im Osten der USA und in Japan stellte man ebenfalls pH - Werte des Regenwassers von 4 - 4.5 fest. Das ist umso bemerkenswerter, als in den USA die Masse der SO_2 - Emissionen, bezogen auf die Fläche des Landes, viel niedriger liegt als in Mitteleuropa oder Japan.

2.2.5.3 Reaktionen in der Atmosphäre und Bildung von reduzierendem Smog

SO_2 unterliegt in der Atmosphäre einer Reihe von chemischen Umwandlungsprozessen. Die wichtigsten Reaktionen stellen Oxidationen und Säurebildung dar.

Oxidationen sind auf verschiedenen Ebenen möglich. Beispielsweise können UV - Strahlen SO_2 in einen angeregten Zustand versetzen, wobei durch den Wellenlängenbereich < 320 nm der angeregte Singulett - Zustand, durch den Wellenlängenbereich zwischen 320 und 390 nm der angeregte Triplett - Zustand erreicht wird. Mit Luftsauerstoff können vor allem die im Triplett - Zustand befindlichen SO_2 - Moleküle über SO_4 - Radikale zu SO_3 umgesetzt werden.

Größere Bedeutung kommt jedoch der Oxidation mit Hilfe von OH - Radikalen zu (Gl. 2.3 und 2.4). Daneben ist auch eine Reaktion mit O_3 möglich:

(2.10) $$SO_2 + O_3 \longrightarrow SO_3 + O_2$$

Mit der Feuchtigkeit der Atmosphäre bildet sich jeweils Schwefelsäure. In wäßriger Phase, wie beispielsweise in Wolken, bildet SO_2 zunächst schweflige Säure (Gl. 2.6). Diese bildet mit Ozon und Wasserstoffperoxid Schwefelsäure:

(2.11) $$HSO_3^- + O_3 \longrightarrow SO_4^{2-} + H^+ + O_2$$

(2.12) $$HSO_3^- + H_2O_2 \longrightarrow SO_4^{2-} + H^+ + H_2O$$

Das dabei wirksam werdende Wasserstoffperoxid kann aus organischen Peroxiden in feuchter Luft entstehen.

Schließlich hat sich gezeigt, daß sowohl SO_2 als auch HSO_3^- mit Hilfe von Metallionen, die sowohl in klarer Luft als auch in Wolken vorkommen, über mehrere Zwischenstufen zu H_2SO_4 oxidiert werden können. Die Einzelheiten dieser Reaktionsketten sind noch nicht sicher bekannt.

Atmosphärische Umsetzungen von SO_2 zu SO_4^{2-} laufen vor allem in atlantisch geprägten Klimaten bei Inversionswetterlagen ab, besonders während der winterlichen Heizungsperiode. Geradezu berühmt wurden diese Vorgänge während der ersten Hälfte dieses Jahrhunderts, als infolge der stark SO_2 - haltigen Kohlenrauchemissionen in London dichte Nebelschwaden entstanden ("pea soup"), in denen das SO_2 langsam Schwefelsäureaerosole bildete. Für diese Form der Dunstbildung hat man als Kurzform aus den Begriffen smoke (= Rauch) und fog (= Nebel) das Wort Smog geprägt.

Im Smog sind neben SO_2 noch eine Vielzahl weiterer Substanzen enthalten, die aus Verbrennungsanlagen und Kraftfahrzeugabgasen stammen. In den Smogwarnplänen, die einige gefährdete Länder aufgestellt haben, wird deshalb nicht nur die SO_2 - Konzentrationen der Luft berücksichtigt, sondern auch der Gehalt an CO, NO_x und Kohlenwasserstoffen. In Nordrheinwestfalen gilt zusätzlich die Schwebstaubkonzentration als wichtige Richtgröße. Bei Smog - Gefahr treten landesüblich unterschiedliche Beschränkungen der industriellen Emissionstätigkeit und des Individualverkehrs in Kraft.

In London, wo der SO_2 - haltige Smog Mitte der fünfziger Jahre seine größte Häufigkeit und Dichte erreichte, wurden gesetzliche Maßnahmen zur Emissionsbeschränkung von Feuerungsanlagen erlassen. Mit der verminderten SO_2- und Schwebstaubemission konnte die einst berüchtigte Nebel- und Schwefelsäureaerosolbildung drastisch eingeschränkt werden.

2.2.5.4 Zerstörung von Metallen, Mauerwerk und Gläsern

Durch die Einwirkung säurebildender Gase werden viele anorganische und organische Materialien in Mitleidenschaft gezogen. Dazu zählen technische Geräte, Bauwerke und Kunstgegenstände. Der beschleunigte Zerfall solcher Materialien verursacht hohe Kosten für Schutzmaßnahmen.

Bauwerke aus kalkhaltigem Stein unterliegen einem ganz natürlichen Zerfall, weil durch CO_2 angesäuertes Regenwasser Kalk auflöst:

$$(2.13) \qquad CaCO_3 + CO_2 + H_2O \rightleftharpoons Ca^{2+} + 2\,HCO_3^-$$

Diese Umsetzungen laufen im pH - Bereich von 8.6 - 6.2 ab. Durch Ansäuerung der Niederschläge mit anthropogenen Säurebildnern werden diese Vorgänge erheblich beschleunigt. Die wichtigste saure Komponente in der erdnahen Troposphäre bildet das SO_2, das mit der Feuchtigkeit der Luft zunächst schweflige Säure und nach Oxidation Schwefelsäure bildet (Gl. 2.11 und 2.12). Schwefelsäure zersetzt den Kalk irreversibel:

$$(2.14) \qquad CaCO_3 + H_2SO_4 \longrightarrow Ca^{2+} + SO_4^{2-} + H_2O + CO_2 \uparrow$$

Auf diese Weise werden z. B. carbonatisch gebundene Sandsteine, sowie ungeschützt exponierte Kalkmörtel zerstört und ausgewaschen. Das gleiche gilt für witterungsexponierte Gegenstände aus Marmor. Bekannte Beispiele für den rapide fortschreitenden Zerfall von Gebäuden aus carbonatisch gebundenem Sandstein bilden u. a. der Kölner Dom und das Ulmer Münster. Durch die Anwesenheit von Sulfaten, von denen viele hygroskopisch wirken und durch andere hygroskopische Salze im Schwebstaub bilden sich auf den Steinen feuchtigkeitshaltige Überzüge, deren Säuregehalt kontinuierlich auf die Steine einwirkt. So ist es zu verstehen, daß alte Baudenkmäler, wie beispielsweise die Akropolis in Athen und viele Bauwerke in Rom, Venedig und anderen Städten mit ausgeprägter Luftverschmutzung während weniger Jahrzehnte wesentlich umfangreichere Schäden erlitten, als in den vorangegangenen Jahrtausenden.

Für Beton und andere mineralische Baustoffe, aber auch für Gläser ist es bedeutsam, daß mit sinkendem pH - Wert der Niederschläge nicht nur carbonatisch sondern auch silikatisch gebundenes Alkali freigesetzt wird. Sinkt der pH - Wert der Niederschläge in den Bereich von 4.5 - 3.0, dann löst sich auch Aluminium aus dem silikatischen Kristallgitter. Mit sinkendem pH - Wert stellt sich somit sukzessiv fortschreitender Zerfall von Silikatkristallen ein, wie am Beispiel des Kalifeldspats gezeigt werden soll:

(2.15)

$$3\,KAlSi_3O_8 + 12\,H_2O + 2\,H^+ \longrightarrow KAl_3Si_3O_{10}(OH)_2 + 6\,H_4SiO_4 + 2\,K^+$$

Kalifeldspat Glimmerspat

(2.16)

$$2\,KAl_3Si_3O_{10}(OH)_2 + 18\,H_2O + 2\,H^+ \longrightarrow 3\,Al_2O_3(H_2O)_3 + 6\,H_4SiO_4 + 2\,K^+$$

Glimmerspat

So können saure Immissionen auch alte Glasfenster schädigen, zumal die Jahrhunderte alten Glasmischungen durch ihren hohen Gehalt an Alkali- und Erdalkalioxiden nicht so säurebeständig sind, wie moderne Gläser. Durch Vergleich alter Kirchenfensterscheiben, die zu Beginn dieses Jahrhunderts in Museen gebracht wurden, mit solchen, die an Ort und Stelle blieben, beobachtete man, daß im Laufe der letzten Jahrzehnte größere Schäden auftraten, als während der vorangegangenen 900 Jahre.

Um die alten, wertvollen Gläser zu schützen, bettet man sie zwischen zwei säurefeste Scheiben oder man schirmt sie wenigstens gegen die Außenluft mit Hilfe einer säurefesten Glasscheibe ab.

Bauwerke und Steinplastiken werden zunächst von anhaftendem Staub und Ruß befreit und anschließend oder im selben Arbeitsgang mit einer Haut hochpolymerer Silikone oder Silane überzogen, die Wasser abweisen, Gasaustausch jedoch zulassen. Mitunter setzt man auch Kieselsäureester als Verfestiger loser Steinoberflächen ein.

Rascher noch als Steine und Gläser werden viele Metalle von sauren Immissionen angegriffen. Wesentliche Voraussetzung dafür ist die Anwesenheit von Feuchtigkeit in der Atmosphäre. In völlig trockener

Luft werden Metalle durch SO_2 praktisch nicht angegriffen. In einem Feuchtigkeitsfilm auf der Metalloberfläche lösen sich jedoch saure Immissionen unter Säurebildung auf, wobei die anfänglich entstehende schweflige Säure zur weitaus aggressiveren Schwefelsäure oxidiert wird (Abschn. 2.2.5.3). Eisenteile bilden deshalb Überzüge von Eisensulfat, das als hygroskopische Substanz den Feuchtigkeitsmantel auf der Metalloberfläche immer dicker werden läßt. Hygroskopisch wirkende Salze nehmen sogar aus nicht wasserdampfgesättigter Luft Feuchtigkeit auf und sorgen somit bereits bei relativ trockener Witterung für den gefährlichen Feuchtigkeitsfilm auf der Metalloberfläche. Da Eisensulfat in wäßriger Lösung durch Hydrolyse sauer reagiert, wird die Wirksamkeit der gelösten Säuren noch verstärkt. Das gelöste Sulfat oxidiert an der Luft unter Abscheidung von basischem Eisen(III)-sulfat, einem Bestandteil des Rostes:

(2.17) $$2\,FeSO_4 + H_2O + 1/2\,O_2 \longrightarrow 2\,Fe(OH)SO_4$$

In dem Säurefilm laufen etwa folgende Reaktionen mit dem darunter liegenden Metall ab: das Metall geht durch Elektronenabgabe in ein Ion über. Die freigesetzten Elektronen werden im sauren Milieu auf H^+ übertragen, in neutralem Milieu auf gelösten Sauerstoff:

(2.18) $$Me \longrightarrow Me^+ + e^-$$

(2.19) $$2e^- + 2H^+ \longrightarrow H_2$$

(2.20) $$4e^- + O_2 + 2H_2O \longrightarrow 4OH^-$$

Im Falle der Wasserstoffbildung im sauren Milieu kann dieser entweder an die Luft entweichen oder er löst sich im Metall, was zur sog. Wasserstoffversprödung des Metalls führt. Besonders empfindlich gegenüber sauren und alkalischen Lösungen verhalten sich Berührungsstellen zweier Metalle. In diesem Fall fließen Elektronen vom elektronegativeren zum elektropositiveren Metall, entsprechend der elektrochemischen Spannungsreihe:

Mg/Mg^{2+}-Al/Al^{3+}-Zn/Zn^{2+}-Fe/Fe^{2+}-Ni/Ni^{2+}-Sn/Sn^{2+}-Pb/Pb^{2+}-Cu/Cu^{2+}

- 2.37 ....+ 0.337 Volt

Der Elektronendonator korrodiert dabei beschleunigt, während die Korrosion des Elektronenakzeptors gehemmt wird. Angewendet auf zwei Beispiele aus der Praxis bedeutet das, daß ein lückenhaft gewordener Zinküberzug noch immer das darunter liegende Eisen schützt, während ein beschädigter Zinnüberzug die freiliegenden Eisenbereiche rascher rosten läßt.

Zum Schutz des Eisens vor Säureschäden bieten sich verschiedene Verfahren an: der einfachste Weg besteht darin, das Eisen mit Lack oder Ölfarbe zu schützen. Aufwendiger ist es, Metallüberzüge herzustellen, die eine porenfreie, dünne Oxidhaut bilden und dadurch das darunterliegende Eisen schützen. Eine geeignete Oxidhaut bilden Aluminium, Titan, Zink, Nickel und Chrom, von denen man meist die drei letztgenannten verwendet. Schwierigkeiten ergeben sich nur bei Beschädigung des Überzugsmetalls, wenn sich dieses elektropositiver verhält als Eisen, wie beispielsweise Nickel. Legiert man dagegen Eisen mit Nickel oder Chrom, dann erlangt dadurch auch das Eisen die passivierende Eigenschaft, d. h. es bildet in der Legierung ebenfalls eine schützende Oxidhaut, wie im Chrom-Stahl, Chrom-Nickelstahl usw.

Große Schäden entstehen nicht nur an Eisenteilen, sondern auch an alten Bronzeplastiken. Bronze bildet zunächst eine sog. Patina, die aus basischen Karbonaten und Sulfaten, gegebenenfalls auch aus Chloriden besteht. An der Patina lagert sich zusätzlich Staub und Ruß ab. In dieser Kruste wird Wasser festgehalten, in dem sich ständig säurebildende Gase lösen. Dieser Säuremantel bringt das darunter liegende Metall kontinuierlich in Lösung, was äußerlich erst sichtbar wird, wenn die Kruste aufplatzt und als millimeterdicke Schicht abblättert. Bei diesem Korrosionsvorgang wird die ursprünglich strukturierte Metalloberfläche langsam eingeebnet. Um dieser Zerstörung vorzubeugen, bringt man wertvolle Bronzeplastiken in Museen und ersetzt sie am ursprünglichen Standort durch Nachbildungen (z. B. Braunschweiger Löwe) oder man überzieht sie nach gründlicher Reinigung mit Öl, Wachs oder Kunstharzlack.

Sauren Immissionen fallen auch viele organische Materialien zum Opfer, wie Papier, Leder, Textilien, Farben und Gummi. Papier, Leder und Textilien bestehen aus hydrophilen Substanzen, die zwischen ihren Fibrillen Wasser speichern. Darin löst sich SO_2 unter Bildung von schwefliger Säure. Diese wird durch Katalytwirkung von Schwermetallen, die in den genannten Materialien als Spurenstoffe vorliegen, zu Schwefelsäure oxidiert. Die ständige Säureeinwirkung hydrolysiert allmählich die Makromoleküle (meist Zellulose und Proteine), so daß die Materialien brüchig werden. Alte Bücher, Textil- und Lederwaren dürfen deshalb nur noch in Räumen oder Vitrinen mit gefilterter Luft aufbewahrt werden. SO_2 kann als Reduktionsmittel verschiedene Farbstoffe ausbleichen, die durch Reduktion ihren Farbcharakter einbüßen.

2.2.5.5 Physiologische Wirkung auf Menschen und Tiere

Beim Menschen reizt SO_2 die Schleimhäute, was u. a. zu starkem Husten führt. Bei gesunden, erwachsenen Personen äußern sich solche Symptome erst bei Konzentrationen oberhalb des MAK - Wertes von 5 ppm (= 13 mg/m^3). Ganz kurzfristig wird auch die zehnfache Konzentration gerade noch ertragen. Wesentlich kritischer sieht die Situation bei Personen aus, die auf SO_2 überempfindlich reagieren. Zu dieser Gruppe gehören etwa 10 % der Menschen. Bei ihnen kann bereits kurzfristiges Einwirken von nur 1.3 mg SO_2 pro m^3 Luft behandlungsbedürftige Verkrampfungen der Atemwege auslösen. Ähnlich empfindlich reagieren Asthmatiker auf SO_2 - Belastungen der Atmosphäre.

Man nimmt an, daß die physiologische Wirkung von SO_2 besonders auf die Bildung von H_2SO_3 auf den feuchten Bronchialschleimhäuten zurückzuführen ist. Schwefelsäureaerosole wirken ähnlich. In schweren Fällen können sich Lungenödeme bilden. Sehr lange anhaltende SO_2 - Immissionen beeinträchtigen Geruchs- und Geschmackssinn. H_2SO_3 wird im Körper zu H_2SO_4 oxidiert und durch die Nieren wieder ausgeschieden. Dadurch sinkt der pH - Wert des Urins unter seinen Normalwert, der zwischen 4.8 und 7.5 liegt.

Eine besondere Schwierigkeit bei der Beurteilung von SO_2 - Schäden beim Menschen besteht darin, daß dieses Gas oftmals zusammen mit anderen gesundheitsschädigenden Faktoren auftritt. Mehrfach wurde beobachtet, daß in Gegenwart erhöhter Schwebstaubkonzentrationen SO_2 deutlich stärker toxisch wirkt, als in staubarmer Luft. Bei mehreren Smogkatastrophen in London stieg die Sterberate bei kombinierter

Staub/SO_2 - Belastung der Luft über den üblichen Mittelwert. Als Folge der SO_2- und Schwebstaubbelastung der Luft wächst außerdem das Risiko an chronischer Bronchitis zu erkranken. Den Synergismus von Schwebstaub und SO_2 erklärt man sich so, daß SO_2 an die Partikel lungengängiger Feinstäube adsorbiert wird, dadurch der Neutralisation an der Bronchialschleimhaut entgeht und deshalb in die empfindlichen Lungenalveolen eindringt.

SO_2 tritt auch oft gemeinsam mit NO_x auf. Diese Kombination soll die Häufigkeit von Atemwegserkrankungen signifikant steigern. In diesem Zusammenhang sei auch der Pseudokrupp erwähnt, eine Kehlkopfentzündung unterschiedlicher Entstehungsgeschichte. Die gegenwärtige Zunahme dieser Krankheit soll mit der Luftbelastung in Beziehung stehen.

Ähnlich wie auf Menschen dürften sich saure Immissionen auch auf Tiere auswirken. Für die meisten Tierarten fehlen jedoch genauere Beobachtungen. Lediglich wasserbewohnenden Tieren schenkte man erhöhte Aufmerksamkeit, weil sie besonders empfindlich auf pH - Verschiebungen ihres Lebensraums reagieren (Abschn. 3.3.3).

2.2.5.6 Physiologische Wirkungen auf Pflanzen

Auf Pflanzen wirkt SO_2 direkt über die Blätter, sowie indirekt über Ansäuerung der Niederschläge und des Bodens. Bei ausreichender Pufferungskapazität des Bodens überwiegt der direkte Effekt.

In den Zellen bildet sich zusammen mit Wasser des Cytoplasmas schweflige Säure. Pflanzen reagieren auf SO_3^{2-} wesentlich empfindlicher als auf SO_4^{2-}. Äußerlich wahrnehmbare Schäden setzen bei achtstündigem Begasen in Konzentrationen von etwa 0.017 ppm (= 0.05 mg/m^3) ein. Resistentere Arten werden erst ab 2 mg SO_2 pro m^3 Luft geschädigt.

Zu den primären Angriffspunkten des Sulfit - Ions in den Zellen dürften die Biomembranen gehören. Dort muß man etwa mit folgender Reaktionskette rechnen: Ungesättigte Fettsäuren, wie sie in den Phospholipiden der Zellmembranen stets vorkommen, bilden unter dem Einfluß des Enzyms Lipoxigenase oder unter Mitwirkung aktiver Sauerstoffspezies die ebenfalls in der Zelle auftretenden Fettsäurehydroperoxide. Diese können mit HSO_3^- Radikale bilden:

$$R_1-\underset{\underset{O-OH}{|}}{\overset{\overset{H}{|}}{C}}-R_2 + HSO_3^- \longrightarrow R_1-\underset{\underset{O^\bullet}{|}}{\overset{\overset{H}{|}}{C}}-R_2 + HSO_3^\bullet + OH^- \quad (2.21)$$

Die Fettsäureradikale setzen durch schwermetallkatalysierten Zerfall Ethan oder Aldehyde frei, oder sofern Chloroplastenmembranen betroffen sind, entfärben sie oxidativ Chlorophylle. Ein anderer Weg der Chlorophyllausbleichung besteht darin, daß durch Ansäuerung des Cytoplasmas Mg^{2+} aus dem Porphyringerüst des Chlorophylls gelöst wird. Unter dem Einfluß von SO_2 vergilben also die Blätter, wobei das Vergilben in charakteristischer Weise in den Intercostalfeldern, d. h. zwischen den Blattadern einsetzt.

Neben der Membran- und Farbstoffzerstörung hemmt HSO_3^- eine Reihe von Enzymen in ihrer Aktivität. Von dieser Hemmung sind einige Enzyme des Calvin - Zyklus betroffen, der der photosynthetischen CO_2 - Fixierung dient. Außerdem stimuliert HSO_3^- in den Chloroplasten die Bildung von H_2O_2, wobei gleichzeitig ein hochreaktives Bisulfitradikal entsteht, das zu einer Fülle weiterer Reaktionen befähigt ist. Im Falle umfangreicherer Schädigungen wird durch die Zerstörung von Fettsäuren auch der Stofftransport durch die Membranen beeinträchtigt und es entstehen schließlich Blattnekrosen, d. h. ganze Blattbezirke sterben ab. Möglicherweise steht auch der Verlust der Frostresistenz von Ruheknospen nach SO_2 - Einwirkung in Verbindung mit Membranschädigungen. Neben SO_2 hemmen HCl und HF die Photosynthese, wobei besonders der Wirkungsmechanismus von HF ungeklärt ist.

Die toxische Wirkung von SO_2 tritt bei Dunkelheit deutlicher hervor als bei Belichtung. Diese Erscheinung führt man darauf zurück, daß bei Belichtung HSO_3^- in den Chloroplasten zu organisch gebundenem -SH reduziert wird. Die Thiolgruppe wird dann in Aminosäuren eingebaut, wie Cystein oder Methionin, so daß SO_2 - Konzentrationen unterhalb des eingangs angegebenen Schwellenwertes für toxische Effekte sogar einen nutritiven Effekt ausüben.

2.2.6 Stickoxide

Stickoxide in der Atmosphäre wurden lange Zeit wenig beachtet. Erst seit einigen Jahren rücken sie in die Diskussion um Luftbelastungsfaktoren, nicht zuletzt deshalb, weil sie am Waldsterben beteiligt sein sollen oder, wie es heißt, an den neuartigen Baumschäden. Seit den fünfziger Jahren nahm der Stickoxidgehalt der Atmosphäre bis zum Beginn der achtziger Jahre kontinuierlich zu. Erst seit dem Jahr 1982 stagniert die anthropogene Emission von Stickoxiden.

2.2.6.1 Natürliche und anthropogene Quellen

Vergleicht man die Stickoxidemissionen der Bundesrepublik, die bei ca. 3 - 4 Mio. t/a liegen, mit dem Stickoxidgehalt unbelasteter Luft, der bei etwa 2 Mrd. t liegt, dann fallen die anthropogenen Emissionen nicht merklich ins Gewicht, zumal NO_2 nur wenige Tage in der Atmosphäre verweilt. Dementsprechend sollten anthropogene NO_x - Emissionen weitgehend bedeutungslos sein. Aber die anthropogenen Stickoxidemissionen sind anders zusammengesetzt als die natürlich entstandenen Stickoxide und die anthropogenen NO_x - Emissionen werden meist in dicht besiedelten Regionen freigesetzt.

Die natürlichen Stickoxidemissionen stammen aus elektrischen Entladungen in der Atmosphäre, wobei über NO schließlich NO_2 entsteht. In sehr geringem Umfang wird NO_2 fermentativ in Getreidesilos freigesetzt. Die Hauptmenge an Stickoxiden produzieren Mikroorganismen im Boden, wobei Distickstoffmonoxid gebildet wird:

$$(2.22)\quad NO_3^- \xrightarrow[(H)]{E_1} NO_2^- \xrightarrow[(H)]{E_2} NO \xrightarrow[(H)]{E_3} N_2O \xrightarrow[(H)]{E_4} N_2$$

Dabei bedeuten E_1 = Nitratreduktase, E_2 = Nitritreduktase, E_3 = NO - Reduktase und E_4 = N_2O - Reduktase.

Dieser mikrobielle Abbau findet besonders in schlecht belüfteten, aber reichlich mit Stickstoffdüngemitteln versehenen Böden mit einem pH > 4.5 statt. Hauptentstehungsorte sind deshalb die wochenlang überfluteten Reisfelder. Auch mit zunehmender Eindringtiefe von Nitraten in andere Böden nimmt wegen der in der Tiefe schlechter werdenden Sauerstoffversorgung die mikrobielle Denitrifikation zu. Sauerstoffarm sind auch die meist hochverdichteten Böden in der Stadt und an Straßenrändern. Bei der Reduktionskette NO_3^- ⟶ N_2 hemmt ein Überschuß an NO_3^- die Umwandlung von N_2O zu N_2 und fördert damit die N_2O - Freisetzung. Versuche mit ^{15}N - Düngern ergaben, daß sandige Böden 11 bis 25 %, Tonböden 16 - 31 % und Moorböden 19 - 40 % des Dünger - N infolge Denitrifizierung an die Atmosphäre abgaben. Die größten Mengen an N_2O setzen allerdings N - haltige Verbindungen der Böden frei. Man geht davon aus, daß die natürlichen Stickoxidemissionen zur Hälfte oder mehr aus N_2O bestehen.

Stickoxide anthropogenen Ursprungs bestehen hauptsächlich aus NO, das stets bei Verbrennungsprozessen entsteht, besonders wenn die Verbrennungstemperatur oberhalb von 1000 °C liegt. Nach derzeitiger Auffassung kann NO sowohl mit Hilfe von Ozon als auch unter Mitwirkung von Hydroperoxidradikalen ($HO_2^\bullet$) zu NO_2 oxidiert werden. Stickoxide stammen auch aus einigen Zweigen der chemischen Industrie, aus Nitrierungsprozessen, aus der Herstellung von Superphosphat, sie werden bei der Reinigung von Metallen mit Salpetersäure freigesetzt, sie entstehen bei der Sprengstoffherstellung und beim Schweißen. Haupterzeuger ist jedoch der Kraftfahrzeugverkehr (Tab. 2.4).

Tab. 2.4 Hauptverursacher der NO_x - Belastung der Atmosphäre, dargestellt am Beispiel Baden - Württemberg (Fri 1987).

Verursacher	Anteil der NO_x - Emissionen in Prozent
Verkehr	64
Kraftwerke	18
Industrie	12
Haushalte, Kleinverbraucher	6

Die ständige Zunahme der Stickoxidfreisetzung während der vergangenen Jahre geht hauptsächlich auf die gestiegene Zahl von Kraftfahrzeugen zurück. Außerdem wirkt sich das Bestreben um bessere Nutzung der Brennstoffe auf die Stickoxidbildung aus, denn der Nutzungsgrad läßt sich am einfachsten mit zunehmender Verbrennungstemperatur erhöhen. Eine Zunahme des Stickoxidausstoßes ist auch bei erhöhter Fahrgeschwindigkeit der Kraftfahrzeuge zu beobachten. Mit zunehmender Fahrgeschwindigkeit nimmt die NO_x - Emission mehr als linear zu. Auch der fahrstreckenbezogene NO_x - Ausstoß steigt mit zunehmender Fahrgeschwindigkeit. Kritisch wird die anthropogene Stickoxidbelastung der Atmosphäre dadurch, daß die Kontamination in den dicht besiedelten Gebieten am stärksten ausfällt. Hochbelastete Innenstadtbereiche können Spitzenwerte von 800 - 1200 $\mu g/m^3$ erreichen.

2.2.6.2 Oxidation und chemische Umsetzungen während der Transmission

Um die Oxidation des primär gebildeten NO zu NO_2 verstehen zu können, muß man sich Klarheit über die Quellen der dazu erforderlichen Hydroperoxidradikale bzw. des troposphärischen Ozons verschaffen. Die $HO_2^{\bullet}$ - Radikale stammen von troposphärischem Ozon ab, das Konzentrationen von 10 - 100 ppb erreicht. Troposphärisches Ozon stammt zu einem kleinen Prozentsatz aus der Stratosphäre, zum größten Teil wird es in der Troposphäre neu gebildet, wobei sich die Bildungscharakteristik deutlich von derjenigen stratosphärischen Ozons unterscheidet. Bei den Initiationsprozessen spielt CO eine entscheidende Rolle:

$$CO + OH^{\bullet} \longrightarrow H^{\bullet} + CO_2 \tag{2.23}$$

$$H^{\bullet} + O_2 + M \longrightarrow HOO^{\bullet} + M \tag{2.24}$$

Mit M bezeichnet man einen nicht in die Reaktion eintretenden Stoßpartner, wie z. B. N_2. Das dabei gebildete Hydroperoxid - Radikal oxidiert NO zu NO_2:

$$HOO^{\bullet} + NO \longrightarrow OH^{\bullet} + NO_2 \tag{2.25}$$

Das NO_2 bleibt nachts stabil. Am Tage, unter dem Einfluß von Sonnenlicht des Wellenlängenbereichs < 430 nm, wie es auch in Erdbodennähe auftritt, wird NO_2 photolytisch gespalten in NO und Sauerstoff im Grundzustand (^3P).

(2.26) $$NO_2 \xrightarrow{\lambda < 430\,nm} NO + O(^3P)$$

Dieser reaktive Sauerstoff kann sodann mit molekularem Sauerstoff Ozon bilden, wobei wiederum ein Stoßpartner benötigt wird:

(2.27) $$O(^3P) + O_2 + M \longrightarrow O_3 + M$$

Das NO_2 ist nun zu einer Reihe weiterer Reaktionen befähigt. In Gegenwart alkali- oder erdalkalihaltiger Stäube findet Salzbildung statt, wobei z. T. weniger giftige Stoffe entstehen:

(2.28) $$2\,NO_2 + Na_2CO_3 + H_2O \longrightarrow NaNO_2 + NaNO_3 + H_2CO_3$$

Als weitere, zumindest partielle Entgiftung muß man die Bildung von Salpetersäure in feuchter Luft ansehen, weil damit die stark oxidierende Wirkung des NO_2 vermindert wird, wenngleich die Säurewirkung in den Zellen der Organismen erhalten bleibt. Die gleichzeitig entstehende salpetrige Säure wirkt in größeren Mengen mutagen (Abschn. 3.3.1).

(2.29) $$2\,NO_2 + H_2O \longrightarrow HNO_2 + HNO_3$$

In geringem Umfang kann NO_2 mit $OH^{\bullet}$ - Radikalen aus der UV - induzierten, photolytischen Zersetzung des Wassers reagieren, wobei ausschließlich Salpetersäure entsteht:

(2.30) $$NO_2 + OH^{\bullet} \longrightarrow HNO_3$$

Da alle diese Reaktionsprodukte leicht wasserlöslich sind, werden sie mit dem Regenwasser aus der Atmosphäre ausgewaschen und tragen damit zur Ansäuerung der Niederschläge bei.

2.2.6.3 Photochemische Bildung von oxidierend wirkendem Smog

In bodennahen Luftschichten reagiert Ozon jedoch rasch wieder mit NO unter Bildung der Ausgangsprodukte, so daß sich bald ein Gleichgewicht einstellt, das eine Anreicherung von O_3 verhindert. Bei gleichzeitiger Anwesenheit von Kraftfahrzeugabgasen werden mit den darin enthaltenen Alkanen und Alkenen organische Radikale gebildet, wie z. B.:

(2.31) $$R\text{-}H + O^\bullet \longrightarrow R^\bullet + OH^\bullet$$ oder

(2.32) $$R\text{-}H + OH^\bullet \longrightarrow R^\bullet + H_2O$$

Später soll auch Ozon in die Reaktionen mit Kohlenwasserstoffen eingreifen. Die organischen Radikale bilden in Gegenwart eines Stoßpartners und Luftsauerstoff Peroxiradikale:

(2.33) $$R^\bullet + O_2 + M \longrightarrow ROO^\bullet + M$$

Sie oxidieren ihrerseits NO zu NO_2:

(2.34) $$ROO^\bullet + NO \longrightarrow NO_2 + RO^\bullet$$

Außerdem beteiligt sich CO bei der Oxidation von NO zu NO_2 (Gl. 2.23 bis 2.25). Die weiteren Reaktionen, die zur Polymerisation der Kohlenwasserstoffe und damit zur Eintrübung der Atmosphäre führen, sind nur in Ansätzen bekannt.

Mit den Peroxiradikalen dürften vor allem Olefine unter Polymerisation reagieren, wobei die Kettenverlängerung so lange weiterläuft, bis ein geeignetes Radikal oder ein Stickoxidmolekül zum Kettenabbruch führt. Neben den Polymerisationen können Peroxiradikale auch sofort mit NO_2 reagieren. Die bekannteste der dabei entstehenden Verbindungen ist das Peroxiacetylnitrat, in der ökologischen Chemie kurz PAN genannt ($CH_3COO_2NO_2$), das im Smog Konzentrationen bis zu 50 ppb erreichen kann. Da dieses Molekül außerordentlich leicht mit den verschiedensten organischen Substanzen reagiert, u. a. mit Enzymen, wirkt es besonders stark toxisch auf Menschen und andere Lebewesen. Neben PAN gehen diverse Aldehyde aus den Peroxiverbindungen hervor, die ebenfalls zur Toxizität des Smog beitragen. Die hohe Reaktionsfähigkeit von O_3, $OH^\cdot$, $HOO^\cdot$, und $O(^3P)$ läßt im Smog eine Fülle verschiedenartiger Substanzen entstehen, die keinesfalls alle bekannt sind. Die Zusammensetzung des Smog unterscheidet sich auch entsprechend seiner Genese: verkehrsreiche Städte Südeuropas (Athen, Madrid) und Californiens (Los Angeles) leiden während der sonnenreichen Sommermonate unter Smog des Los Angeles Typs, der u. a. durch seinen Gehalt an Stickoxiden, Ozon, PAN und anderen Peroxiverbindungen charakterisiert ist. In Mitteleuropa und Großbritannien entsteht besonders während der herbstlichen und winterlichen Heizungsperiode Smog des London Typs, in dem SO_2, H_2SO_4 und Ruß dominieren (Abschn. 2.2.5.3). Zwischen diesen Extremfällen kommen je nach Art der Emissionen und Witterungsverhältnisse diverse Übergangstypen vor.

2.2.6.4 Tages- und Jahresgang des photochemisch gebildeten Ozons

Wegen der Lichtabhängigkeit der Ozonbildung kann sich keine konstante O_3 - Konzentration über einen 24 - Stunden - Tag hinweg einstellen. Die geringen nächtlichen Ozonkonzentrationen erklären sich einmal durch das Fehlen der photochemischen Neubildung, zum anderen baut noch vorhandenes NO durch Oxidation zu NO_2 Ozon ab (Abb. 2.9).

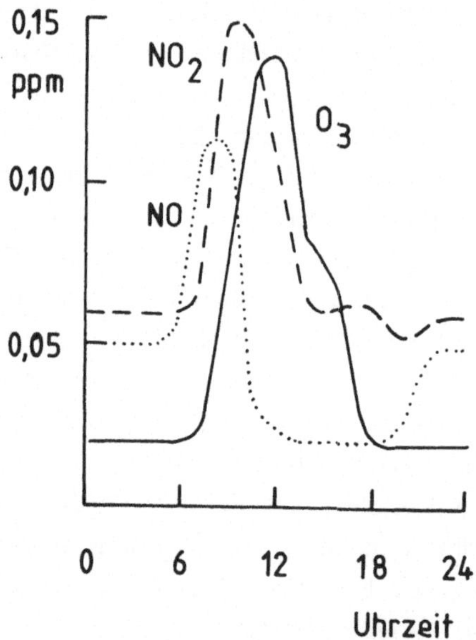

Abb. 2.9 Tagesgang der Konzentrationen von NO, NO_2 und O_3 in bodennahen Luftschichten (Küm 88).

In Gebirgslagen wie z. B. im Schwarzwald, verläuft der Tagesgang der Ozonkonzentration viel ausgeglichener, weil O_3 vom Vortag, das in diese Region verdriftet wurde, von der fast NO - freien Gebirgsluft nachts nicht mehr in nennenswertem Umfang abgebaut werden kann.

Entsprechend des Tagesgangs der Ozonbildung zeigt auch der Jahresgang deutlich die höchsten Werte während der Periode intensivster Sonneneinstrahlung. Die absolute Menge des photochemisch gebildeten Ozons hängt jeweils von der Intensität der Sonneneinstrahlung ab und kann deshalb in Regionen gemäßigter Klimate mit ihrer Zyklonentätigkeit trotz konstanter Emissionen von Jahr zu Jahr erheblich schwanken. Die Abhängigkeit der O_3 - Bildung aus NO und NO_2 geht aus dem Tagesgang der Stickoxidemissionen hervor (Abb. 2.9): zunächst steigt mit wachsendem Verkehrsaufkommen in den Morgenstunden der NO - Gehalt, während entsprechend Gl. 2.23 - 2.25 die NO_2 - Konzentration erst mit einer zeitlichen Verzögerung von einigen Stunden den Maximalwert erreicht und mit weiterer Verzögerung stellt sich das O_3 - Maximum ein.

Mit zunehmender Entfernung vom NO - Emittenten, d. h. von der Großstadt oder dem Ballungsgebiet, verändert sich das Konzentrationsverhältnis von NO, NO_2 und O_3 zueinander (Abb. 2.10). Mit zunehmender Verdriftung der Emissionen von der Stadt nimmt die NO - Konzentration wegen der Oxidation zu NO_2 sprunghaft ab. Die NO_2 - Konzentration sinkt weniger auffällig, weil NO_2 - Verluste hauptsächlich auf die natürliche Deposition zurückgehen. Auch die Ozonkonzentration nimmt wegen der Reaktion von O_3 mit NO sehr stark ab. In größerer Entfernung von den Emissionsorten, in sog. Reinluftgebieten kann jedoch eine relativ hohe O_3 - Konzentration nachgewiesen werden. Dafür sind offenbar photochemische Umwandlungen von NO_2 zu O_3 in größerer Höhe verantwortlich, während in Erdbodennähe O_3 stets durch noch vorhandene Spuren von NO abgebaut wird. Auf diese Weise erklärt man sich die oftmals erstaunlich hohen O_3 - Konzentrationen in naturbelassenen Gegenden (= Reinluftgebiete), die jedoch noch von städtischen Emissionen erreicht werden, wie z. B. Schwarzwald und Alpennordrand. In solchen Regionen bestimmte man Jahresmittelwerte um 80 $\mu g/m^3$, während die Jahresmittelwerte in innerstädtischen Bereichen bei ca. 30 $\mu g/m^3$ liegen. Größtenteils laufen also die photochemischen Umwandlungen zu O_3 erst während der Transmission außerhalb der Städte ab. Lediglich zu Spitzenlastzeiten bei Windstille oder Inversionswetterlagen kann man mit 300 - 400 µg O_3 pro m^3 Luft in den Innenstädten höhere Werte registrieren als in Reinluftgebieten mit ihren Spitzenwerten von 180 $\mu g/m^3$. Bei der Belastung der Reinluftgebie-

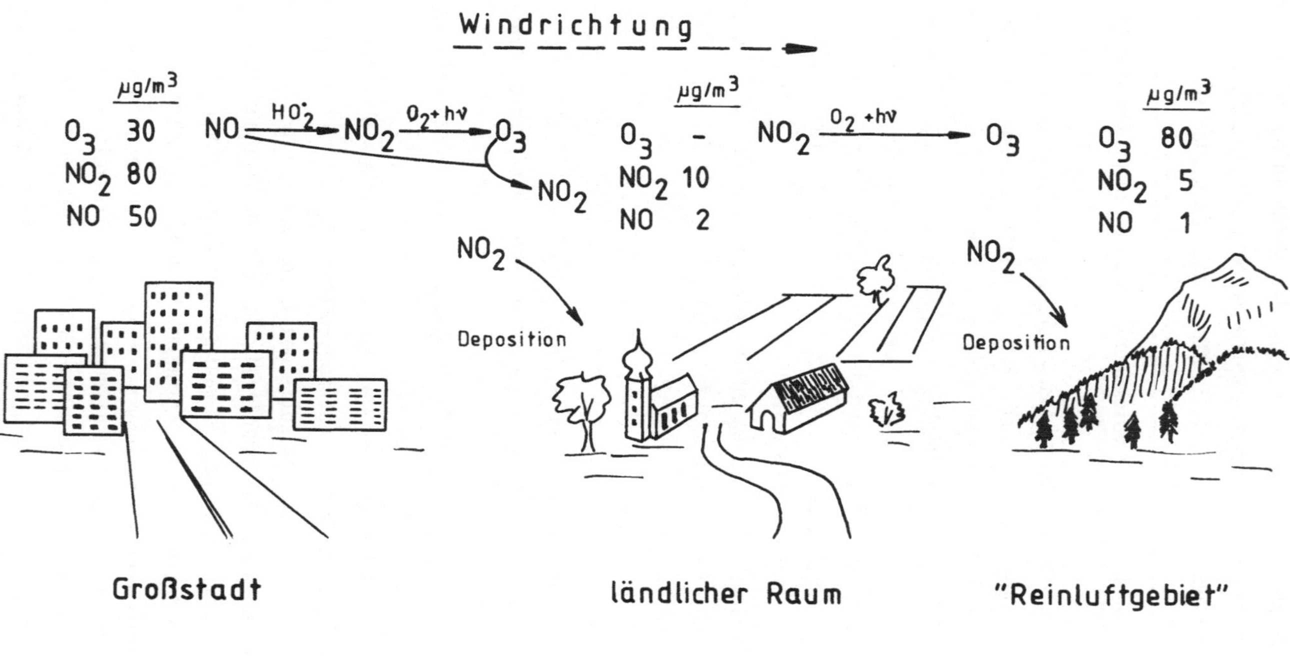

Abb. 2.10 Mittlere Konzentration von NO, NO_2 und O_3 in Großstädten, auf dem Land und in Reinluftgebieten. Nach Deposition der Stickoxide bleibt photochemisch gebildetes O_3 übrig.

te spielt natürlich auch die Entfernung zu den Emissionszentren sowie die Hauptwindrichtung eine entscheidende Rolle.

2.2.6.5 Wirkung von NO_x und O_3 auf den Menschen

Das im wesentlichen auf natürliche Quellen zurückgehende N_2O verhält sich gegenüber Lebewesen weitgehend inert, so daß man dieses Gas als Narkosegas beim Menschen einsetzen kann. Seine Bedeutung als luftverunreinigende Komponente erhält N_2O durch seine photochemische Umwandlung in der Stratosphäre und den damit verbundenen Ozonabbau (Abschn. 2.2.9).

Stickstoffmonoxid und Stickstoffdioxid kann man nur gemeinsam beurteilen, weil keines der beiden Gase in der Atmosphäre für sich alleine auftritt. Deshalb spricht man in der Regel von der Wirksamkeit von Stickoxiden oder NO_x, zumal beide Gase weiterhin mit N_2O_3 und N_2O_4 im Gleichgewicht stehen. Nur unmittelbar am Emissionsort kann man mit höheren NO - Konzentrationen konfrontiert werden.

NO reizt nicht die Atemwege und wird deshalb vom Menschen kaum wahrgenommen. Nach der Resorption bildet sich mit dem Hämoglobin zunächst eine instabile Nitrosoverbindung, die rasch in Methämoglobin übergeht, wobei Fe^{2+} zu Fe^{3+} umgewandelt wird. Fe^{3+} kann nicht mehr O_2 reversibel binden und fällt somit für den O_2 - Transport aus. Ein Gehalt von 60 - 70 % Methämoglobin im Blut wirkt sich letal aus. Diese Grenze kann jedoch höchstens in geschlossenen Räumen erreicht werden, niemals im Freien.

Mit zunehmender Entfernung vom Emissionsort geht NO immer mehr in NO_2 über. Dieses gelbbraune Gas reizt die Schleimhäute außerordentlich stark. Beim Kontakt mit der Körperfeuchtigkeit bilden sich salpetrige Säure und Salpetersäure (Gl. 2.29), die die Alveolarwände in der Lunge verätzen, ähnlich wie viele andere Säuren. Dadurch wird die Permeabilität der Alveolarwände und der Blutkapillaren erhöht, so daß Blutserum in die Lungenhohlräume austritt. Die Atmungsgase lösen sich in dieser Flüssigkeit und bilden einen Schaum, der den weiteren Gasaustausch erheblich verzögert. Kann der Flüssigkeitsaustritt in die Alveolen nicht rechtzeitig eingedämmt werden, führt ein solches Lungenödem zum Tode. Derart kritische Konzentrationen werden nicht im Freien erreicht, allenfalls in geschlossenen Räumen bei großer Unachtsamkeit. In hochbelasteten Ballungsgebieten und Innenstadtbereichen treten NO_2 - Konzentrationen von 0.4 - 0.8 mg/m^3 auf, bei Smog - Wetterlagen bis zu 1 mg/m^3. Demgegenüber liegt der MAK - Wert bei 9 mg/m^3 (= 5 ppm).

Trotz des Abstandes von MAK - Wert und tatsächlich auftretenden NO_x - Konzentrationen in belasteter Luft sollten Stickoxide als gesundheitlicher Risikofaktor für den Menschen ernst genommen werden. Der MAK - Wert ist nur für erwachsene, gesunde Personen konzipiert und er berücksichtigt nicht Kombinationswirkungen mehrerer Schadgase. Bei langfristigem Einatmen von Stickoxiden, auch in Konzentrationen unterhalb des MAK - Wertes, befürchtet man die Bildung von Zellproliferationen in den terminalen Bronchiolen (= feine Verzweigungen der Luftröhren vor den Alveolen), eine Verschlechterung der Bakterienelimination in der Lunge, sowie Alveolenerweiterungen. Konkrete Beweise über physiologische Langzeiteffekte von NO_x liegen noch nicht vor.

Ähnlich wie NO_2 wirkt O_3 auf den Organismus. Auch O_3 verursacht Lungenödeme. Außerdem hemmt Ozon die Bewegung der Flimmerhärchen in den Bronchien, die normalerweise Fremdstoffe zusammen mit Bronchialschleim nach außen befördern. Ständige Ozonexposition führt deshalb zu einer Kumulation von Fremdstoffen in der Lunge. Das soll u. a. zu einer Erhöhung des Krebsrisikos führen, weil besonders bei gehemmter Zilientätigkeit cancerogene Substanzen länger als üblich in der Lunge verweilen. Bei O_3 - Konzentrationen unterhalb des MAK - Wertes von 0.2 mg/m^3 (= 0.1 ppm) stellen sich Müdigkeit, Kopfschmerzen, Augenbrennen und Reizung der Schleimhäute ein. Wird der MAK - Wert überschritten, dann können schwere Lungenödeme auftreten. Deshalb sind die Ozonspitzenwerte von 0.3 - 0.4 mg/m^3 in smoggefährdeten Großstädten besonders ernst zu nehmen. Gewöhnlich werden in Ballungsgebieten bei Sommerwetter etwa 0.03 mg O_3 pro m^3 Luft erreicht. Über die Toxizität anderer, im Smog vorkommender Stoffe liegen kaum systematische Untersuchungen vor.

2.2.6.6 Biochemische Effekte bei Pflanzen

Bei Pflanzen können Stickoxide auf drei Wegen wirksam werden:

durch saure Niederschläge, durch direktes Einwirken auf die Pflanzen und indirekt durch photochemische Bildung von Oxidantien, wie O_3 und PAN.

In Form saurer Niederschläge verursachen Stickoxide Säureschäden wie SO_2. Direkte NO_x - Schäden werden äußerlich durch gelb bis braun verfärbte Blätter und Nadeln sichtbar. Ursache dieser Verfärbungen ist der Abbau der Chlorophylle a und b zu Phäophytinen und die Zerstörung von Carotinoiden. Diese oxidativen Zerstörungen scheinen, wie im Falle von SO_2 (Gl. 2.21) durch Fettsäurehydroperoxide bzw. Fettsäureradikale verursacht zu werden. Durch die mit dem Chlorophyll einhergehende Cooxidation von Fettsäuren kommt es außerdem zur Schädigung von Membranen und zur Bildung von Nekrosen. Fettsäuren können allerdings auch direkt durch NO_2 oxidiert werden, indem es aus ungesättigten Fettsäuren H abstrahiert:

$$NO_2 + R\text{-}CH_2\text{-}CH{=}CH\text{-}R \longrightarrow HNO_2 + R\text{-}\dot{C}H\text{-}CH{=}CH\text{-}R \tag{2.35}$$

$$R\text{-}\dot{C}H\text{-}CH{=}CH\text{-}R \xrightarrow{+O_2} R\text{-}\underset{\displaystyle O\text{-}O^\bullet}{\underset{|}{CH}}\text{-}CH{=}CH\text{-}R \xrightarrow{+R\text{-}H} R\text{-}\underset{\displaystyle O\text{-}OH}{\underset{|}{CH}}\text{-}CH{=}CH\text{-}R \tag{2.36}$$

Außerdem kann NO_2 direkt an die Doppelbindung einer ungesättigten Fettsäure addiert werden und damit hochreaktive Fettsäureradikale bilden.

Die in der Zelle entstehende salpetrige Säure wirkt mutagen, indem sie Nucleinsäurebasen oxidativ desaminiert. Als Beispiel sei die Umwandlung von Cytosin zu Uracil angeführt (Abb. 2.11).

Gemessen am Pflanzenwachstum treten Schädigungen durch NO_2 bei etwa 0.35 mg/m^3 (= 0.17 ppm) und darüber auf. Die relative Resistenz der Pflanzen gegenüber reinem Stickstoffdioxid (verglichen mit dem Menschen) beruht vor allem darauf, daß NO_2 in Chloroplasten reduziert und als NH_2 - Gruppe in Aminosäuren eingebaut wird. NO_x - Konzentrationen unterhalb des angegebenen Schwellenwertes werden von Pflanzen demnach als Stickstoffdüngemittel genutzt. Über diese Fähigkeit der NO_x - Metabolisierung verfügt der Mensch nicht.

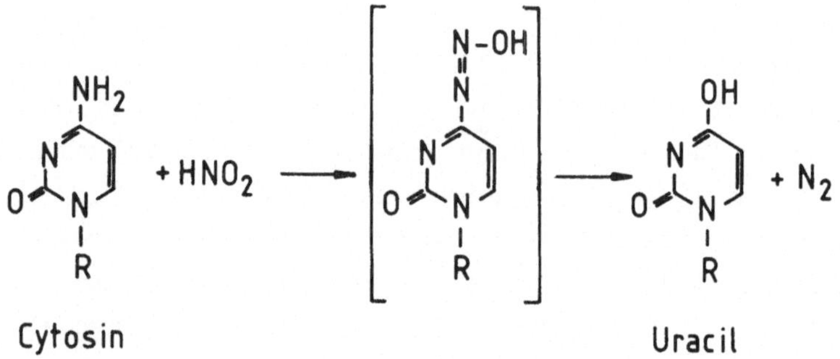

Cytosin $+ HNO_2 \longrightarrow$ [ ] $\longrightarrow$ Uracil $+ N_2$

Abb. 2.11 Oxidative Desaminierung von Cytosin zu Uracil durch salpetrige Säure.

Vergleicht man die Toxizitätsgrenze von Stickoxiden mit den tatsächlich auftretenden NO_x - Konzentrationen in der Luft, dann sollte außerhalb der Zentren von Großstädten und industriellen Ballungsgebieten eine Schädigung der Pflanzen durch diese Gase ausgeschlossen sein. Beispielsweise wurden in Stuttgart und Stuttgart - Vaihingen in der Zeit von 1981 - 1986 Halbstundenwerte von maximal 0.2 - 0.3 mg/m^3 gemessen. Im Umland liegen die Werte naturgemäß noch niedriger. Doch am Beispiel der Stickoxide zeigt sich sehr deutlich die Schwäche der Immissionsgrenzwerte für einzelne Stoffe: während NO_2 alleine von Pflanzen bis zu 0.35 mg/m^3 toleriert wird, treten in Kombination mit SO_2 erhebliche Schäden auf (Tab. 2.5). Da beide Gase zusammen mehr als additiv wirken, spricht man von einem potenzierenden Effekt.

Diese Erscheinung findet ihre Erklärung darin, daß SO_2 bereits in sehr geringen Konzentrationen die Nitritreduktaseaktivität in den Chloroplasten hemmt und so den Detoxifikationsmechanismus für NO_2 außer Kraft setzt. Deshalb verstärkt NO_2 die durch SO_2 hervorgerufene Schädigung der Blätter.

Ozon wirkt stärker toxisch auf Pflanzen als Stickoxide. Bei empfindlichen Arten kann eine einstündige Begasung mit 0.05 - 0.1 mg/m^3

Tab. 2.5 Trockengewichtszunahme verschiedener Baumarten nach Begasung mit NO_2, SO_2 und einer Kombination beider Gase (Hoc 84).

Baumart	Trockengewichtszunahme in % der Kontrolle				
	Luft gefiltert	NO_2 0.062 ppm	SO_2 0.062 ppm	$NO_2 + SO_2$ je 0.062 ppm	
				arithm. Mittel	gemessen
Schwarzpappel Populus nigra	100	120	95	107	60
Moorbirke Betula pubescens	100	115	75	95	45
Grauerle Alnus incana	100	125	40	82	30
Winterlinde Tilia cordata	100	130	135	132	95

bereits Krankheitssymptome auslösen. Auch Ozon verändert die Struktur der Zellmembranen. Dadurch wird zunächst die Wasserpermeabilität, später auch die Glucosepermeabilität erhöht. Wohl als Folge dieser Vorgänge sterben Zellen des Blattmesophylls ab, so daß Hohlräume in den Blättern entstehen, an denen das Licht Totalreflexion erleidet. Man spricht deshalb von Silberfleckenbildung.

Trotz erhöhter Glucosedurchlässigkeit der Zellmembranen werden die Assimilate in den Zellen angestaut, weil deren Ferntransport im Phloem blockiert ist. Vermutlich wegen des Anstaus von Assimilaten werden im Chlorophyll angeregte Elektronen nicht mehr zur Reduktion von NADP verwendet sondern auf Sauerstoff unter Bildung von $O_2^{\cdot -}$ übertragen. Dieses Superoxid bildet z. T. H_2O_2, z. T. oxidiert es Ascorbat. Zusammen mit Ferredoxin, das ebenfalls zum Photosynthesesystem gehört, werden $OH^{\cdot}$ - Radikale gebildet, die ihrerseits aus Fettsäuren Radikale erzeugen. Wegen des fehlgeleiteten Elektronentransports unterbleibt die normale, photochemische ATP - Bildung in den Zellen. Die entstandenen

Fettsäureperoxide und Fettsäurehydroperoxide zerfallen, katalysiert durch Schwermetallionen. Bei diesem Zerfall werden Pigmente oxidiert, so daß die Blätter ausbleichen. Unter den physiologischen Bedingungen der Zellen bildet Ozon, möglicherweise unter Mitwirkung aromatischer Verbindungen, $OH^{\cdot}$ - Radikale, die mit der cuticulären Wachsschicht auf Blättern und Nadeln reagieren und diese damit rissig und brüchig machen. Durch diese Risse können beispielsweise auskeimende Pilzsporen in das Innere der Nadeln vordringen und sie zerstören. Diesen Infektionsvorgang, der auf den soeben beschriebenen Verlust der "Strukturresistenz" zurückgeht, hält man für mitverantwortlich beim Zustandekommen des Waldsterbens.

Durch die in der Zelle aktivierten Oxidationsprozesse wird das zwischen Zellwand und Zellmembran gelegene Ethylenbildungssystem angeregt, vermehrt Ethylen zu synthetisieren, das dann Blatt- und Nadelfall induziert.

PAN wird nur bei Belichtung physiologisch wirksam. Unter Lichteinfluß zerfällt es photolytisch zu NO_2 und das Peroxiacetylradikal ($CH_3CO_2O^{\cdot}$), das Photosynthesepigmente und andere Substanzen in der Zelle oxidativ zerstört.

Angesichts der umfangreichen Schädigungen, die Ozon und andere Oxidantien bei Pflanzen hervorrufen, stellt sich die Frage, ob phytotoxische Konzentrationen im Freien auftreten. Zieht man die Jahresmittelwerte verschiedener Meßstationen in der Bundesrepublik heran, dann liegen die Werte in der Regel unterhalb der kritischen Schwelle von 0.05 mg/m^3. Höchstwerte aus 24 h - Mittelwerten und erst recht aus 3 h - Mittelwerten übersteigen jedoch immer wieder diese Schwelle. Im Schwarzwald und in anderen sog. Reinluftgebieten wurden vielfach Spitzenwerte von 200 mg/m^3 gemessen. Je nach der Anzahl solcher schädigend wirkenden Spitzenwerte innerhalb eines Jahres liegen längere oder kürzere Erholungszeiten für die Pflanzen zwischen den toxischen Impulsen, so daß die Schäden zwischenzeitlich weitgehend repariert werden konnten ohne deutlich hervorzutreten.

Nicht ganz einig ist man sich in der Bewertung der Auswirkungen von O_3 gemeinsam mit SO_2. In geringer Konzentration wirken beide Gase offenbar synergistisch, d. h. die wachstumshemmende Wirkung von O_3

wird durch SO_2 verstärkt. In höheren Konzentrationen soll dagegen SO_2 den O_3 - Effekt vermindern, wobei man von der Vorstellung ausgeht, daß O_3 den größten Teil der in der Zelle gebildeten schwefligen Säure in die weniger phytotoxisch wirkende Schwefelsäure umwandelt.

2.2.7 Das Problem des Waldsterbens

Etwa seit Mitte der siebziger Jahre wird von umfangreichen Baum- und Waldschäden berichtet, die in der ersten Hälfte der achtziger Jahre rund 50 % der bundesdeutschen Wälder erfaßte. Zwar sind Baumschäden bereits seit Jahrhunderten bekannt, besonders dort, wo Bäume im Lee von Erzröstereien standen, doch die Großflächigkeit der heute zu beobachtenden Waldschäden ist neu. Die Baumschäden erstrecken sich auch auf Stadtgehölze. Alleine im Stadtgebiet von Braunschweig müssen jährlich etwa 2000 Bäume ersetzt werden.

Wichtige Merkmale der heute auftretenden Baumschäden bestehen u. a. in vorzeitigem Vergilben und Abfallen von Nadeln und Blättern, so daß die Baumkronen durchsichtig werden. Das Längenwachstum der Stämme wird gehemmt, wodurch sich sog. Storchennestkronen bilden. Die Jahreszuwachsringe im Stamm fallen schmaler aus, als es vor Einsetzen der Waldschäden der Fall war. Speziell im Stamm von Tannen bildet sich ein Naßkern, der sich über seine normale Begrenzung hinweg bis an die Peripherie des Stammes ausdehnt. Geschädigte Buchen bilden oftmals unregelmäßig geformte "Spritzkerne" im Stammzentrum. Erkrankte Coniferen fallen häufig durch einen besonders dichten Zapfenbehang auf. Die mit den Saugwurzeln vergesellschafteten Mykorrhizapilze sterben häufig ab. Dafür dringen Fäulniserreger in die betroffenen Wurzeln ein.

Über das Ausmaß der Baumschäden besteht inzwischen kein Zweifel mehr, seit die Schadenserhebungen in der Bundesrepublik nach einheitlichen Kriterien vorgenommen werden. Über die Ursachen dieser Schäden besteht jedoch keine Einigkeit. Das Fortbestehen der kontroversen Meinungen wird verständlich, wenn man berücksichtigt, daß am Zustandekommen der Krankheitssymptome recht unterschiedliche Faktoren beteiligt sein können. So werden von einer Minderheit noch immer biotische Faktoren als primäre Auslöser der Waldschäden angesehen, während man mehrheitlich abiotische Ursachen als Auslöser ansieht. Als biotische Krankheitsursachen führt man noch unbekannte Viren oder Bakterien an oder man sieht die Hauptschädlinge in holzzerstörenden Pilzen, wie dem Hallimasch. Während für Viren und Bakterien als großflächig wirksame Krankheitserreger bisher konkrete Nachweise fehlen, weiß man von holzzerstörenden Pilzen, daß sie erst vorgeschädigte Baumstämme besiedeln, also eine Folgeerkrankung darstellen.

Unter den abiotischen Auslösern der Baumschäden werden neben extremen Klimabedingungen und einigen anderen Faktoren vor allem anthropogene Immissionen verantwortlich gemacht. Es muß deshalb geprüft werden, ob die von Waldschäden betroffenen Gebiete so hohen Immissionen ausgesetzt sind, daß dadurch die beobachteten Schäden erklärt werden können. Die für eine Schädigung der Bäume erforderliche Grenzkonzentration von etwa 0.05 mg/m^3 (= 0.019 ppm) für SO_2 wird im Jahresmittel nur in industriellen Ballungsgebieten erreicht. Kurzfristig kann man diese und sehr viel höhere Werte in den Mittelgebirgslagen von Mitteleuropa messen. Treten SO_2 und NO_2 gemeinsam auf, dann liegen die Grenzkonzentrationen bei jeweils 0.03 ppm. Solche Werte werden häufig im Oberrheingraben erreicht und überschritten. Kurzfristig wurde sogar das Zehn- bis Zwanzigfache der schädigenden Grenzkonzentrationen erreicht. Sogar in mäßig belasteten Gebieten übersteigen 3 h - und 24 h - Mittelwerte monatlich mehrfach die kritische Grenzkonzentration. So wechseln immer wieder Phasen der Schädigung und der Erholung, so daß die Pflanzen insgesamt schlechter wachsen. Die so erzeugte Schwächung der Vitalität macht die Bäume anfälliger gegenüber Pilzen, Bakterien, Borkenkäfern und anderen Schädlingen. Weitgehend unbekannt sind noch die Wirkungen komplexer zusammengesetzter Schadgasgemische, wie z. B. SO_2 + NO_2 + O_3 + Kohlenwasserstoffe oder das Zusammenwirken dieser Gase mit Halogenen.

Waldschäden werden nicht nur in Regionen erhöhter SO_2 - und NO_2 - Konzentrationen registriert, sondern auch in sog. Reinluftgebieten, in denen oftmals erhöhte Ozonkonzentrationen nachgewiesen werden. Die für Bäume toxisch wirkende Grenzkonzentration liegt bei etwa 0.05 mg/m^3. Im Hochschwarzwald und in den Alpen wurden wiederholt Konzentrationen von 0.2 - 0.3 mg/m^3 gemessen. Somit können auch in Reinluftgebieten, in denen nur sehr geringe SO_2 - und NO_2 - Konzentrationen auftreten, Baumschäden durch anthropogene Immissionen ausgelöst werden. Soweit Messungen bisher vorliegen, lassen diese durchaus eine Parallelität von Waldschäden in Reinluftgebieten und schädigend wirkenden O_3 - Konzentrationen in der Atmosphäre erkennen.

Zu den direkten Schadgaswirkungen gesellen sich saure Niederschläge in Form von nassen und trockenen Depositionen. Bisher herrscht noch keine Einmütigkeit darüber, wie hoch der anthropogene Säureeintrag in den Boden, verglichen mit der natürlichen Säurebildung ausfällt. Besonders die Interzeptionsniederschläge, d. h. das Auskämmen von Säurebildnern aus der Luft durch die Baumkronen, ändert sich nicht nur mit der Baumart (Fichten kämmen 2.5 mal so viel Säurebildner aus der Luft wie Buchen) sondern auch mit der Windexposition der Wälder. Nach Untersuchungen im Solling soll der anthropogen bedingte Säureeintrag in den Boden etwa doppelt so hoch sein, wie die natürliche Säurebildung durch Humuszersetzung. Nach Modellberechnungen für die gesamte Bundesrepublik soll dagegen der anthropogen bedingte Säureeintrag in den Boden nur etwa 1/10 der natürlichen Säurebildung ausmachen. Ob ein Boden versauert, hängt jedoch nicht nur von der Höhe des Säureeintrags ab, sondern auch von dessen Pufferungskapazität, d. h. von seiner Fähigkeit, verschiedene Kationen gegen H^+ auszutauschen. Solange ausreichend Carbonate zur Verfügung stehen, sinkt der pH - Wert nicht unter 6.2. Alkalihaltige Silikate, wie Feldspat, Glimmer, Hornblende lassen den pH - Wert nicht unter den Bereich von 6.2 - 5.0 sinken. Tonminerale und Löß puffern im Bereich von 6.8 - 4.2. Sind diese Puffer verbraucht, dann treten Aluminium enthaltende Silikate in Funktion, die im pH - Bereich von 4.5 - 3.0 puffern. Dieser Puffer wirkt durch Freisetzung von Al^{3+} toxisch auf Pflanzenwurzeln und Bodenfauna. Unterhalb von pH 3.8 übernehmen zusätzlich eisenhaltige Verbindungen die Pufferung des Bodens.

Sukzessive Versauerung übt auf den Boden eine Reihe negativer Einflüsse aus. Dazu zählen u. a. Schädigungen N - fixierender Bakterien und Actinomyceten, toxische Effekte auf bodenwühlende Kleintiere wie Regenwürmer, die Desorption von Pflanzennährstoffen, die dann mit dem Regenwasser ausgewaschen werden, sowie die Schädigung von Mykorrhizapilzen. So treten Nährstoffmangel und Störungen der Mineralstoffaufnahme ein, die neben direkten Schadgaswirkungen eine zusätzliche Vitalitätsminderung der Bäume mit sich bringen.

Die Versauerung des Bodens wirkt sich auch im Zusammenhang mit dem fortgesetzten Schwermetalleintrag aus der Luft negativ aus. Im sauren Milieu bleiben die über die Luft dem Boden zugeführten Schwermetalle mobil und können deshalb von Pflanzenwurzeln und Bodenlebewesen aufgenommen und akkumuliert werden. So wirken die säuremobilisierten Schwermetalle auf verschiedenen Wegen im Boden toxisch.

Das Problem des Waldsterbens erscheint uns nicht nur deshalb so kompliziert, weil verschiedene gasförmige Immissionen, Säuren und Schwermetalle wirksam werden können, sondern weil sich darüber hinaus natürliche Störfaktoren am Zustandekommen der Baumschäden beteiligen. Dazu gehören trocken - heiße Sommer, extrem kalte Winter, Salzwassergischt des Meeres, sowie jahrzehntelange Monokultur von Coniferen.

Die Vielzahl möglicher Einflußfaktoren, die sich gegenseitig in ihrer Wirkung beeinflussen, bedingen auch die Unstetigkeit des Fortschreitens der Baumschäden. Da sicherlich anthropogene Immissionen ursächlich für das Schadbild "Waldsterben" mit verantwortlich sind, muß das Hauptaugenmerk der Eindämmung der Luftverunreinigungen gelten, wenn man einen katastrophalen Waldschwund noch verhindern möchte, denn am Ende des Jahres 1989 wiesen etwa 60 % der bundesdeutschen Waldbäume erkennbare Schadsymptome auf.

2.2.8 Technische Verfahren zur Emissionsminderung

Schwefeldioxid entsteht bei Verbrennungsprozessen aus Schwefel, der normalerweise Bestandteil der fossilen Brennstoffe ist. Stickoxide entstehen teils aus chemisch gebundenem N der Brennstoffe, teils aus Luftstickstoff, besonders wenn Verbrennungstemperaturen von 1000 °C und mehr erreicht werden. Zur Stickoxidbildung muß also nicht unbedingt stickstoffhaltiger Brennstoff vorliegen. Entsprechend der unterschiedlichen Entstehung und Wasserlöslichkeit von SO_2 und NO_x muß man verschiedene Verfahren der Abgasreinigung anwenden.

Eine Möglichkeit zur Reduktion des SO_2 - Gehalts im Abgas besteht darin, den Brennstoff zu entschwefeln. Aus Kohle kann man 25 bis 50 % des Schwefels entfernen, wenn man sie fein zerkleinert, siebt und mit Wasser wäscht. Dabei sedimentiert der hauptsächlich als Pyrit vorliegende Schwefel wegen seines relativ hohen spezifischen Gewichts von 5.0 - 5.2 g/cm^3 rascher als die Kohlepartikel. Eine vollständige Abtrennung des Schwefels aus der Kohle ist so allerdings nicht möglich.

Mineralöl und Mineralölprodukte kann man bei erhöhter Temperatur und unter erhöhtem Druck in Anwesenheit eines Katalysators hydrieren, wobei der Schwefel in H_2S überführt wird. H_2S bleibt beim Abkühlen des Reaktionsgemisches in der Gasphase und kann so von dem wieder verflüssigten Kraftstoff leicht abgetrennt werden.

Erdgas liegt weitgehend schwefelfrei vor. Sofern es einmal Schwefel enthält, handelt es sich um H_2S, das mit Hilfe von Wasser ausgewaschen werden kann.

Da vom Erdgas abgesehen, der Schwefelgehalt der Brennstoffe in der Regel nicht vollständig beseitigt werden kann, weil außerdem während der Verbrennung Stickoxide entstehen und weil in den Verbrennungsabgasen Stäube und Schwermetallspuren mitgeführt werden, müssen in jedem Falle die Abgase nachgereinigt werden. Zur Abgasreinigung wurde eine Reihe von Verfahren entwickelt, die sich in ihrer Effektivität und in ihrem Kostenaufwand erheblich voneinander unterscheiden und die zum Teil bestimmten Brennstoffen angepaßt wurden. Einige wichtige Prinzipien solcher Verfahren sollen kurz vorgestellt werden.

Beim Walther - Verfahren setzt man dem Rauchgas Ammoniak zu. In einem Gaswäscher reagieren SO_2, NH_3 und Wasser zu Ammonsulfat, wobei diese Oxidation unter Mithilfe von Stickoxiden oder anderen Katalysatoren abläuft:

$$2\,NH_3 + SO_2 + H_2O + 1/2\,O_2 \longrightarrow 2\,NH_4^+ + SO_4^{2-} \quad (2.37)$$

Das anfallende Ammonsulfat kann als Düngemittel verwendet werden, wenn es keine Schwermetalle oder Halogene enthält.

Beim Claus - Verfahren muß dem Abgas in stöchiometrischem Verhältnis zum SO_2 Schwefelwasserstoff zugesetzt werden. Dadurch wird SO_2 zu elementarem Schwefel reduziert:

$$2\,H_2S + SO_2 \longrightarrow 3\,S + 2\,H_2O \quad (2.38)$$

Im Knauf - Research - Cottrell - Verfahren werden die Abgase zunächst mit Hilfe eines Elektroabscheiders (Abb. 2.5) gründlich entstaubt. Nach Abkühlung der heißen Abgase auf ca. 50 °C gelangen sie in einen Gaswäscher, wo sie mit Kalkmilch beregnet werden. Die vorherige Abkühlung ist erforderlich, um die Waschlauge nicht verdampfen zu lassen. Als Kühlmittel setzt man die aus dem Gaswäscher austretenden Abgase ein, die sich durch den Wärmeaustausch auf ca. 110 °C erwärmen und dadurch einen höheren Auftrieb erhalten. Das sich im Gaswäscher primär bildende Sulfit wird mit weiterem SO_2, $Ca(OH)_2$ und Luftsauerstoff zu Gips oxidiert (Abb. 2.12).

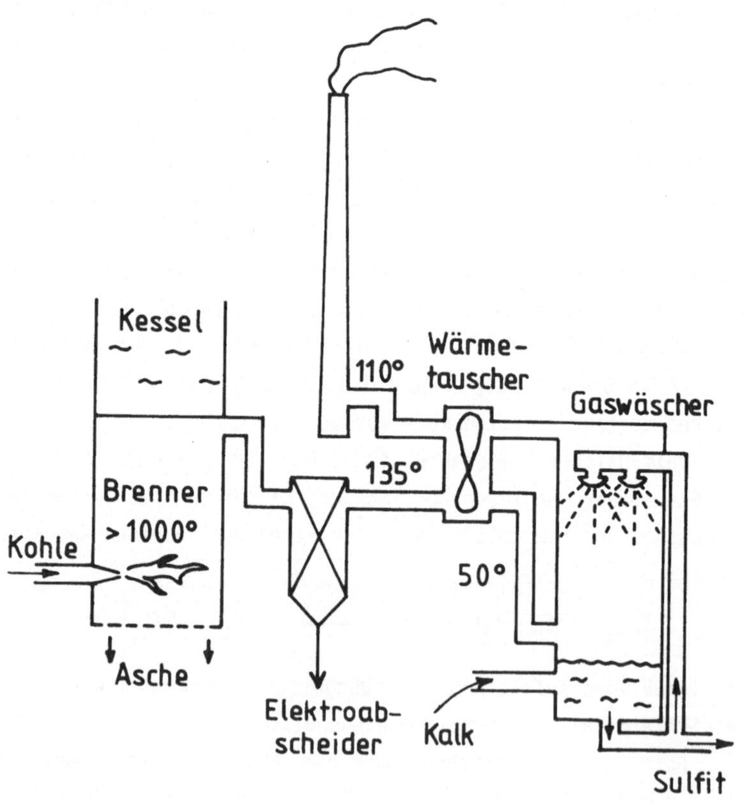

Abb. 2.12 Schema des Knauf - Research - Cottrell - Verfahrens (Goe 82).

$$(2.39) \qquad SO_2 + CaSO_3 + H_2O \longrightarrow Ca(HSO_3)_2$$

$$(2.40) \qquad Ca(HSO_3)_2 + O_2 \xrightarrow{Ca(OH)_2} 2\,CaSO_4 + 2\,H_2O$$

Bei dieser Form der nassen Rauchgasentschwefelung kann der Schwefelgehalt im Abgas um maximal 95 % gesenkt werden.

Technisch weniger aufwendig arbeitet das Trockenadditivverfahren, das speziell für Braunkohleverfeuerung entwickelt wurde. Bei diesem Verfahren werden gemahlene Kohle und Kalkstaub gemischt und gemeinsam verbrannt (Abb. 2.13). Dabei setzt sich noch während der Verbrennung SO_2, Luftsauerstoff und Kalk zu Gips um, der zusammen mit Asche und Kalkresten durch einen Rost abgezogen wird.

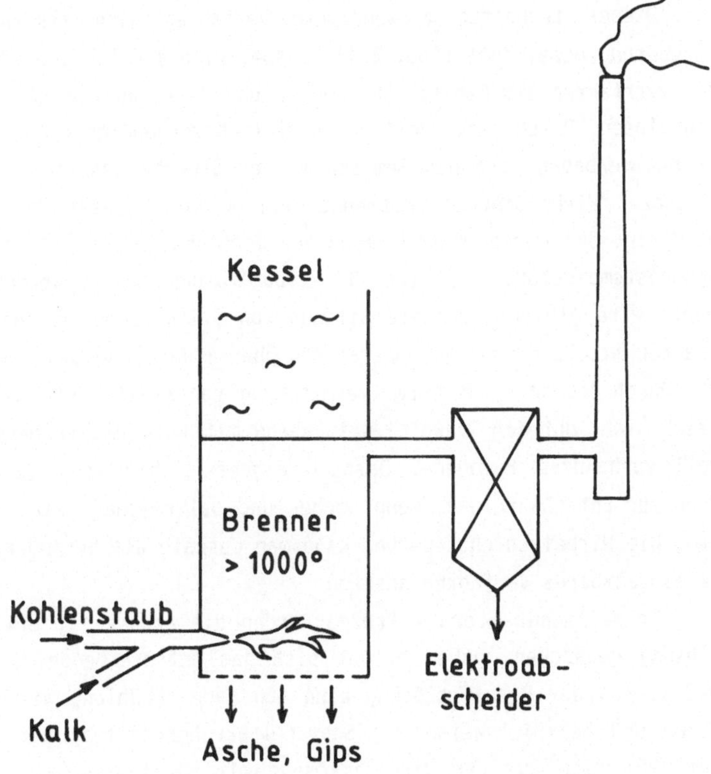

Abb. 2.13 Prinzip des Trockenadditivverfahrens (Goe 82).

(2.41) $$CaCO_3 + SO_2 + 1/2\,O_2 \longrightarrow CaSO_4 + CO_2$$

Anstelle von Kalk kann man auch gebrannten Kalk (CaO) verwenden:

(2.42) $$CaO + SO_2 + 1/2\,O_2 \longrightarrow CaSO_4$$

Anschließend werden die Abgase entstaubt. Der im Trockenadditivverfahren anfallende Gips kann wegen seiner Verunreinigung durch Asche technisch nicht weiter verwendet werden. Bei diesem Verfahren werden etwa 50 % des SO_2 im Rauchgas gebunden. Wegen der relativ geringen Effektivität des Trockenadditivverfahrens hat man ein wirkungsvolleres Trokkenentschwefelungsverfahren entwickelt, das etwa 90 % des Schwefels aus dem Rauchgas entfernt.

Dieses technisch aufwendigere Verfahren wird als Wirbelschichtfeuerung bezeichnet (Abb. 2.14). Dabei wird ähnlich wie im Trokkenadditivverfahren ein Gemisch aus Kohle- und Kalkstaub in die Brennkammer geblasen. Durch gleichzeitiges Einleiten vorgewärmter Luft durch den Brennkammerboden wird das Gemisch in der Schwebe gehalten, so daß es als ganze "Wirbelschicht" abbrennt. Der Vorteil dieses Verfahrens besteht darin, daß durch dieses besondere Verbrennungsprinzip niedrige Verbrennungstemperaturen von etwa 800 - 900 °C angesteuert werden können. Dabei wird gleichzeitig die Bildung von Stickoxiden im Vergleich zu Verfahren mit Verbrennungstemperaturen über 1000 °C um ca. 50 % reduziert. Durch die sehr intensive Vermischung von Kohle- und Kalkstaub setzt sich nicht nur der Schwefel weitgehend mit Kalk um, sondern auch eventuell vorhandene Halogene. Deshalb eignet sich dieses Verfahren auch dann zur Entschwefelung, wenn asche- und salzreiche Kohle verfeuert wird. Die Wirbelschichtfeuerung kann man deshalb als besonders universell einsetzbares Verfahren ansehen.

Im Wellmann - Lord - Prozeß werden die Abgase mit erwärmter Sulfitlösung gewaschen. Dabei bildet sich das entsprechende Bisulfit (Gl. 2.39). Aus der Bisulfitlösung kann man nach Abkühlung wieder SO_2 freisetzen und beispielsweise zur Schwefelsäureherstellung verwenden. Außerdem läßt sich aus der Bisulfitlösung mit Hilfe von $Ca(OH)_2$ und Luftsauerstoff Gips herstellen:

(2.43) $Ca(HSO_3)_2 + Ca(OH)_2 + O_2 \longrightarrow 2CaSO_4 + 2H_2O$

Gleichzeitig mit dem SO_2 nimmt die Sulfitlösung auch Halogene und Spuren von Schwermetallen auf. Nach der SO_2 - Abscheidung kann die Sulfitlösung erneut verwendet werden, bis sich so viele Verunreinigungen angereichert haben, daß sie verworfen werden muß. Während des Betriebs

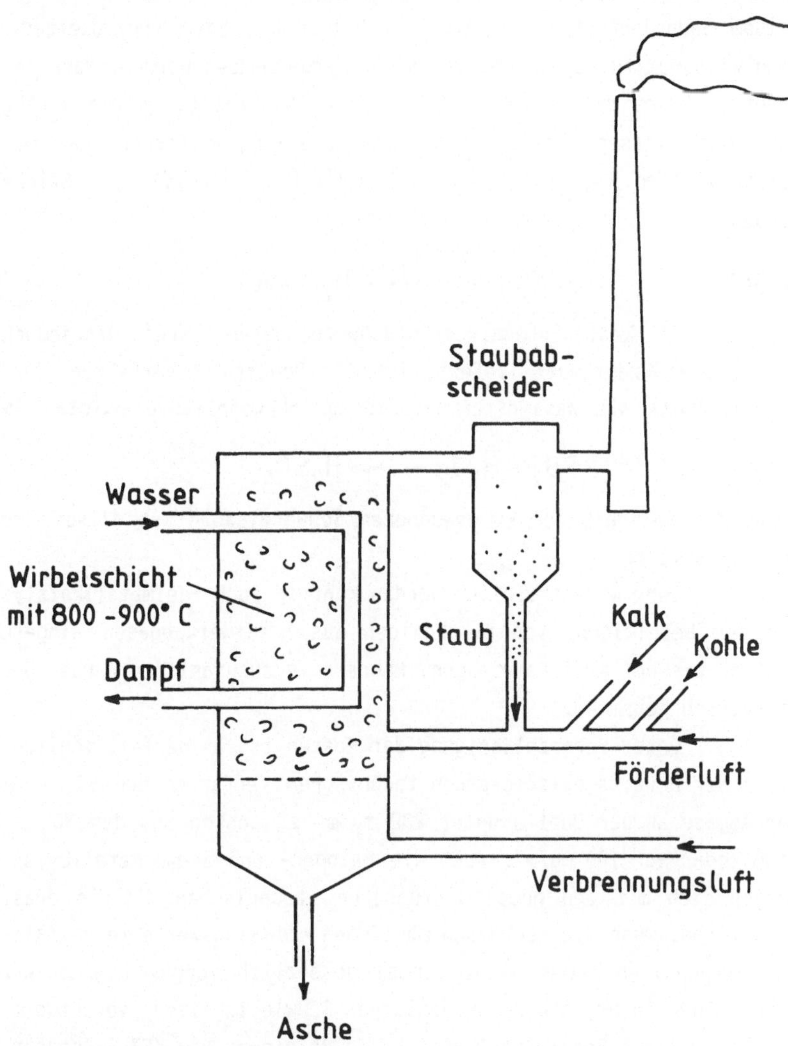

Abb. 2.14 Prinzip der Wirbelschichtfeuerung (Goe 82).

können sich beim Wellmann - Lord - Prozeß Schwierigkeiten durch auskristallisierende Salze ergeben. Stickoxide beseitigt dieses Verfahren nicht.

Beim Bergbau - Forschungsverfahren bläst man die Abgase durch Aktivkoksfilter, wobei SO_2, Halogene und Schwermetalle adsorbiert werden. Ist die Adsorptionskapazität des Aktivkoks erschöpft, wird er mit heißem Sand behandelt, um SO_2 und Halogene wieder freizusetzen. SO_2 kann wiederum für Syntheseprozesse weiterverwendet werden. Nach der Desorption steht der Aktivkoks erneut zur Abgasreinigung zur Verfügung. Stickoxide lassen sich unter der Voraussetzung entfernen, daß man die vorgereinigten Abgase mit Ammoniak behandelt, so daß sich Stickstoff bildet:

$$NO_x \xrightarrow{+NH_3} H_2O + N_2 \qquad (2.44)$$

Ein kostenintensives Entschwefelungsverfahren, das jedoch ein sehr reines Endprodukt liefert, ist das Degussa - Verfahren, bei dem SO_2 im Abgas mit Wasserstoffperoxid zu Schwefelsäure oxidiert wird:

$$SO_2 + H_2O_2 \longrightarrow H_2SO_4 \qquad (2.45)$$

Wegen der Reinheit der so gewonnenen Schwefelsäure ist dieses Produkt gut verkäuflich.

Sehr wahrscheinlich werden künftig auch Edelmetallkatalysatoren zur Beseitigung von Stickoxiden aus Kraftwerkabgasen eingesetzt, ähnlich wie bei Kraftfahrzeugen. Mehrere Versuchsanlagen wurden bereits in Betrieb genommen.

Unter Vernachlässigung der Kosten ist es derzeit möglich, mit Hilfe der bereits existierenden technischen Verfahren den SO_2 - Gehalt der Abgase an der Quelle unter 200 mg/m^3 zu senken und den NO_x - Ausstoß sogar auf 100 mg/m^3. Auch die Halogen- und Schwermetallemissionen lassen sich mit den heute verfügbaren, technischen Mitteln drastisch reduzieren. Wenn die technisch möglichen Emissionswerte keinesfalls immer eingehalten, oder nicht einmal gesetzlich vorgeschrieben werden, dann sind dafür stets ökonomische Schwierigkeiten verantwortlich.

Einen Spezialfall stellt die Reinigung von KFZ - Abgasen dar. Hier sind mit Otto- und Dieselmotoren zwei Konstruktionsprinzipien verbreitet, in deren Abgasen unterschiedliche Komponenten dominieren: im Dieselabgas herrschen Ruß, Benzpyren, SO_2 und NO_x vor, im Abgas der Ottomotoren dagegen CO, Kohlenwasserstoffe und Arene, wenn man beide Abgastypen miteinander vergleicht.

Das Hauptaugenmerk der KFZ - Abgasentgiftung gilt der Beseitigung von CO, Kohlenwasserstoffen und Stickoxiden. Die gleiche Aufmerksamkeit sollte man der Beseitigung von Rußpartikeln mit ihrer großen, adsorptiv aktiven Oberfläche widmen, sowie cancerogenen Substanzen. Die gegenwärtig eingesetzten Verfahren zur Abgasreinigung sind Abgasrückführung, Magermotor und Abgaskatalyse. Eine partielle Abgasrückführung ermöglicht es, die Verbrennungstemperatur zu senken und damit den NO_x - Ausstoß zu reduzieren. Beim Magermotor oder Euronormmotor wird durch verschiedene, konstruktive Maßnahmen das Verbrennungsgemisch kraftstoffärmer gehalten, wodurch etwa 30 % weniger Schadstoffe emittiert werden als bei herkömmlichen Konstruktionen. Den besten Reinigungseffekt erzielt ein geregelter Katalysator. Zusammenfassend kann man dessen Wirkung etwa folgendermaßen formulieren:

$$CO + C_nH_m + NO_x \xrightarrow{Pt} CO_2 + N_2 + H_2O \tag{2.46}$$

Der Katalysator besteht aus einem, von feinsten Kanälchen durchzogenen Keramikkörper. Zur Vergrößerung der aktiven Oberfläche werden die Hohlräume mit einem Metalloxid ausgekleidet. Auf dem so vorbehandelten Untergrund wird eine Legierung aus Platin, etwas Rhodium und Spuren von Metalloxiden aufgetragen. Der Platinbedarf pro Katalysator liegt bei etwa 1 - 1.5 g. Das Edelmetall kann aus verbrauchten Katalysatoren weitgehend zurückgewonnen werden. Voraussetzung für den Katalysatorbetrieb ist die Verwendung von bleifreiem Kraftstoff, da Pb den Katalysator inaktivieren würde. Der angestrebte Prozeßablauf (Gl. 2.46) setzt eine wohldosierte Zufuhr von Sauerstoff im Verbrennungsgemisch voraus, die sich mit wechselnden Betriebszuständen des Motors ebenfalls ändern muß. Deshalb wird mittels einer Lambdasonde kontinuierlich die Zusammensetzung des Verbrennungsgemisches kontrolliert um Kraftstoff- und Sauerstoffzufuhr jeweils den aktuellen Erfordernissen anzupassen. Diese Regeleinheit macht einen erheblichen Anteil des Preises der Katalysatoreinrichtung aus.

Daß der Kraftstoff beim Katalysatorbetrieb bleifrei sein muß, ist ein nützlicher Nebeneffekt, denn vor Einführung der Katalysatoren stammte der Hauptanteil der Bleiemissionen aus Kraftstoffen für Otto - Motoren.

Trotz katalytischer Nachreinigung von KFZ - Abgasen stellen Verbrennungsmotoren keinesfalls unproblematische Antriebsmaschinen dar. Der CO_2 - Ausstoß belastet den Wärmehaushalt der Atmosphäre (Abschn. 2.2.4.2) und Ruß, Benzpyrene sowie verschiedene Arene bedeuten gesundheitliche Risiken für die Menschen.

Neben technischen Maßnahmen zur Abgasentgiftung diskutiert man auch Geschwindigkeitsbeschränkungen sowie gewisse Einschränkungen des KFZ - Verkehrs. Die Verminderung der Abgasproduktion bei einer Geschwindigkeitsreduktion auf maximal 100 km/h auf Autobahnen soll Berechnungen zufolge ca. 21 % betragen. Eine Geschwindigkeitsbeschränkung auf höchstens 80 km/h soll dagegen keine nennenswerten, zusätzlichen Entlastungen mit sich bringen, außer einer gewissen Treibstoffersparnis. Die in Ortschaften ins Auge gefaßte und stellenweise bereits erprobte Geschwindigkeitsbeschränkung auf 30 km/h schafft keine Verbesserung der Abgassituation. Sie dient alleine der Verminderung der Verkehrsunfälle. Dieses Ziel ist jedoch nicht geringer zu bewerten als die Abgasentlastung der Atmosphäre.

Die wirksamste Verminderung der KFZ - Emissionen bei reduzierter Fahrgeschwindigkeit erzielt man erst dann, wenn gleichzeitig die Motorleistungen so stark gedrosselt werden, daß sie gerade noch die Höchstgeschwindigkeit von 100 km/h erreichen. Neben einer drastischen Kraftstoffersparnis würde alleine der NO_x - Ausstoß ohne Nachreinigung der Auspuffabgase auf ein Drittel des gegenwärtigen Durchschnittswertes reduziert.

Einer allgemeinen Verminderung des KFZ - Verkehrs, die ebenfalls die Schadstoffemissionen erheblich senken würde, hält man den Mangel an geeigneten Massen - Nahverkehrsmitteln entgegen und Schwierigkeiten der wirtschaftlichen Umstrukturierung, um dann arbeitslos werdende KFZ - Bauer in anderen Berufen auffangen zu können. Diese Argumentation läßt jedoch außer Acht, daß auf Probleme der Umweltbelastung bereits seit 15 bis 20 Jahren hingewiesen wurde und deshalb geeignete Zeiträume für industrielle Umstrukturierungen zur Verfügung gestanden hätten.

Langfristig sollte auf jeden Fall nach einem anderen Antriebsprinzip gesucht werden und man sollte sich darauf zurückbesinnen, daß die Gesunderhaltung des Organismus nicht durch möglichst viele Fahrten mit Kraftfahrzeugen, sondern durch möglichst viele Fußwege an frischer, unbelasteter Luft gewährleistet wird.

2.2.9 FCKW, N_2O und das stratosphärische Ozon

Verlassen wir nun die etwa 11 km mächtige Troposphäre und wenden wir uns der darüber liegenden Stratosphäre zu, die bis in eine Höhe von etwa 50 km über dem Erdboden reicht (Abb. 2.2). Da hier kaum Wolken auftreten, herrscht eine ungleich intensivere UV - Strahlung als in Erdbodennähe. Dadurch ergeben sich neue Reaktionsmöglichkeiten. Besonders unter dem Einfluß kurzwelliger UV - Strahlung mit Wellenlängen < 242 nm wird molekularer Sauerstoff photolytisch gespalten:

$$O_2 \xrightarrow{\lambda < 242\,nm} O(^3P) + O(^3P) \qquad (2.47)$$

Die dabei entstehenden Sauerstoffatome können nun, zusammen mit einem Stoßpartner, der unverändert aus der Reaktion hervorgeht, mit molekularem Sauerstoff Ozon bilden:

$$O(^3P) + O_2 \longrightarrow O_3 \qquad (2.48)$$

Das Maximum des Ozongehaltes wird mit einer Konzentration von ca. 7 ppm in 20 - 25 km Höhe über dem Erdboden erreicht. Dieser Ozonmantel, der in polaren Regionen einige Kilometer erdnäher verläuft als am Äquator, absorbiert im UV - Bereich (Maximum: 254 nm) und mit einem wesentlich kleineren Nebenmaximum im Rotbereich (Maximum: 600 nm). Die Energieabsorption des Ozonmantels ist einmal wichtig für den Energiehaushalt der darunter liegenden Atmosphäre und verhindert weitgehend einen vertikalen Luftaustausch. Der Ozonmantel stellt damit eine sehr wirksame Inversionsschicht dar (Abb. 2.7). Für Lebewesen auf der Erde ist die Ozonhülle ferner deshalb so bedeutsam, weil ihr UV - Absorptionsmaximum fast identisch mit dem UV - Absorptionsmaximum der DNA ist (Maximum:

260 nm). DNA stellt den genetischen Informationsträger aller Lebewesen dar. Deshalb schützt Ozon die DNA vor UV - induzierten, chemischen Veränderungen, die man als Mutationen bezeichnet. Im Verlaufe der Evolution der Erde konnten die Lebewesen erst aus dem (ebenfalls UV absorbierenden) Meer an Land kommen, als sich ein erster Ozonmantel um die Erde gebildet hatte. Der stratosphärische Ozonmantel ist also als Voraussetzung für das Leben auf dem Festland anzusehen.

Das stratosphärische Ozon wird gegenwärtig durch anthropogene Einflüsse in Mitleidenschaft gezogen und so ist es erforderlich, die wichtigsten Faktoren zu untersuchen, die für diese Eingriffe verantwortlich sind.

2.2.9.1 Herkunft von FCKW und N_2O

Nach den bisher vorliegenden Erkenntnissen dürften hauptsächlich Fluor - Chlor - Kohlenwasserstoffe (FCKW) und N_2O unter den anthropogenen Gasen die wichtigste Rolle bei der stratosphärischen O_3 - Destruktion spielen.

FCKWs, vor allem $CFCl_3$ (R 11), CF_2Cl_2 (R 12) und $CHClF_2$ (F 22) wurden lange Zeit als Treibmittel in Spraydosen eingesetzt. Heute verwendet man sie besonders als Kältemittel in Kühlschränken und Klimaanlagen, als Treibgas für die Herstellung von Kunststoffschäumen, sowie als Löse- und Reinigungsmittel. Bei der Herstellung von Schäumen werden FCKWs mit schaumbildenden Flüssigkeiten emulgiert. Beim Freisetzen dieser Gemische erstarrt der Schaumbildner unter gleichzeitiger Expansion des Treibgases, das teils sofort freigesetzt wird, teils in den Schaumporen zunächst eingeschlossen bleibt. Jährlich werden derzeit schätzungsweise ca. 2 Mio. t dieser Substanzen verbraucht. N_2O stammt größtenteils aus stark stickstoffgedüngten, sauerstoffarmen Kulturböden (Abschn. 2.2.6.1).

Für "harte" FCKWs, das sind Moleküle ohne C - H Bindung (R 11, R 12) und für N_2O sind keine nennenswerten Senken (= Bindungs- oder Abbauorte) in der Troposphäre bekannt, so daß sie langsam in die Stratosphäre diffundieren können. Die Verweildauer von FCKWs in der Atmosphäre schätzt man auf 100 Jahre oder mehr. Lediglich "weiche"

FCKWs (F 22) sollen bereits in der Troposphäre einem gewissen Abbau unterliegen.

2.2.9.2 Photochemische Reaktionen in der Stratosphäre und das polare Ozonloch

Der zum Ozonabbau führende Schlüsselprozeß der FCKWs in der Stratosphäre besteht darin, daß unter dem Einfluß kurzwelliger UV - Strahlung Chlor freigesetzt wird. Im Falle von CCl_3F sind Wellenlängen < 230 nm wirksam, im Falle von CCl_2F_2 Wellenlängen < 220 nm. Bei dieser Photolyse werden neben Chlor eine Reihe weiterer Verbindungen gebildet, die z. T. durch Reaktion mit Sauerstoffradikalen entstehen. Sauerstoffradikale sind in der Lage, FCKWs unter Bildung von $Cl^{\bullet}$ - und $ClO^{\bullet}$ - Radikalen abzubauen. Diese Radikale dürften die wesentliche Ursache für die Ozonzerstörung darstellen, wobei folgende Reaktionen ablaufen:

$$\text{FCKWs} \xrightarrow{UV} Cl^{\bullet} \tag{2.49}$$

$$Cl^{\bullet} + O_3 \longrightarrow ClO^{\bullet} + O_2 \tag{2.50}$$

$$ClO^{\bullet} + O^{\bullet} \longrightarrow Cl^{\bullet} + O_2 \tag{2.51}$$

Die $Cl^{\bullet}$ - Radikale können erneut in den Ozonabbau eingreifen, so daß man von einer katalytischen Wirkung sprechen kann. Durch diese Reaktionen wird der Gesamtozongehalt der Stratosphäre gegenwärtig um ca. 1 % vermindert. In einer Höhe von 40 km beträgt der Ozonverlust bereits etwa 8 %. In 100 Jahren rechnet man bei gleichbleibender FCKW - Freisetzung mit einem Gesamtozonverlust von 5 - 7 %.

Wesentlich dramatischer wirkt sich der Ozonverlust schon heute über der Antarktis aus. Hier wurde im Oktober 1987 ein Defizit von fast 50 % gemessen. Während des Sommerhalbjahres erholte sich der Ozongehalt wieder bis zum nächsten antarktischen Winter.

Die Vorgänge, die zu diesem umfangreichen, aber temporären Ozonverlust führen, kennt man inzwischen recht gut. Wichtiger Auslöser ist eine stratosphärische Wolkenbildung, die vermutlich auf vulkanische Aerosole zurückzuführen ist. Bei den winterlichen Temperaturen von -80 °C bilden sich tiefkalte Eiskristalle in den Wolken, an deren Oberflächen eine Reihe von heterogenen Reaktionen ablaufen, die primär wiederum auf der Bildung von $Cl^{\cdot}$ - und $ClO^{\cdot}$ - Radikalen beruhen (Gl. 2.49 bis 2.51). Besonders $ClO^{\cdot}$ wurde im Ozonloch in so hoher Konzentration gemessen, daß es alleine für die Erklärung des Ozonverlustes ausreicht. Zunächst wird $ClO^{\cdot}$ von NO_2 gebunden:

(2.52) $$ClO^{\bullet} + NO_2 \longrightarrow ClONO_2$$

Das gebildete "Chlornitrat" kann auch in der Kälte rasch mit HCl reagieren, wobei der Chlorradikalbildner Cl_2 freigesetzt wird, während sich die gleichzeitig entstehende Salpetersäure im Eis löst und damit aus dem gasförmigen Reaktionsgemisch ausgeschieden wird:

(2.53) $$ClONO_2 + HCl \longrightarrow Cl_2 + HNO_3/\text{Eis}$$

(2.54) $$Cl_2 \xrightarrow{UV} 2\,Cl^{\bullet}$$

Die aus HCl und HOCl (entsteht aus $ClONO_2$) photochemisch freigesetzten Radikale $Cl^{\cdot}$ und $ClO^{\cdot}$ können in den Ozonabbau eingreifen (Gl. 2.50). Inzwischen wurden auch über der Arktis winterliche Ozonverluste von knapp 5 % gemessen, so daß neben dem ausgeprägten antarktischen Ozonloch auch ein flacheres arktisches Ozonloch regelmäßig im Winter auftritt. Gewisse Auswirkungen werden diese temporären Ozonlöcher auf den Gesamtozongehalt der Stratosphäre ausüben.

FCKWs beteiligen sich neben CO_2 auch an der Entstehung des Treibhauseffektes der Atmosphäre, weil sie im Infrarotbereich von 700 - 1300 nm absorbieren, dort also, wo CO_2 noch weitgehend durchlässig für IR - Strahlen ist. Darüber hinaus führt der O_3 - Abbau in der Stratosphäre zu einer Erwärmung der Troposphäre, da mehr energiereiches UV bis in die Troposphäre eindringen kann, um dort z. T. absorbiert zu werden. Deshalb sieht man im Einfluß der FCKWs auf die Wärmespeicherung der Troposphäre den gefährlicheren Effekt als in der verstärkten UV - Einstrahlung in Erdbodennähe. Dennoch sollte man die vermehrte UV - Belastung der unteren Troposphäre ernst nehmen. Beim Menschen, besonders bei hellhäutigen Rassen, würde die Hautkrebshäufigkeit bei verstärkter UV - Strahlung zunehmen. Daneben würden Wachstum und Photosyntheseaktivität vieler Pflanzenarten, auch vieler Kulturpflanzen, reduziert werden, so daß sich Ertragsminderungen einstellen müßten. Derartige Effekte sollen bereits bei O_3 - Verlusten in der Stratosphäre von nur wenigen Prozent meßbar werden.

Wegen der hier und in Abschn. 2.2.4.2 angeführten Probleme sollten Herstellung und Anwendung von FCKWs drastisch reduziert werden und die Kühlmittel in Kühlschränken und Klimaanlagen sollten einem zuverlässigen Recycling unterworfen werden. Diesen theoretischen Einsichten stehen jedoch handfeste, fertigungstechnische wie ökonomische Interessen im Wege, denn die FCKW - Herstellung ist eng mit der Herstellung von NaOH und HCl, sowie mit der Chlorgewinnung und anderen Syntheseprozessen verknüpft (Abb. 2.15). Eine Einstellung der FCKW - Produktion hätte deshalb einschneidende Auswirkungen u. a. auf die Chlor-,

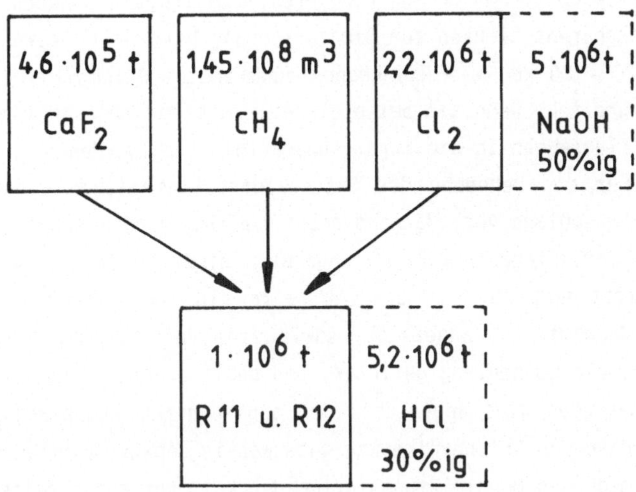

Abb. 2.15 Verknüpfung der Herstellung von FCKWs mit der NaOH- und mit der HCl- Produktion (Har 77).

Salzsäure- und Natronlaugeproduktion. Es käme zu Verschiebungen der Konkurrenzfähigkeit von Produkten und Firmen. So wurde die seit 1974 (!) in Gang gekommene Diskussion um die Möglichkeit einer stratosphärischen Ozonzerstörung nicht als Anlaß benutzt, eine langfristige

Produktionsumstellung ins Auge zu fassen, vielmehr hoffte man darauf, daß die Prognosen einer möglichen Ozonzerstörung übertrieben seien. Heute besteht kein Zweifel mehr an den Auswirkungen der FCKWs in der Atmosphäre. Dem inzwischen dringend gewordenen Erfordernis, diese Substanzen weitestgehend aus dem Verkehr zu ziehen, stehen Schwierigkeiten im Wege, wie beispielsweise chemische Produktionsweisen kurzfristig umstellen zu müssen.

Neben den FCKWs hat sich u. a. N_2O als ozonzerstörend erwiesen. Dieses Gas verweilt in der Atmosphäre etwa 10 Jahre. In der Stratosphäre reagiert N_2O mit photolytisch gebildeten $O^{\cdot}$ - und $OH^{\cdot}$ - Radikalen, z. B. nach der Gleichung:

$$N_2O + O^{\bullet} \longrightarrow 2\,NO \tag{2.55}$$

NO kann mit Ozon zu NO_2 und O_2 reagieren. N_2O trägt besonders in unteren Stratosphärenschichten zur Ozonzerstörung bei, d. h. etwa in einer Höhe von 20 - 30 km. Wie N_2O können auch andere Stickoxide in diesen Prozeß eingreifen, wenn sie beispielsweise mit den Abgasen von Raketen oder Düsenflugzeugen in die Stratosphäre injiziert werden.

Für die Behebung des Stickoxidproblems liegen bisher keine konkreten Vorschläge vor, da noch nicht geklärt werden konnte, wie ergiebig die verschiedenen N_2O - Produzenten sind. Da der Hauptlieferant die Landwirtschaft zu sein scheint, wäre ein sparsamerer Umgang mit Stickstoffdüngemitteln angezeigt, sowie eine Verminderung der Reisanbauflächen, die wochenlang geflutet, und damit anaerob gehalten werden. Diese Forderungen sind angesichts der angespannten Ernährungslage der ständig wachsenden Weltbevölkerung gegenwärtig schwer zu verwirklichen, zumal die modernen Hochleistungssorten der Kulturpflanzen reichlich mit Stickstoffdüngemitteln versorgt werden müssen. Den sichersten Ausweg aus dieser Misere böte eine vorsichtig einsetzende Reduktion der Population des Menschen. Bis eine Wende der Populationsentwicklung des Menschen erreicht sein wird, muß man befürchten, daß der N_2O - Gehalt der Atmosphäre weiterhin jährlich um 0.2 - 0.3 % zunimmt, so wie es während der vergangenen Jahre der Fall war.

In letzter Zeit tauchte der Verdacht auf, daß sich auch Me - than an der Ozonzerstörung beteiligen könnte. Seit einer Reihe von

Jahren nimmt der Methangehalt der Atmosphäre immer mehr zu. Klare Vorstellungen über den Chemismus eines solchen Ozonabbaus liegen noch nicht vor.

3 Beeinträchtigung von Grund- und Oberflächenwasser

Ähnlich wie das Medium Luft wurde das Medium Wasser durch den Menschen belastet. Diese Verunreinigungen gehen keinesfalls nur auf Industriebetriebe zurück, die Abfallstoffe in Flüsse und Ozeane entlassen. Nicht minder intensiv beteiligt sich die moderne Landwirtschaft mit Massentierhaltung, Felddüngung und Anwendung von Pflanzenschutzmitteln an der Belastung von Grund- und Oberflächenwasser. Schließlich tragen kommunale Abwässer zu dieser Form der Umweltbelastung bei.

Lange Zeit vertrat man die Meinung, daß spätestens in den Weiten der Ozeane alle Abfälle abgebaut oder am Meeresgrund deponiert werden. Erstmals machte wohl Thor Heyerdahl die Öffentlichkeit darauf aufmerksam, daß bei seiner Atlantiküberquerung mit dem Floß Kon - Tiki (1947) überall auf dem offenen Meer Ölreste sichtbar waren. Inzwischen haben Unfälle beim Erdöltransport oder beim Erbohren von Ölquellen am Meeresgrund in nahezu allen Regionen der Weltmeere ungleich deutlichere Spuren hinterlassen. Die Belastung küstennaher Meeresgebiete mit Nitraten und Phosphaten verursachten wiederholt Massenentwicklung von Algen, einstmals wichtige Fischgründe verödeten und in vielen Bereichen wurde eine Abnahme des Sauerstoffgehaltes im Wasser konstatiert.

Schon Jahrzehnte, bevor die Ozeane unübersehbare Belastungssymptome aufwiesen, wurde eine Reihe von Flußläufen so stark geschädigt, daß viele Fischarten ausstarben. Beispielsweise kamen bis in die zwanziger Jahre dieses Jahrhunderts im Rhein Störe vor und bis zu den fünfziger Jahren auch Lachse. Inzwischen hat der Rhein seinen gesamten, natürlichen Fischbestand eingebüßt. Alle heute im Rhein anzutreffenden Fischarten wurden erst sekundär wieder ausgesetzt.

Auf Grund der vielen, negativen Erfahrungen, die man während der vergangenen Jahrzehnte mit dem Qualitätszustand der Gewässer sammeln mußte, bemühte man sich darum, Bewertungsmaßstäbe zu entwickeln, die einerseits möglichst einfach durchführbar sein sollen, zum anderen eine zuverlässige Quantifizierung der Güte eines Gewässers erlauben, ohne daß jeder Fremdstoff einzeln chemisch identifiziert werden muß.

3.1 Bewertungsmaßstäbe für die Wasserbelastung

Ein grundlegender Bewertungsmaßstab, nach dem beispielsweise die Größe von Kläranlagen berechnet wird, ist der Einwohnergleichwert oder kurz EGW. Man versteht darunter diejenige Menge an organischen Abfallstoffen, die ein Einwohner täglich in das Abwasser entläßt, nämlich etwa 180 g/Einwohner. Da es sich stets um ein Stoffgemisch handelt, sagt diese Abfallmenge noch nicht viel aus. Interessant wird dieser Wert dadurch, daß die organischen Abfallstoffe durch Mikroorganismen oxidativ abgebaut werden können. Im Verlauf von 5 Tagen werden dazu bei 20 °C 60 g Sauerstoff verbraucht.

Der von Mikroorganismen innerhalb von 5 Tagen verbrauchte Sauerstoff stellt eine universelle Größe in der Abwasserkunde dar. Sie wird als biologischer oder biochemischer Sauerstoffbedarf bezeichnet oder kurz als BSB_5 - Wert. Meist gibt man den BSB_5 - Wert in mg O_2 pro l Abwasser an. Einige Beispiele für BSB_5 - Werte verschiedener Substrate sind in Tab. 3.1 wiedergegeben.

Tab. 3.1 BSB_5 - Werte einiger Abwasserarten und Substrate.

Abwassertyp/Substrat	BSB_5 (mg/l)
Erdölraffinerie	97 - 280
Nahrungs- und Genußmittelindustrie	> 5 000
Rinderharn	15 300
Rinderkot	13 600
Silosickersaft	80 000

Dem Einwohnergleichwert entsprechend wird in der landwirtschaftlichen Tierhaltung als Verrechnungsbasis die Großvieheinheit

(GVE) eingesetzt. Die GVE wird auf ein Rind von 500 kg Lebendgewicht bezogen. Über die GVE können auch andere landwirtschaftliche Nutztiere verrechnet werden, wenn man ihnen entsprechende Umrechnungsfaktoren zuordnet. Für ein Schaf gilt beispielsweise 0.1 GVE, für ein Mastschwein 0.2 und für eine Leghenne 0.004 GVE. Die organischen Abfälle einer GVE verbrauchen beim aeroben, mikrobiellen Abbau bei 20 °C 800 g Sauerstoff. Eine GVE erfordert demnach ca. 13 mal so viel O_2 wie ein EGW.

Die Bestimmung des biochemischen Sauerstoffbedarfs gestaltet sich stets recht zeitaufwendig. Entweder muß mittels Sauerstoffelektrode oder Farbreaktion in einem zuvor mit Sauerstoff gesättigten Abwasser innerhalb von 5 Tagen der Sauerstoffschwund gemessen werden, oder man bestimmt den Sauerstoffschwund eines definierten Luftvolumens über einer Abwasserprobe manometrisch. Bei diesem Verfahren muß das zu prüfende Luftvolumen mit Hilfe von NaOH CO_2 - frei gehalten werden. Die Aussagekraft des BSB_5 - Wertes ist insofern begrenzt, als damit lediglich die biologisch rasch abbaubaren Substanzen erfaßt werden. Schwer abbaubare Stoffe gehen in dieses Bestimmungsverfahren nicht ein, ebenso anorganische Substanzen, die zur Abwasserverunreinigung beitragen.

Für einen raschen Überblick über die Fracht oxidierbarer Stoffe bestimmt man den chemischen Sauerstoffbedarf (CSB) einer Abwasserprobe. Im einfachsten Fall verwendet man dazu Kaliumpermanganatlösung und titriert damit die Abwasserprobe im sauren Milieu:

$$MnO_4^- + 8H^+ + 5e^- \longrightarrow Mn^{2+} + 4H_2O \tag{3.1}$$

Dabei werden nicht alle organischen Substanzen erfaßt, wie Ketone und andere, schwer oxidierbare, organische Verbindungen. Eine gründlichere Oxidation erzielt man mit Kaliumdichromat im stark sauren Milieu:

$$Cr_2O_7^{2-} + 14H^+ + 6e^- \longrightarrow 2Cr^{3+} + 7H_2O \tag{3.2}$$

Eine Schwäche beider Methoden besteht darin, daß eine Reihe von anorganischen Stoffen oxidiert wird, so daß CSB - Bestimmungen nicht ohne weiteres mit BSB_5 - Bestimmungen vergleichbar sind. Eine ganz grobe Abschätzung des BSB_5 - Wertes erhält man durch Halbierung des CSB - Wertes.

Ein anderer, sehr wichtiger Parameter für die Abwasserbelastung bildet der "totale organische Kohlenstoffgehalt" (TOC). Dieser Wert interessiert besonders dann, wenn eine Belastung mit mikrobiell besonders schwer abbaubaren Substanzen vorliegt, wie im Falle von Lignin, Huminsäuren oder verschiedenen, künstlich hergestellten, organischen Substanzen.

In toxikologischer Sicht kommt den organisch gebundenen Halogenen noch größere Bedeutung zu. Der Charakterisierung dieser Komponenten dient der AOX - Wert (= adsorbierbare, organisch gebundene Halogene). Zur Erfassung der organisch gebundenen Halogene werden die Substanzen im Sauerstoffstrom erhitzt und die dabei freigesetzten Halogene an Aktivkohle adsorbiert. Anschließend bestimmt man die Halogene titrimetrisch. Für organisch gebundene Halogene fehlen zwar bisher gesetzlich festgelegte Grenzwerte, doch betrachtet man meist 100 µg/l als maximal tolerierbaren Grenzwert.

Neben Parametern für organische Stoffe im Wasser interessieren auch solche, die die Gesamtbelastung mit Ionen charakterisieren. Zu diesem Zweck bestimmt man die elektrische Leitfähigkeit des Wassers bei 20 °C. Zur Messung der Leitfähigkeit verwendet man ein Konduktometer. Die Leitfähigkeit wird in µS/cm angegeben, wobei das Siemens den reziproken Wert des elektrischen Widerstandes angibt: 1 Siemens bedeutet 1 Ohm^{-1}.

Aus der elektrischen Leitfähigkeit kann man nicht auf die Art der vorliegenden Ionen rückschließen. Die verschiedenen Salze weisen unterschiedliche Dissoziationsgrade auf und den verschiedenen Ionen sind unterschiedliche Wanderungsgeschwindigkeiten zu eigen. Für eine Identifikation der Ionen ist deshalb eine chemische Bestimmung erforderlich (Abb. 3.1). Trotz dieser Einschränkungen ist die Leitfähigkeit des Wassers wichtig für technische Zwecke (Wasser für Dampfkessel, Wasser für Entsalzungsanlagen usw.) sowie für alle Gewässer, in denen sich Lebewesen aufhalten, weil die Ionenkonzentration für das osmotische Potential des Wassers entscheidend ist. Deshalb gelten für verschiedene Gewässer und Abwassertypen unterschiedliche Richtwerte der elektrischen Leitfähigkeit (Abb. 3.2).

Neben der Bestimmung von Summenparametern ist für viele Zwecke eine qualitative und quantitative Bestimmung einzelner Schad-

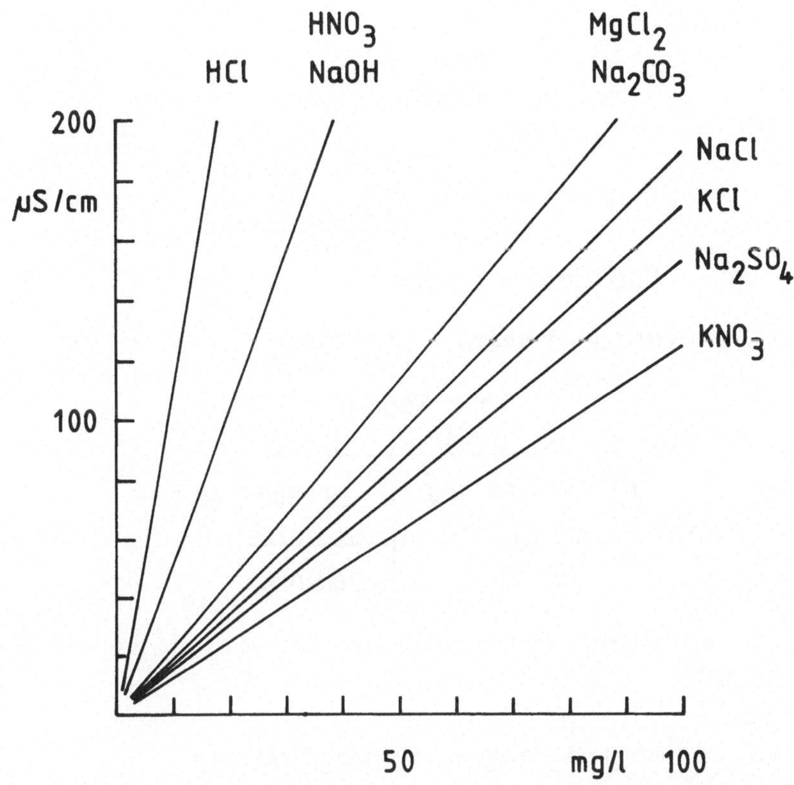

Abb. 3.1 Elektrische Leitfähigkeit einiger verdünnter Lösungen (Rum 87)

stoffe erforderlich, um die Wasserqualität für verschiedenartige Verwendungszwecke hinreichend charakterisieren zu können, wie beispielsweise die Trinkwasserqualität (Abschn. 3.4.3).

Zur Beurteilung von Oberflächengewässern, die stets Lebensraum für Tiere und Pflanzen darstellen, hat man eine Klassifizierung nach sog. Gewässergüteklassen oder Saprobienstufen vorgenommen. Diese Einteilung in 4 Klassen (Tab. 3.2) ging ursprünglich nur auf Wasserlebewesen zurück, die teils schwebend (planktontisch), teils auf dem Gewässergrund (benthontisch) angesiedelt sind. Die Artenzusammensetzung der Wasserlebewesen zeigt eine recht enge Beziehung zum Verschmutzungs-

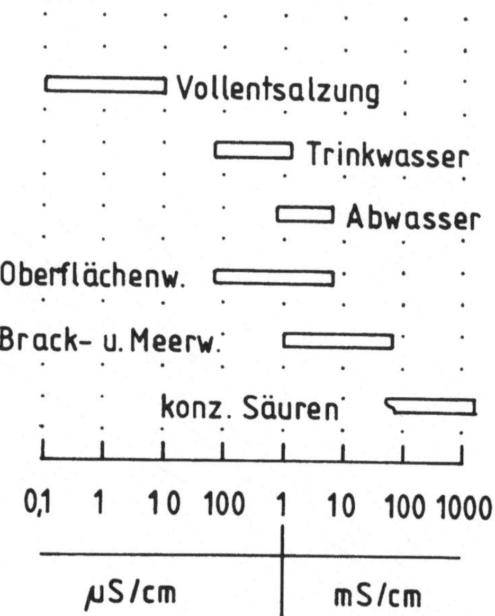

Abb. 3.2 Leitfähigkeit einiger Wassertypen und wäßriger Lösungen (Rum 87).

Tab. 3.2 Kurzcharakterisierung der Gewässergüteklassen

Kriterium	Gewässergüteklasse bzw. Saprobienstufe			
	oligosaprob	ß-mesosaprob	α-mesosaprob	polysaprob
O_2-Gehalt	8 mg/l	6 mg/l	2 mg/l	< 2 mg/l
BSB_5	1 mg/l	2-6 mg/l	7-13 mg/l	15 mg/l
Planktonbesatz	gering	hoch	mäßig	gering
Fischbesatz	gering	hoch	mäßig	keine
Artenzusammensetzung	aerobe Bakt. Algen Rotatorien Planarien Laichgew. f. Lachse	aerobe Bakt. Algen Kleinkrebse Schnecken viele Fischarten	fädige Bakt. Blaualgen Protozoen Egel wenige Fischarten	anaerob. Bakt. Blaualgen Protozoen Ciliaten, Pilze keine Fische

grad des Wassers. Änderungen der Artenzusammensetzung werden bereits dann erkennbar, wenn kurzfristig höhere Belastungen auftreten. Deshalb ersetzen solche ökosystematischen Untersuchungen chemische Langzeitanalysen. Auch heute noch lassen sich die Gewässergüteklassen durch die darin enthaltenen Lebewesen charakterisieren, doch können Lebewesen nicht alle Belastungsfaktoren zuverlässig anzeigen, so daß es sich empfiehlt, zusätzlich chemische Nachweisverfahren einzusetzen.

Nach dieser kurzen Vorstellung verschiedener Bewertungskriterien für die Wasser- und Abwasserqualität sollen aus der Fülle heute bekannter Belastungsfaktoren einige charakteristische Komponenten herausgegriffen werden, um sie näher zu erörtern.

3.2 Organische Rückstände

Natürliche, organische Verbindungen werden, von wenigen Ausnahmen abgesehen (wie z. B. Lignin), von Mikroorganismen relativ rasch abgebaut. Anders verhält es sich mit vielen synthetischen, organischen Verbindungen. Für deren Abbau fehlen den Mikroorganismen vielfach spezifische Enzyme. Deshalb muß die Gruppe organischer Substanzen im Wasser differenziert betrachtet werden.

3.2.1 Mikrobiell abbaubare Stoffe und Eutrophierung des Abwassers

Das Verhalten biologisch abbaubarer Substanzen wird maßgeblich vom Sauerstoffgehalt des Wassers bestimmt. In Gegenwart von genügend Sauerstoff werden aerob lebende Mikroorganismen aktiv, die die organischen Stoffe veratmen. Dabei entstehen neben CO_2 und H_2O auch Nitrate, Phosphate, Sulfate sowie oxidierte Verbindungen weiterer, in den organischen Molekülen eingebauter Elemente. Die freigesetzten Nitrate und Phosphate tragen besonders stark zur Eutrophierung des Wassers bei, weil sie in naturbelassenen Gewässern in so geringer Konzentration vorkommen, daß sie die wachstumsbegrenzenden Faktoren für Pflanzen und Planktonlebewesen darstellen. Wird durch die freigesetzten Nitrate und Phosphate das Wachstum von Algen und höheren Pflanzen im Wasser stimuliert, dann hat das in der Regel eine verstärkte Vermehrung von Zooplankton und höheren Tieren zur Folge, die für ihre Atmung Sauerstoff verbrauchen. Mit steigender Zahl von Lebewesen im Wasser nimmt auch die Zahl absterbender Organismen zu. Auch die Leichen verbrauchen Sauerstoff, weil sie einem aeroben, mikrobiellen Abbau unterliegen. Damit steigt der Sauerstoffverbrauch steiler an, als durch die lebenden Pflanzen photosynthetisch nachgebildet werden kann. Auch aus der Luft löst sich nicht genügend schnell Sauerstoff im Wasser, vor allem, wenn sich die Gewässeroberfläche nicht in starker Bewegung befindet. Wird das zusätzliche Nährstoffangebot nicht bald verbraucht, d. h. bleibt das Gewässer über längere Zeit hinweg eutrophiert, dann verursacht die Massenentwicklung der Lebewesen einen immer rascheren Sauerstoffschwund im Wasser, bis aerob lebende Organismen nicht mehr existieren können. Das daraufhin einsetzende Massensterben wird von einer entsprechenden Massenvermehrung anaerob lebender Mikroorganismen begleitet, die die gesamte Biomasse durch Gärung abbauen. Den Übergang vom aeroben zum anaeroben Zustand des Wassers bezeichnet man als Umkippen.

Anaerobier zerlegen organische Substanzen in einer Serie hintereinander geschalteter Gärungsprozesse in CH_4, CO_2, H_2O, NH_3 und H_2S. Phosphor liegt in der Zelle bereits als Phosphat vor und wird in dieser Form freigesetzt. Auch anaerob abgebaute organische Stoffe eutrophieren das Wasser, so daß eine Rückkehr zum aeroben Zustand auf absehbare Zeit nicht möglich ist, sofern man nicht künstlich eingreift. Ständig freigesetztes NH_3 und H_2S vergiften das Wasser immer stärker.

Eine besondere Form organischer Abfälle stellen Fäkalien dar, weil sie humanpathogene Keime enthalten können. Deshalb werden Wasserproben hinsichtlich ihres hygienischen Zustands besonders auf ihren Gehalt an coliformen Keimen untersucht. Unter coliformen Keimen versteht man im Darm lebende Bakteriengattungen, wie Escherichia, Klebsiella u. a. Sie überleben im Gegensatz zu anderen Bakteriengattungen auf einem Galle - Lactose - Nährmedium und lassen sich deshalb mit Hilfe dieses Selektiv - Nährbodens einfach nachweisen.

Einen Überblick über die gesamte Bakterienbelastung erhält man, wenn man die Wasserproben auf ein Universalnährmedium aufträgt und 2 Tage bei 37 °C bebrütet.

3.2.2 Harnstoff- und Ammoniakbildung im Wasser

Bei starker Belastung mit Urin und Jauche wird dem Wasser ein beträchtlicher Anteil von Harnstoff zugeführt. Bakterien im Abwasser setzen daraus enzymatisch Ammoniak frei:

$$(NH_4)_2CO + 2\,H_2O \xrightarrow{\text{Urease}} H_2CO_3 + 2\,NH_3 \qquad (3.3)$$

Ein Liter Jauche kann bis zu 4.5 g Ammoniak enthalten und unter geeigneten Bedingungen freisetzen. Ammoniak steht im Wasser mit dem Ammonium - Ion im Gleichgewicht, wobei erhöhte Temperaturen und pH - Werte > 7 das Gleichgewicht in Richtung NH_3 verschieben:

$$NH_3 + H_2O \underset{\text{pH} > 7,\ \text{hohe Temp.}}{\overset{\text{pH} < 7,\ \text{nied. Temp.}}{\rightleftharpoons}} NH_4^+ + OH^- \qquad (3.4)$$

Bei einer Wassertemperatur von 25 °C und bei einem pH - Wert von 11 wird das Gleichgewicht weitgehend nach der Seite des NH_3 verschoben. Solche Bedingungen können sich im Sommer in flachen Teichen einstellen. Werden die Gewässer dann mit Jauche belastet, beispielsweise durch weidendes Vieh, entwickelt sich Ammoniak in Konzentrationen, die auf viele Tiere bereits toxisch wirken. Sowohl beim Einatmen von NH_3 als auch beim Trinken von Ammoniaklösung wird der Stoff schnell resorbiert. Das sich im Blut lösende NH_3 wirkt alkalisch und löst Proteine an. Dadurch entstehen irreparable Schäden. Entsteht Ammoniak in einem Fischteich, dann kann der gesamte Fischbestand aussterben.

Langfristig wird Ammoniak durch Bakterien wie Nitrosomonas und Nitrobacter über Nitrit in Nitrat übergeführt. Voraussetzung für die mikrobielle Oxidation ist die Anwesenheit von genügend gelöstem Sauerstoff im Wasser.

3.2.3 Nicht oder schwer abbaubare Substanzen

Die in diesem Jahrhundert immer stärker hervortretende Technisierung unserer Lebensweise ist mit der Herstellung oder Gewinnung vieler schwer abbaubarer Substanzen verknüpft. Sie gelangen zum Teil während der Produktion, zum Teil beim Transport oder nach dem Gebrauch in die Umwelt. Hier können sie sich zu störenden Konzentrationen anreichern und so zum Umweltproblem werden.

In diese Kategorie gehören Erdöl und Erdölprodukte. Erdöl besteht größtenteils aus aliphatischen Kohlenwasserstoffen. Je nach Herkunft kann es zusätzlich eine Reihe von alicyclischen und aromatischen Kohlenwasserstoffen enthalten. In geringem Umfang kommen im Erdöl auch oxidierte Verbindungen vor, wie Aldehyde, Ketone und Carbonsäuren.

Erdöl kann auf verschiedenen Wegen in die Umwelt gelangen, so z. B. beim Erbohren von Öllagerstätten, beim Transport durch Tankerunfälle oder durch Brüche in Pipelines, bei der Aufarbeitung des Rohprodukts sowie bei der Beseitigung von Altöl und Restöl der Tankschiffe, Kraftfahrzeuge usw. Die umfangreichsten Wasserbelastungen ereignen sich beim Fündigwerden von Lagerstätten, wenn die Bohrungen am Meeresgrund vorgenommen wurden, sowie bei Havarien von Großtankern.

Wenn das Öl im Boden versickert, kann es trotz seiner Viskosität bis zum Grundwasser vordringen. Beim Auftreffen auf das Grundwasser breitet es sich in dessen Fließrichtung aus und kann dadurch weiträumig verdriftet werden. Das hydrophobe Öl breitet sich als dünner Film auf der Wasseroberfläche aus. Bei dünnflüssigen Mineralölen kann deshalb 1 l Öl bis zu 10^6 l Wasser unbrauchbar machen.

Auf offenen Wasseroberflächen bildet sich im Laufe der Zeit eine Wasser - Öl - Emulsionsschicht, die den Gasaustausch zwischen Wasser und Luft teilweise einschränkt. Dieser Effekt ist dafür verantwortlich, daß Tiere, die an eine verölte Wasseroberfläche geraten, langsam ersticken. Vor allem sammelt sich Atmungs - CO_2 in den Zellen an und führt zu einer Acidose, d. h. zu einer Versauerung des Zellsaftes. Bei Seevögeln verklebt Erdöl das Gefieder und macht es damit wasserdurchlässig, so daß die Tiere rasch an Unterkühlung zugrunde gehen und sie verlieren ihre Schwimmfähigkeit auf dem Wasser. Wasserlösliche, oxidierte Erdölbestandteile können zusätzlich toxische Effekte verursachen.

In die Umwelt gelangendes Öl unterliegt zwar einem mikrobiellen Abbau, an dem sich verschiedene Bakterienarten beteiligen, doch verläuft dieser Abbau so langsam, daß das Öl Wochen oder Monate auf dem

Wasser treibt. Währenddessen verdampfen die leicht flüchtigen Bestandteile, während an den verbleibenden Komponenten langsam Oxidationsprozesse ablaufen. Beide Vorgänge tragen dazu bei, daß die schwer flüchtigen Bestandteile zu Klumpen aggregieren, die im Laufe der Zeit unter die Wasseroberfläche absinken. Über das weitere Schicksal der sedimentierenden Ölrückstände liegen keine gesicherten Erkenntnisse vor.

Die nachhaltige Gefährdung von Fischen und Seevögeln, aber auch die langanhaltende Belastung ganzer Küstenstreifen nach Unfällen von Tankern oder Bohrinseln, wurden durch Presse- und Fernsehberichte jedermann hinlänglich vor Augen geführt.

Im Unterschied zu Erdölbelastungen fallen Kontaminationen mit Phenolen quantitativ weniger ins Gewicht. Ihre Abbaugeschwindigkeit im Wasser hängt von der chemischen Konstitution dieser Substanzen ab, aber auch von den herrschenden Umweltbedingungen. Insbesondere scheinen UV - Strahlen, Mikroorganismen und die Sauerstoffversorgung des Wassers eine Rolle zu spielen. Einfache Phenole können unter aeroben Bedingungen mit Hilfe geeigneter Bakterienkulturen in 7 Tagen zu 96 - 97 % total abgebaut werden. Unter anaeroben Bedingungen vollzieht sich der Abbau langsamer. Die in europäischen Oberflächengewässern vorkommenden Phenolkonzentrationen wirken in aller Regel noch nicht akut toxisch. Beispielsweise wurden in der Ruhr mittlere Phenolkonzentrationen von 0.25 µg/l nachgewiesen. Solche geringen Konzentrationen können jedoch den Geschmack von Wasser und Fischfleisch beeinträchtigen. Die sich in Gegenwart stark chlorierten Trinkwassers bildenden Chlorphenole verschlechtern den Wassergeschmack in noch geringeren Konzentrationen als nicht halogenierte Phenole. Die EG - Richtlinien für Trinkwasser schreiben deshalb 0.5 µg/l als höchste, zulässige Konzentration für Phenole vor.

Phenole setzt man als Desinfektionsmittel, in Klebstoffen und bei der Herstellung von Phenolharzen ein. Außerdem werden sie über Auspuffgase von Diesel- und Otto - Motoren freigesetzt, sie entstehen beim Zigarettenrauchen und beim Verkoken von Holz und Kohle.

Neben den hier erwähnten Phenolen werden halogenierte, phenolische Substanzen in die Umwelt entlassen, die nicht nur als spezifische Wasserbelastungsfaktoren auftreten und deshalb separat betrachtet werden (Abschn. 5).

Zu den langlebigen Wasserbelastungsfaktoren gehört auch die sog. Ligninsulfonsäure. Dabei handelt es sich eigentlich um Ligninhydrogensulfit, d. h. an die Propanreste des Lignins wird Sulfit esterartig gebunden. Dieser Stoff entsteht bei der Behandlung von Holz mit Calciumhydrogensulfit bei erhöhter Temperatur und erhöhtem Druck. Durch diese Reaktion wird das hochmolekulare Lignin in eine wasserlösliche Form gebracht und kann so von der erwünschten Zellulose abgetrennt werden. Daneben entfernt man Hemizellulosen und Zucker aus dem Holz. Bei der Herstellung von einer Tonne Zellstoff geht etwa die gleiche Menge an Holzbegleitstoffen als Abfall in Lösung. Während Hemizellulosen (Hexosane und Pentosane) und Zucker relativ rasch mikrobiell abgebaut werden, unterliegt die sog. Ligninsulfonsäure einem langsamen Abbau, an dem sich hauptsächlich Pilze beteiligen, wie Sphaerotilus natans u. a. Die schädigende Wirkung der Ligninsulfonsäure besteht vor allem darin, daß sie die Viskosität des Wassers erhöht, sowie Geruch, Farbe und Geschmack beeinträchtigt. Auch Fischfleisch kann dadurch einen unangenehmen Geschmack annehmen. Die Ansiedlung von Sphaerotilus natans, einem fädig wachsenden Pilz, erhöht weiterhin die Viskosität des Abwassers. Da sich der Abbau der Ligninsulfonsäure über viele Wochen erstreckt, erweisen sich Abwässer aus der Zellstoffindustrie als sehr langfristig wirkende Belastungsfaktoren. Im trockenen Zustand kann man Ligninsulfonsäure verbrennen, allerdings entstehen dabei beträchtliche Mengen an SO_2, die beseitigt werden müssen.

Zu den schwer abbaubaren Substanzen, deren Abbau länger als 2 Tage beansprucht, gehören ferner viele chlorierte Kohlenwasserstoffe, wie organische Lösemittel mit ein bis zwei C - Atomen, polychlorierte Biphenyle und Organochlorpestizide. Chlorkohlenwasserstoffe können im Wasser auch neu entstehen, wenn chloriertes Wasser mit Huminabbauprodukten zusammenkommt. Auf diese Weise bildet sich vor allem Trichlormethan ($CHCl_3$). Die häufigsten Chlorkohlenwasserstoffe werden in Abschn. 5 genauer besprochen. Hier sollen die bevorzugten Abbauverhaltensmuster schwer abbaubarer Substanzen zusammengefaßt werden.

Generell nimmt die Persistenz von Organochlorverbindungen gegenüber Abbauprozessen mit steigendem Cl - Gehalt zu. Bei nicht halogenierten Kohlenwasserstoffen wächst die Persistenz mit zunehmender Verzweigung der Molekülketten.

Charakteristisch für das Medium Wasser sind Hydrolysereaktionen. Einer hydrolytischen Spaltung unterliegen besonders Phosphorsäureester bzw. Thiophosphorsäureester wie die Insektizide Systox, Malathion, Parathion usw. Bei solchen Substanzen werden die Esterbindungen hydrolysiert, so daß Phosphate bzw. Thiophosphate entstehen. Hydrolysen führen meist zur Entgiftung der abgebauten Stoffe. Die Geschwindigkeit, mit der hydrolytische Spaltungen ablaufen, bestimmen damit weitgehend die Entgiftungsgeschwindigkeit der betreffenden Substanzen im Wasser. Nicht nur Ester können Hydrolysen unterliegen, sondern auch Amide und Carbamate (z. B. Carbaryl). Bei der Hydrolyse von halogenierten Verbindungen muß der detoxifizierende Effekt allerdings nicht so klar in Erscheinung treten wie bei Estern. Als Beispiel für die Hydrolyse chlorierter Verbindungen sei Heptachlor angeführt:

(3.5)

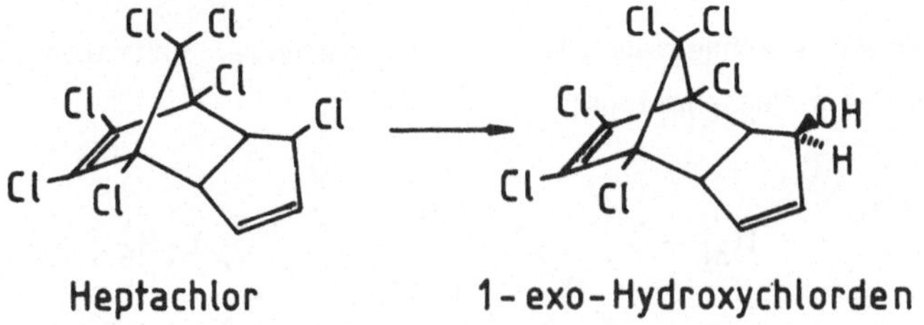

Heptachlor → 1-exo-Hydroxychlorden

Unter oxidierenden Bedingungen sind sowohl biotisch kontrollierte, als auch abiotische Oxidationen möglich. Aus Dienverbindungen können Epoxide gebildet werden, die sich nicht nur durch hohe Persistenz auszeichnen, sondern häufig auch durch ebenso starke Toxizität wie das Ausgangsprodukt. Ein Beispiel dafür liefert die Oxidation von Aldrin zu Dieldrin (Gl. 3.6).

Mitunter, wenn auch keinesfalls häufig, kommen bei cyclischen Verbindungen Ringhydroxylierungen vor, in deren Gefolge ein Ring geöffnet werden kann. Auch Thioether können einem oxidativen Abbau unterliegen. Von biologischer Bedeutung sind O - Desalkylierungen, wie sie beim Parathion und entsprechend aufgebauten Substanzen möglich sind. Derartige Desalkylierungen führen zur Bildung von Abbauprodukten mit

(3.6)

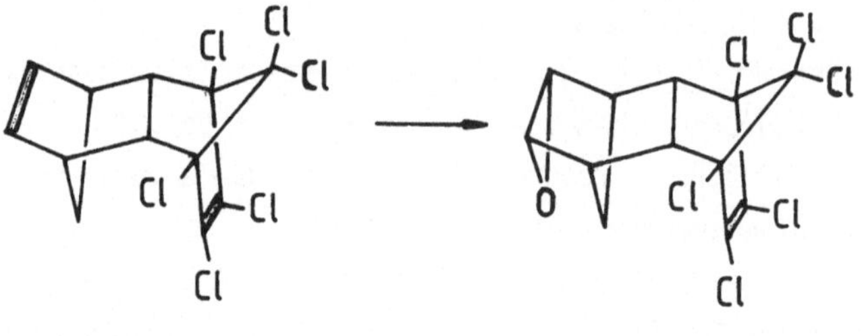

Aldrin → Dieldrin

sehr geringer Toxizität für Warmblüter:

(3.7)

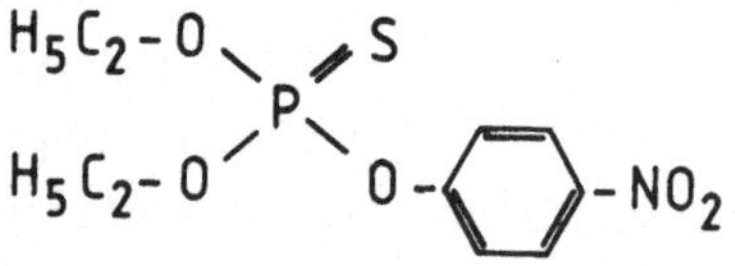

Parathion

In analoger Weise können auch N - Desalkylierungen auftreten, wie beispielsweise beim Phosphamidon:

(3.8)

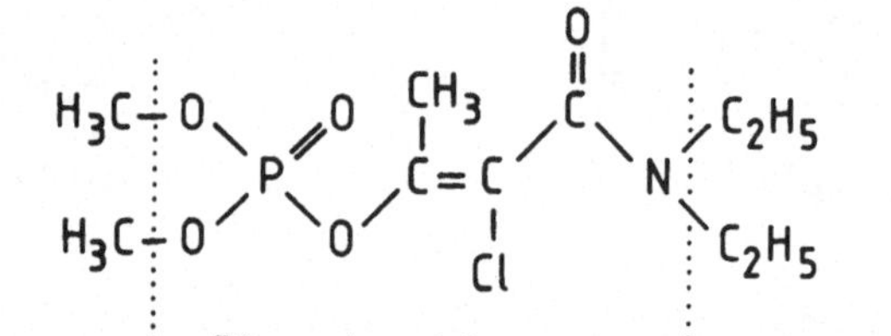

Phosphamidon

O-Alkylgruppen N-Alkylgruppen

Ebenfalls meist enzymatisch gesteuert, können Ringe nach vorheriger Hydroxylierung gespalten werden.

Ganz andere Reaktionsbedingungen herrschen in den schlammigen Sedimenten der Gewässer. Unabhängig davon, ob die Reaktionen biotisch gesteuert werden oder ob sie abiotisch ablaufen, erfolgen sie in aller Regel reduktiv. Dabei werden Nitrogruppen zu Aminogruppen reduziert, wie beim Parathion (Gl. 3.9).

(3.9)

$$(H_5C_2O)_2P(=S)\text{-}O\text{-}C_6H_4\text{-}NO_2 \longrightarrow (H_5C_2O)_2P(=S)\text{-}O\text{-}C_6H_4\text{-}NH_2$$

Parathion Aminoparathion

Chlorierte Verbindungen werden partiell oder vollständig dehalogeniert:

(3.10)

$$(Cl\text{-}C_6H_4)_2CH\text{-}CCl_3 \longrightarrow (Cl\text{-}C_6H_4)_2CH\text{-}CHCl_2$$

DDT DDD

(3.11)

$$C_6H_6Cl_6 \longrightarrow C_6H_6$$

Lindan Benzol

Im Seewasser wird DDT vermutlich biotisch zu Bis-(p-Chlorphenyl)-acetonitril umgebaut:

(3.12)

$$(Cl\text{-}C_6H_4)_2CH\text{-}CCl_3 \longrightarrow (Cl\text{-}C_6H_4)_2CH\text{-}C{\equiv}N$$

DDT Bis-(p-Chlorphenyl)-acetonitril

Schließlich können verschiedene Stoffe im Abwasser miteinander reagieren. Bei ausreichend hoher Konzentration können beispielsweise verschiedene phenolische Substanzen dimerisieren. Das im Reisanbau verwendete Herbizid Propanil wird u. a. zu 3,3',4'-Trichlor-4-(3,4-dichloranilino)-azobenzol umgebaut:

(3.13) 3 x Cl-⟨ring, Cl⟩-NH - CO - C_2H_5

↓

Cl-⟨ring, Cl⟩-N = N-⟨ring, Cl⟩-NH-⟨ring, Cl⟩-Cl

Weitere Beispiele für Reaktionen künstlich hergestellter Substanzen, der sog. Xenobiotika, werden bei der Besprechung von Boden- (Abschn. 4) und Nahrungsmittel- (Abschn. 6) Belastungen genannt.

Besonders lipophile Substanzen, auch wenn es sich um größere Moleküle handelt, durchdringen relativ leicht Zellmembranen und werden deshalb von Organismen schnell aufgenommen. Solche Stoffe wandern sowohl über die Außenhaut als auch über Kiemen und andere Resorptionsgewebe in den Körper von Fischen und anderen Wasserbewohnern ein. Innerhalb des Körpers reichern sich lipophile Substanzen bevorzugt in fetthaltigen Geweben an. Da Fettdepots arm an Enzymen sind, bleiben die dort deponierten Stoffe langfristig erhalten. Deshalb gilt Fischfett als Langzeitdepot für lipophile Substanzen eines Gewässers und damit als Substrat für gaschromatographische Untersuchungen der Wasserbelastung.

So erhält man durch gezielten Fischfang in bestimmten Flußabschnitten und anschließender chemischer Analyse des Fischfettes ganz charakteristische Spektren der vorzugsweise lipophilen Belastungskomponenten jener Gewässerregionen. Die Fischfettanalyse wurde deshalb zu einem wesentlichen Kriterium bei der Beurteilung der Gewässerbelastung - vorausgesetzt, die Gewässer verfügen noch über einen ausreichenden Bestand an ortstreuen Fischen.

3.2.4 Bedeutung von Tensiden

Eine Gruppe organischer Stoffe, die während der fünfziger Jahre große, sichtbare Probleme der Wasserbelastung heraufbeschworen, sind Detergentien oder Tenside. Dabei handelt es sich um Stoffe, die die Oberflächenspannung des Wassers herabsetzen und häufig Schaumbildung verursachen. Der seinerzeit erheblich gestiegene Tensidverbrauch in der Industrie und in den sich ausbreitenden elektrischen Waschmaschinen führte immer wieder zur Bildung dicker Schaumteppiche auf Bach- und Flußläufen. Der Schaum gefährdete streckenweise die Binnenschifffahrt und die Toxizität der Tenside vernichtete große Fischbestände.

Chemisch gesehen, handelt es sich bei den Tensiden um organische Stoffe mit einem hydrophilen und einem hydrophoben Teil. Diese Eigenschaft besitzen Substanzen ganz unterschiedlicher chemischer Konstitution. Zu den verbreitetsten Tensiden gehören Alkylsulfonsäuren, bei denen ein Schwefelsäurerest den hydrophilen Teil bildet:

$$R_1-\underset{\displaystyle SO_3^-}{\underset{|}{CH}}-R_2$$

Bei den nichtionischen Polyoxyethylenen bilden alkoholische OH - Gruppen die hydrophile Molekülkomponente. Das Polyoxiethylen kann mit einem Fettsäurerest verestert oder mit einem Fettalkoholrest verethert sein,

$$R-(CH_2-CH_2O)_nH$$

wobei R den Fettsäure- bzw. den Fettalkoholrest darstellt.

Alkylammoniumverbindungen besitzen in einer positiv geladenen, tertiären Ammoniumgruppe ihre polare Komponente. Sie werden deshalb auch als Invertseifen bezeichnet. Invertseifen wirken bakterizid.

$$R_1-\overset{+}{N}(CH_3)_2-R_2$$

Nach den negativen Erfahrungen in den fünfziger Jahren wurden in der Folgezeit hauptsächlich biologisch abbaubare Detergentien eingesetzt. Zu den verhältnismäßig leicht abbaubaren Tensiden gehören unverzweigte Kettenmoleküle, wie nichtionische Detergentien und Alkylbenzolsulfonate, zwei Stoffgruppen, die sich außerdem durch geringe Toxizität gegenüber Menschen und Fischen auszeichnen. Der biologische Abbau solcher Kettenmoleküle erfolgt durch ß - Oxidation, d. h. durch sukzessives Abspalten von Acetatresten.

$$[CH_3(CH_2)_n - C_6H_4 - SO_3^-]\,R^+$$

Wenn auch heute die Gefahr der Fischvergiftung und der Schaumbildung in Oberflächengewässern weitgehend gebannt ist, so blieben doch andere Probleme erhalten. Die geringen Tensidkonzentrationen von 0.05 - 0.1 mg/l im Flußwasser reichen aus, um an Sedimente adsorbierte Giftstoffe zu mobilisieren. Auch beim Versickern tensidhaltiger Abwässer im Boden und in Mülldeponien befürchtet man die Mobilisierung toxisch wirkender Substanzen und damit u. a. eine erhöhte Gefährdung des Grundwassers. So ist es zu verstehen, daß die Suche nach möglichst rasch und vollständig abbaubaren Tensiden biogenen Ursprungs fortgesetzt wird.

3.3 Anorganische Rückstände

Dem Problem der schlechten Abbaubarkeit von Abfallstoffen im Wasser begegnet man nicht nur bei organischen sondern auch bei anorganischen Substanzen. Vor allem steht man diesem Problem bei Wasserbelastungen mit Chloriden, mineralischen Düngemitteln, Schwermetallverbindungen und Säuren gegenüber. Dazu gesellt sich die Schwierigkeit, daß beispielsweise Schwermetalle, auch wenn sie aus ihrer ursprünglichen, chemischen Bindung herausgelöst wurden, meist ihre Toxizität behalten.

3.3.1 Ionen aus Auftausalzen und Düngemitteln

Als Tausalz wird in der Regel NaCl verwendet, das in weitem Konzentrationsbereich gegenüber vielen Lebewesen untoxisch wirkt. Da NaCl ein osmotisch hochaktives Salz darstellt, kann es in Konzentrationen von mehreren hundert Milligramm pro Liter Wasser das Osmoregulationssystem von Süßwassertieren belasten. Nur wenige Arten verfügen über ein so flexibles Osmoregulationssystem, daß sie größere Sprünge im osmotischen Potential ihres Lebensraums schadlos überstehen, d. h. daß sie beispielsweise vom Meerwasser ins Süßwasser wandern können und umgekehrt.

Normalerweise enthält Süßwasser etwa 2 - 10 mg Chlorid pro Liter. Das Wasser der Ozeane ist dagegen viel salzhaltiger. In der Nordsee liegt der Chloridgehalt bei 19 000 mg/l. Einige Flüsse werden heute so stark mit Salzen belastet, daß dadurch tiefgreifende, ökologische Veränderungen ausgelöst werden. Zu den wichtigsten Belastungsfaktoren gehören Abwässer aus Salzbergwerken sowie das winterliche Salzstreuen auf Straßen und Autobahnen. Während die Abwässer von Salzbergwerken für eine gleichmäßig hohe Salzfracht sorgen, verursacht das winterliche Salzstreuen auf Straßen periodische Salzschübe in den Oberflächengewässern.

In Mitteleuropa dürfte die Werra zu den am stärksten mit Chloriden belasteten Flüssen zählen. Bereits Mitte der siebziger Jahre wurden hier Mittelwerte bis zu 17 000 mg/l gemessen. Bei diesen Belastungen geht praktisch der gesamte, ursprüngliche Fischbestand verloren. Neben der Werra gehören u. a. Weser, Rhein und Mosel zu den stark mit Chloriden belasteten Flüssen.

Allgemein verbindliche Grenzwerte für den Chloridgehalt eines Binnengewässers gibt es nicht, vielmehr hängt die zulässige Salzbelastung stets von der Gesamtbelastung des Flußwassers ab. Beispielsweise ist für die Werra eine Chloridbelastung bis maximal 2 500 mg/l zugelassen, in der insgesamt stärker verunreinigten Weser liegt der Grenzwert für Chlorid bei 2 000 mg/l.

Die Chloridbelastung des Wassers beeinflußt auch dessen Brauchbarkeit für die Trinkwassergewinnung. Für Trinkwasser gelten 200 mg/l als oberer Grenzwert, weil Wasser mit höheren Chloridkonzentrationen salzig oder bitter schmeckt. Der Chloridgehalt des Wassers ist auch ausschlaggebend für dessen Eignung zur Bewässerung in Landwirtschaft und Gärtnereien. Je nach Art der zu bewässernden Pflanzen kann die Brauchbarkeitsgrenze des Wassers bei 50 - 300 mg Chlorid pro Liter liegen.

Ganz anders als Chloride wirken sich Düngemittel auf die Gewässer aus. Die häufig gut wasserlöslichen Düngesalze werden durch ausgiebige Niederschläge in Grund- und Oberflächenwasser gespült. Von den am häufigsten verwendeten Düngemitteln sind K^+ und Ca^{2+} weitgehend bedeutungslos, denn die im Oberflächen- und Grundwasser auftretenden Konzentrationen sind ungiftig für Lebewesen und ökologisch weitgehend unwirksam. Dagegen tragen NO_3^-, NH_4^+, $H_2PO_4^-$ und HPO_4^{2-} deutlich zur Eutrophierung der Gewässer bei. Schon 10 mg Phosphat pro m^3 Wasser üben einen erkennbaren Eutrophierungseffekt aus, d. h. sie verursachen eine Vermehrung der Zellzahl des Planktons (Abb. 3.3).

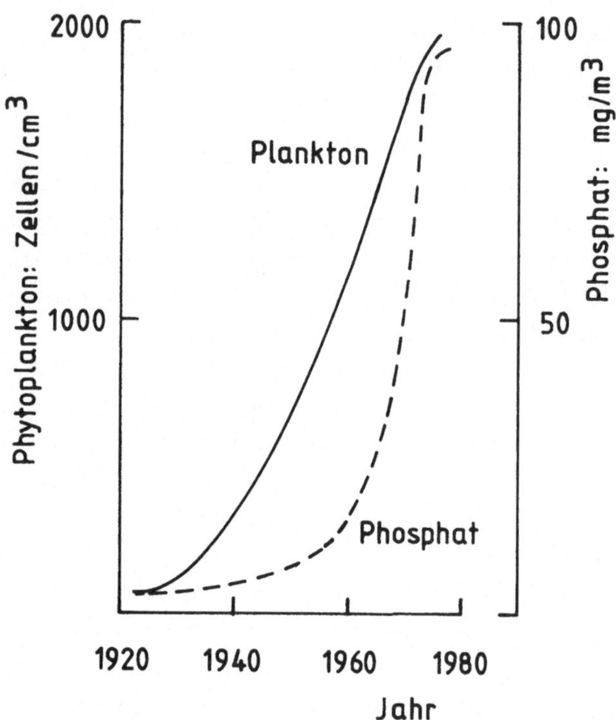

Abb. 3.3 Phytoplanktonwachstum in Abhängigkeit vom Phosphatgehalt im Bodensee (Jän 85).

Neben Düngemitteln setzen Wasch- und Spülmittel Phosphate frei. Schließlich gelangen Phosphate und Nitrate durch mikrobiellen Abbau organischer Abfälle in das Wasser.

In Gegenwart höherer pH - Werte fallen Phosphate z. T. als Calcium- und Eisensalze aus, wodurch der eutrophierende Effekt zurückgeht. Herrschen im Wasser anaerobe Bedingungen und nimmt deshalb die Menge reduzierend wirkender Substanzen als Folge der Gärungsprozesse zu, dann kann ausgefallenes Eisen(III)-Phosphat zu Eisen(II)-Phosphat reduziert werden, das sich löst und den Eutrophierungseffekt wieder verstärkt.

Lösliche Stickstoffverbindungen tragen nicht nur zur Eutrophierung des Wassers bei, sie wirken auch toxisch auf Menschen, wenn sie in das Trinkwasser gelangen. Nitrate können bei der Speisenzubereitung, im Speichel und im Dünndarm mikrobiell zu Nitrit reduziert werden. Im Blut bildet dann das Nitrit Nitrosylionen:

(3.14) $$NO_2^- + H^+ \rightleftharpoons NO^+ + OH^-$$

Die Nitrosylionen können Fe(II) im Hämoglobin zu Fe(III) oxidieren, womit eine koordinative Bindung von O_2 an Fe im Hämoglobin verhindert

(3.15) $$Fe^{2+} + NO^+ \longrightarrow Fe^{3+} + NO$$

wird.Die Folge sind Sauerstoffmangelsymptome, die als Blausucht bekannt sind. Liegen 60 - 80 % des Fe im Hämoglobin als Fe(III) vor, tritt der Tod ein. Besonders empfindlich gegenüber Nitrosylionen reagieren Säuglinge während der ersten Lebenswochen. Bei ihnen ist die Hämoglobinreduktase, die Fe(III) zu Fe(II) reduziert, noch nicht voll aktiv. Erwachsene können Fe(III) wirksamer reduzieren und reagieren deshalb weniger empfindlich auf Nitrat und Nitrit. Dennoch sollten auch erwachsene Personen zu viel Nitrat und Nitrit meiden. Nitrite erweitern die Gefäße und bilden im sauren Milieu des Magens die mutagen wirkende salpetrige Säure. Außerdem bilden Nitrite im sauren Magensaft zusammen mit organischen Aminen aus pflanzlicher und tierischer Nahrung die ebenfalls mutagen wirkenden Nitrosamine:

(3.16) $$\begin{matrix} R_1 \\ R_2 \end{matrix}\!\!>NH + NO_2^- \xrightarrow[-H_2O]{+H^+} \begin{matrix} R_1 \\ R_2 \end{matrix}\!\!>N-N=O$$

Wieviele Nitrosamine auf diesem Weg gebildet werden, ist nicht bekannt.

3.3.2 Schwermetalle

Zu den sehr problematischen Wasserbelastungsfaktoren gehören Schwermetalle. An der Emission von Schwermetallen beteiligen sich eine Reihe von Industriezweigen (Tab. 3.3). Da Schwermetalle auch stets im

Tab. 3.3 Industriezweige, die Schwermetalle emittieren (För 74).

	Schwermetalle							
Industriezweig	Cd	Cr	Cu	Hg	Pb	Ni	Sn	Zn
Papierindustrie		+	+	+	+	+		+
Petrochemie	+	+		+	+		+	+
Chlorkaliproduktion	+	+		+	+		+	+
Düngemittelindustrie	+	+	+	+	+	+		+
Erdölraffinerie	+	+	+		+	+		+
Stahlwerke	+	+	+	+	+	+	+	+
Nichteisenmetallindust.		+	+	+	+			+
Kraftfahrzeug- und Flugzeugindustrie	+	+	+	+	+		+	+
Glas, Zement, Keramik		+						
Textilindustrie		+						
Lederindustrie		+						
Dampfkraftwerke		+						+

Hausmüll enthalten sind, ergibt sich zusätzlich die Gefahr, daß durch unkontrollierte Müllsickerwässer Schwermetalle in Grund- und Oberflächengewässer gelangen. Die noch in den siebziger Jahren als Pflanzen- und Holzschutzmittel eingesetzten Schwermetallverbindungen wurden inzwischen weitgehend verboten.

Die in das Wasser gelangenden Schwermetalle werden relativ schnell verdünnt. Teils fallen sie als Carbonate, Sulfate oder Sulfide aus, teils werden sie adsorptiv an mineralische oder organische Sedimente gebunden. Deshalb beobachtet man in Gewässern stetig ansteigende

Schwermetallgehalte in Sedimenten. Umfangreiche Messungen zeigten, daß im Bereich der Bundesrepublik die Schwermetallkonzentrationen in Sedimenten von Flüssen und Seen 1 000 bis 10 000 mal größer sein können, als im Wasser. Nach Untersuchungen im Rhein und Bodensee nimmt der Schwermetallgehalt der Sedimente mit steigender Schwermetallproduktion ständig zu. Besonders kritisch wird die Situation für ein Gewässer stets dann, wenn die Adsorptionskapazität der Sedimente erschöpft ist. Diesen Zeitpunkt kennt man in der Regel nicht genau. Sobald die Sättigungsgrenze erreicht ist, nimmt der Gehalt an freien Schwermetallen im Wasser zu.

Doch schon vor diesem Zeitpunkt können sedimentierte Schwermetalle mobilisiert und ökotoxikologisch wirksam werden. Eine gewisse Mobilisierung tritt bei Hochwasser ein, wenn beispielsweise zum Zeitpunkt der Schneeschmelze die Sedimente aufgewirbelt und verfrachtet werden. Im Neckar wurden bei Hochwasser zehnmal so viel Schwermetalle festgestellt wie bei Normalwasserstand. Sinkt der pH - Wert des Wassers deutlich unter 7, dann werden ebenfalls sedimentierte Schwermetalle mobilisiert. Der pH - Wert sinkt beim Einleiten von Säuren in Flußläufe und in stark eutrophiertem Wasser, wenn wegen der Massenentwicklung von Mikroorganismen besonders viel Atmungs - CO_2 freigesetzt wird. Zur Mobilisierung von Schwermetallen tragen außerdem Chelatbildner bei, wie Ethylendiamintetraacetat und Nitrilotriacetat, die in Haushaltsreinigern, Spül- und Waschmitteln enthalten sein können.

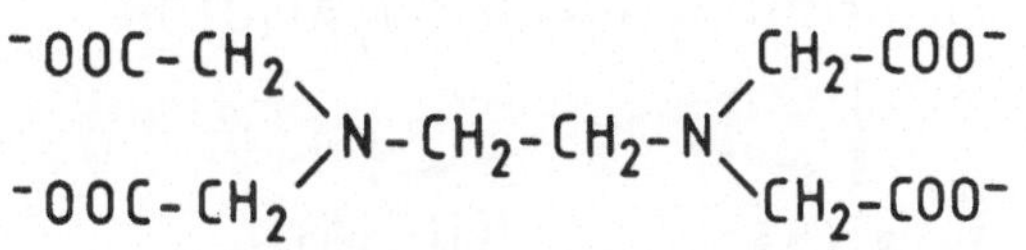

$$(^{-}OOC-CH_2)_2N-CH_2-CH_2-N(CH_2-COO^{-})_2$$

Ethylendiamintetraacetat

$$N(CH_2-COO^{-})_3$$

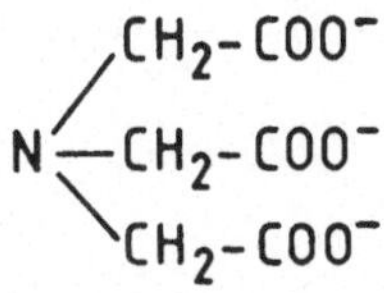

Nitrilotriacetat

Neben diesen, bereits längere Zeit bekannten Mobilisierungsmechanismen fand man weitere Reaktionen, die Schwermetalle wasser- oder lipidlöslich machen können, so daß sie von Lebewesen resorbiert werden und damit in Nahrungsketten eintreten.

Für Quecksilber und Zinn konnte man nachweisen, daß sie unter anaeroben Bedingungen im Meer, d. h. im Schlamm aus abgestorbenen Algen, hydriert und damit flüchtig gemacht werden. Man nimmt an, daß auch andere Schwermetalle solchen Hydrierungen unterliegen. Diese Reaktionen zeigen, daß die in stark eutrophierten Meeresabschnitten auftretenden "Algenblüten" nicht nur eine akute Gefährdung für Meerestiere darstellen, sondern langfristig auch die Mobilisierung von Schwermetallen fördern, wobei diese in Form von Hydriden das Wasser verlassen können.

Mangan, das unter oxidierenden Bedingungen als unlösliches MnO_2 ausfällt, wird unter anaeroben Bedingungen, wahrscheinlich unter Mitwirkung von Mikroorganismen, in wasserlösliches Mn^{2+} umgewandelt:

(3.17) $$MnO_2 + 4\,H^+ + 2\,e^- \longrightarrow Mn^{2+} + 2\,H_2O$$

Zwar gehört Mn zu den essentiellen Elementen, doch wird es von den Organismen lediglich in Spuren, als Träger einiger Redoxreaktionen benötigt. In höheren Konzentrationen wirkt dieses Element toxisch.

Für einige Schwermetalle wurden mikrobielle Alkylierungen nachgewiesen, wodurch sie in Nahrungsketten eintreten können. Methylierungen kommen sicher bei Arsen und Quecksilber vor. Im Falle von Arsen wird Arsenat über Arsenit zu Methylarsonsäure und Dimethylarsinsäure methyliert. Unter aeroben Bedingungen entsteht Trimethylarsin, unter anaeroben Bedingungen Dimethylarsin:

(3.18)

$$AsO_4^{3-} \longrightarrow AsO_3^{3-} \longrightarrow CH_3As(O)OH_2 \longrightarrow (CH_3)_2As(O)OH$$

$CH_3As(O)OH_2 \rightarrow (CH_3)_3As$; $CH_3As(O)OH_2 \rightarrow (CH_3)_2AsH$; $(CH_3)_2As(O)OH \rightarrow (CH_3)_3As$; $(CH_3)_2As(O)OH \rightarrow (CH_3)_2AsH$

$(CH_3)_3As$	$(CH_3)_2AsH$
Trimethylarsin	Dimethylarsin
aerob	anaerob

Beim Zinn ist eine mikrobielle Methylierung von Sn(IV) - Verbindungen möglich, wobei offenbar Dimethyl- und Trimethylzinnchloride gebildet werden. Hg^{2+} kann in zwei Schritten mikrobiell methyliert werden:

$$(3.19) \qquad Hg^{2+} \longrightarrow CH_3Hg^{+} \longrightarrow (CH_3)_2Hg$$

Organisch gebundenes Quecksilber wird sowohl über den Magen - Darm - Trakt als auch über die Außenhaut resorbiert.

Ob allerdings Alkyl - Blei - Verbindungen, die man in Lebewesen nachweisen kann, mikrobiell entstanden, ist nicht geklärt. Diese Stoffe könnten sich auch von Bleitetraethyl ableiten, das aus verbleiten Otto - Kraftstoffen freigesetzt wird.

Einen ganz anderen Weg kann Cadmium und eventuell einige andere Schwermetalle einschlagen, um in Nahrungsketten einzutreten. Speziell Cadmium kann in zinkhaltigen Enzymen (Hydroxylasen) das Zn substituieren. Die Enzyme werden dadurch zwar unwirksam, aber die Organismen, die Cd eingebaut haben, können als Nahrung für andere Lebewesen dienen, womit Cd in die Nahrungskette eingeschleust ist.

Die ökologische Bedeutung des Eintritts von Schwermetallen oder anderen, persistenten Toxinen in die Nahrungskette soll am Beispiel des Quecksilbers verdeutlicht werden, bei dem man erstmals auf eine Biokonzentrierung eines Metalls aufmerksam wurde.

Im Jahre 1953 erkrankten in Japan 121 Küstenbewohner an der Minamata - Bucht an Lähmungen, Seh- und Hörstörungen. Diese Erkrankung, die unter dem Begriff Minamata - Krankheit in die Literatur einging, verlief bei etwa einem Drittel der Patienten letal. Intensive Nachforschungen ergaben, daß industrielle Quecksilberabfälle in einem Fluß deponiert wurden, der in die Minamata - Bucht mündet. Dieses Quecksilber (Hg(II)) wurde, was man zunächst nicht wußte, mikrobiell in Methylquecksilber übergeführt (Gl. 3.19), das über Plankton, Muscheln und Fische schließlich jene Menschen erreichte, die sich vorzugsweise von Fischen und Muscheln aus den Küstengewässern ernährten. In dieser Nahrungskette wurde Hg so stark konzentriert, daß beim Endglied Mensch toxisch wirkende Konzentrationen erreicht wurden (Abb. 3.4). Eine solche Kumulation ist stets dann möglich, wenn das Toxin in kürzeren Zeitintervallen aufgenommen wird, als es den Körper wieder verläßt (Abb. 3.5). Generell werden also stets solche Stoffe eine besondere Gefährdung für die Organismen darstellen, die wegen ihrer Persistenz und

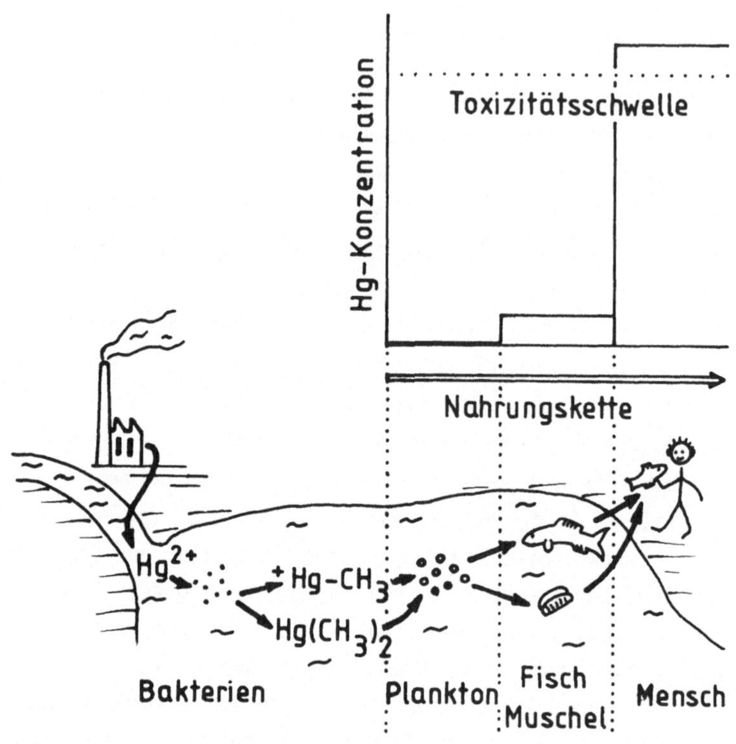

Abb. 3.4 Mikrobielle Metabolisierung von Hg im Wasser und Akkumulation in der Nahrungskette (Fel 77).

Lipophilität hohe biologische Halbwertzeiten erreichen, d. h. wenn lange Zeitabschnitte verstreichen, bis die Hälfte der resorbierten Substanz ausgeschieden oder abgebaut wurde. Beim Hg liegt die biologische Halbwertzeit mit 70 - 80 Tagen in den meisten Körpergeweben des Menschen bereits sehr hoch. Beim Cadmium beträgt sie sogar 10 Jahre und mehr, weshalb man selbst Cd - Spuren, wenn sie regelmäßig inkorporiert werden, größte Aufmerksamkeit widmen sollte. Es ist deshalb nicht verwunderlich, daß auch Cd - Schäden auftraten: sie wurden als Itai - Itai - Krankheit bekannt, die sich u. a. in einer schmerzhaften Skelettschrumpfung, in Anämie und Niereninsuffizienz äußert. Die Toxizität der Schwermetalle ergibt sich aus ihrer Chelatisierung und Sulfid-

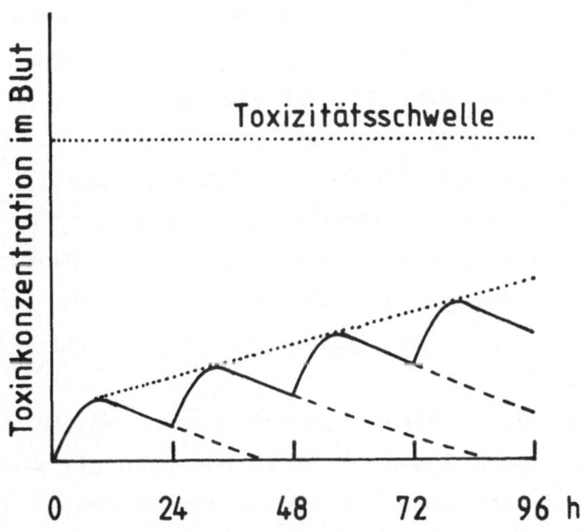

Abb. 3.5 Schematische Darstellung der Kumulation von Toxinen im Organismus bei täglicher Aufnahme und einer biologischen Halbwertzeit von 24 Std.

bildung mit biologisch aktiven Substanzen, insbesondere mit Enzymen. Die einzelnen Schwermetalle zeigen dabei jedoch gewisse Unterschiede. Die Bindungsfähigkeit an Proteine ist bei Cd besonders ausgeprägt. Mit der von Cd^{2+} bevorzugten Koordinationszahl 4 bindet sich dieses Schwermetall effektiver an Proteine als beispielsweise Hg^{2+}, das die Koordinationszahl 2 bevorzugt. Möglicherweise wird durch die Proteinbindung der Eingang in Leber und Niere erleichtert, so daß Cd in diesen Organen am stärksten angereichert wird. Dagegen tritt Cd weniger leicht in das Nervensystem ein, weil Cd unter physiologischen Bedingungen kaum genügend lipophile, organische Verbindungen bilden kann, die in der Lage wären, die Biomembran der Nervenzellen zu durchdringen. Demgegenüber bilden Hg^{2+} und Pb^{2+} sowie einige andere Schwermetalle Alkylverbindungen unter physiologischen Bedingungen. Diese Elemente gelangen infolgedessen auch in das Nervensystem und verursachen so eine Reihe neurotoxischer Erscheinungen, wie Einschränkungen der Hör-, Seh- und Tastfähigkeit, Übererregbarkeit und Gedächtnisschwäche.

Anorganische Schwermetallverbindungen, beispielsweise in Form von Pb^{2+} und Cd^{2+} können in die Knochen einwandern. Im Knochenmark unterdrückt Blei die Häm - Synthese durch Hemmung des Enzyms 5-Aminolävulinsäure - Dehydratase. Dadurch wird die bekannte Bleianämie (= "Blutarmut") ausgelöst. Cd^{2+} verdrängt nicht nur Zink aus bestimmten Enzymen, wie es soeben für Blei im Falle der Häm - Synthese dargestellt wurde. Wegen seines, dem Ca^{2+} - Ion sehr ähnlichen Ionenradius kann es außerdem Ca^{2+} im Knochen ersetzen. Dabei stellen sich Knochendeformationen, teils auch Knochenschrumpfungen ein, die sehr schmerzhaft verlaufen (deshalb Itai - Itai - Krankheit, was soviel wie Aua - Aua - Krankheit bedeutet).

Anorganische Quecksilberverbindungen, soweit sie im Körper nicht alkyliert werden, wandern vorzugsweise in die Nierenrinde ein, wo sie durch Chelatbildung mit Enzymen der Nierenkanälchen reagieren und dadurch die Exkretionsleistung beeinträchtigen. Elementares Quecksilber scheint wenig oder garnicht toxisch zu wirken. Einer toxischen Wirkung muß wohl stets eine Umwandlung in Hg^{2+} oder ^{+}Hg-R vorausgehen.

Unter Schwermetallverbindungen können Alkylquecksilberverbindungen und Chrom(III) - Verbindungen mutagen und damit wahrscheinlich auch cancerogen wirken.

An der Nucleinsäurebase Adenin kann Methylquecksilber die Position N 9 besetzen, die normalerweise für die Bindung der Base an die Zuckerkomponente der Nucleinsäuren benötigt wird. Daneben können bei pH 6.5 auch die Positionen N 1 und die Aminogruppe belegt werden, die beide für die Paarung mit Thymin bzw. Uracil bei der Nucleinsäuresynthese benötigt werden (Gl. 3.20), wie es für 8-Aza-Adenin gezeigt wird.

Die Mutationen können entweder dadurch in die Krebsentstehung eingreifen, daß sie Aktivitätsänderungen des Genoms der Eukaryontenzellen auslösen oder dadurch, daß Virus - DNA aktiviert wird, die zuvor in das Genom der Eukaryontenzelle eingebaut wurde.

Chromverbindungen können speziell als CrO_4^{2-} in die Zellen aufgenommen werden, offenbar wegen der strukturellen Ähnlichkeit zu SO_4^{2-}, das ebenfalls die Biomembranen gut passieren kann. Der Transport

(3.20)

NH_2 … $^{+}HgCH_3$, pH 5 → $\cdot 4\,H_2O$ (N–$HgCH_3$)

$2\ ^{+}HgCH_3$ → NO_3^-, H_3CHg, $HgCH_3$ $\cdot H_2O$

pH 6,5, $3\ ^{+}HgCH_3$ → H, $HgCH_3$, H_3CHg, NO_3^-, $HgCH_3$

durch die Membranen kommt jedoch zum Erliegen, sobald eine Reduktion zu Cr(III) erfolgt. In den Zellkern eingedrungenes Cr(VI) dürfte bevorzugt durch seine oxidierende Wirkung, sowie durch die ebenfalls oxidierend wirkenden Intermediate Cr(V) und Cr(IV) Nucleobasen oxidativ verändern (vgl. auch Abschn. 8.3). Daneben könnte im Zellkern durch Reduktion von Cr(VI) gebildetes Cr(III) direkt an die Phosphatreste der DNA und an Phosphatreste der chromosomalen Proteine gebunden werden. (Besonders die lysinreiche Histonfraktion H 1 liegt häufig stark phosphoryliert vor). Während die Oxidation von DNA und die Bindung von Cr(III) an DNA mutationsauslösende Prozesse darstellen, würde eine Bindung von Cr(III) an chromosomale Proteine zu Aktivitätsänderungen der DNA führen.

Auch für Cadmium ($CdCl_2$) wurde bei Ratten im Langzeitversuch eine cancerogene Wirkung nachgewiesen.

Die lange Verweildauer von Schwermetallen im Körper geht u. a. darauf zurück, daß sie an spezifische, schwermetallbindende Proteine gekoppelt werden, die sog. Metallothioneine. Dabei handelt es sich um sehr kleine Proteinmoleküle (ca. 6000 bis 10000 Dalton) mit hohem Cysteingehalt. Von diesen Proteinen werden die Schwermetalle, entsprechend ihrer Koordinationszahlen, über mehrere Schwefelbrücken komplex gebunden.

Die Metallothioneine tragen sicher zur Entgiftung und zur Speicherung von Schwermetallen im Körper bei. Cadmium mit seinen höheren Koordinationszahlen wird fester an metallbindende Proteine gekoppelt als beispielsweise Quecksilber. Doch auch die Stabilität von Cadmium - Thionein ist deutlich vom pH - Wert des Milieus abhängig: sinkt der pH des Urins in der Niere auf Werte unter 5.8, dann dissoziiert zunehmend der Cadmium - Proteinkomplex und es wird vermehrt Cd ausgeschieden, es kann jedoch auch vermehrt rückresorbiert werden.

Vergleichbar den Metallothioneinen bei Menschen und vielen Tierarten können Pflanzen sog. Phytochelatine bilden, die sich ebenfalls durch einen hohen Cysteingehalt auszeichnen und deshalb Schwermetalle binden können. Die Fähigkeit zur Chelatisierung von Schwermetallen, verbunden mit der Eigenschaft, Schwermetalle in den Zellulosezellwänden deponieren zu können, macht Pflanzen im allgemeinen wesentlich schwermetallresistenter als Menschen und Tiere. Deshalb müssen besonders Pflanzen, die als Nahrungs- oder Futtermittel dienen, stets auf ihren Schwermetallgehalt hin untersucht werden. Pflanzen können wegen ihrer spezifischen Entgiftungsmechanismen auch dann noch normal wachsen, wenn Schwermetallkonzentrationen auftreten, die auf den Menschen bereits toxisch wirken.

Die toxikologische Bedeutung der Schwermetalle wechselte bis zum heutigen Tage mit der Anwendungsbreite dieser Elemente im Lebensbereich des Menschen. Blei fand wegen seiner leichten Verarbeitbarkeit frühzeitig Eingang in Gebrauchsartikel der Menschen. In jüngster Zeit hat es an Bedeutung verloren, weil man dieses Metall systematisch zurückdrängt. Quecksilber, Nickel, Chrom und Cadmium spielen erst seit der "industriellen Revolution" eine größere Bedeutung für breite Bevölkerungsschichten, wobei Cadmium zum großen Teil unbeabsichtigt bei Verbrennungsprozessen freigesetzt wird.

3.3.3 Säureeintrag und Fischsterben

Binnengewässer und gewisse Bereiche der Nordsee und des Atlantik leiden seit vielen Jahren unter anthropogener Säurezufuhr. Eine sehr wichtige Komponente der Säurebelastung stellen sog. Dünnsäuren dar. Darunter versteht man stark verdünnte Abfallsäuren, die bei der Herstellung organischer Substanzen sowie bei der Gewinnung von Titan bzw. Titandioxid aus dem Erz Ilmenit ($FeTiO_3$) entstehen. Speziell die bei der Titandioxidgewinnung entstehende Dünnsäure enthält etwa 2 % Schwefelsäure, Eisensulfat sowie eine Reihe von Schwermetallen als Verunreinigungen. Die Verklappung solcher Dünnsäure auf See wurde, allerdings nur auf bundesdeutschem Hoheitsgebiet, 1989 beendet.

Die Dünnsäureverklappung dürfte zu Säureschäden an Fischen und Planktonlebewesen führen. Die mit der Säureverklappung verbundene Schwermetallzufuhr kann dazu beitragen, daß diese Toxine vermehrt in Nahrungsketten eintreten (vgl. Abb. 3.4).

Für Binnengewässer stellen Säureeinträge aus der Luft die größte Gefahr dar (Abschn. 2.2.5.5). Daneben kann örtlich auch Säureeintrag aus dem Boden eine gewisse Rolle spielen, besonders wenn in Hanglagen Wasser aus Rohhumusböden in Oberflächengewässer eintreten. Deutliche pH - Absenkungen beobachtet man in Gewässern auf saurem Urgesteinsuntergrund. Während im mitteleuropäischen Raum die Ansäuerung der Niederschläge überwiegend auf SO_2 - Emissionen zurückgeht, spielen in den USA salpetrige Säure und Salpetersäure, die aus NO_x - Emissionen hervorgehen, die dominierende Rolle.

In Südnorwegen starben bereits während der ersten Hälfte der siebziger Jahre viele Süßwasserfische in Flüssen und Seen aus, weil hier der pH - Wert in Oberflächengewässern von 6 auf 4.7 sank. Als kritischste Jahreszeit erwies sich das Frühjahr, denn mit dem Schmelzwasser werden die im Schnee gespeicherten, trockenen, sauren Depositionen in konzentrierter Form in Flüsse und Seen eingespült. Entsprechende Vorgänge wurden inzwischen auch im Schwarzwald nachgewiesen. Die Gewässerversauerung ist in der Bundesrepublik jedoch nicht nur auf den Schwarzwald beschränkt, sie hat viele Gewässer in Mittelgebirgslagen erfaßt. Der Kleine Arbersee (pH 4.29) und der Rachelsee (pH 3.5 - 4.0) im Bayerischen Wald haben praktisch ihren gesamten Fischbestand eingebüßt. In Gewässern des Fichtelgebirges ist der Forellenbestand stark gefährdet und im Bereich des südlichen Hunsrück ist er bereits weitgehend vernichtet.

Am empfindlichsten reagieren Schalentiere, wie Muscheln und Schnecken auf eine Ansäuerung des Wassers. Sinkt der pH - Wert unter 5.2 dann wird der Ca^{2+} - Stoffwechsel der Tiere so stark gestört, daß sich das bereits letal auswirkt. In diesem pH - Bereich lösen sich auch die Muschel- und Schneckenschalen langsam auf. Trotz etwas größerer Resistenz leiden auch Fische unter erniedrigten pH - Werten. Für diese Tiere ist die Erträglichkeitsgrenze je nach Spezies im Bereich von 5 - 4.5 erreicht. Dabei erweisen sich Bachforellen als relativ säuretolerant, während Karpfen zu den sehr empfindlichen Fischarten gehören. Algen und andere Planktonlebewesen sterben im selben pH - Bereich wie Fische. Bei Fischen und Planktonten wird durch niedere pH - Werte ebenso wie bei Schalentieren primär der Ca^{2+} - Stoffwechsel gestört. Das wirkt sich sowohl auf den Knochenbau als auch auf das Laichverhalten der Tiere aus. Bei den Algen gehören Zellwandbau und Zellteilung sowie der Photosyntheseapparat zu den primär geschädigten Stoffwechselprozessen. Nahe der Untergrenze des kritischen pH - Bereichs wird bei Fischen auch der Ionenaustausch an den Kiemen beeinträchtigt. Der NaCl - Gehalt des Bluts nimmt ab und mindert damit dessen osmotisches Potential. Bei pH - Werten < 4.5 werden Al^{3+} - Ionen aus Silikaten freigesetzt, die an Fischkiemen tödlich verlaufende Nekrosen (=Gewebszerstörungen) verursachen.

3.4 Reinigungsverfahren

Die kurzen Andeutungen über Wasserbelastungen haben bereits deutlich werden lassen, daß der Belastungszustand der Gewässer, besonders in den Bereichen der hochindustrialisierten Länder, bedrohliche Ausmaße angenommen hat. Der beste Weg zur Wiederherstellung gesunder

Gewässer bestünde zweifellos darin, künftig Belastungen weitgehend zu vermeiden. Langfristig muß diesem Ziel das Hauptaugenmerk gelten. Kurz- und mittelfristig muß jedoch versucht werden, belastete Gewässer so weit zu reinigen, daß sie als Lebensraum für Wassertiere ebenso geeignet sind, wie als Ressource für die Trinkwassergewinnung und für die Bewässerung von Kulturpflanzen. Deshalb sollen die wichtigsten Wasserreinigungsverfahren kurz erörtert werden.

3.4.1 Biologische Reinigungsverfahren

Zum Verständnis dieser Verfahren ist es hilfreich, einen Blick auf die historische Entwicklung der Abwasserreinigung zu werfen. Bereits im Altertum verrieselte man hin und wider fäkale Abwässer auf Wiesen und Feldern. Das fein verteilte Abwasser versickert im Boden, wo Mikroorganismen die organischen Bestandteile aerob abbauen. Die dabei freigesetzten Mineralstoffe dienten den Kulturpflanzen als Düngemittel. Diese Form der Abwasserreinigung wird stellenweise bis zum heutigen Tag betrieben. Die Nachteile des Verfahrens bestehen in einer Geruchsbelästigung der Umgebung und in der Freisetzung von Restschlamm aus schwer abbaubaren Stoffen im Boden, womit dessen Durchlüftung beeinträchtigt wird. Außerdem können durch die mit den Fäkalien ausgebreiteten Krankheitserreger und Parasiteneier Seuchen verbreitet werden. Gegenwärtig dürfen deshalb Getreidefelder nur bis eine Woche vor der Ernte berieselt werden, Kartoffelfelder bis zum Blühbeginn der Pflanzen und Gemüsefelder lediglich kurzfristig zu Beginn der Vegetationsperiode. Die ebenfalls praktizierte Verregnung verschlämmt den Boden weniger, weil durch die bessere Sauerstoffversorgung des Abwassers beim Verregnen der biologische Abbau der organischen Substanzen rascher abläuft. Geruchsbelästigung der Umgebung und die Gefahr der Verbreitung von Krankheitserregern bleiben auch bei diesem Verfahren erhalten. Verrieselung und Verregnung dürfen in der Gegenwart nicht in Wassergewinnungsgebieten betrieben werden, weil stets die Gefahr der Grundwasserbelastung gegeben ist.

Erst Mitte des 19. Jahrhunderts ging man dazu über, besonders das Abwasser von Städten sich selbst reinigen zu lassen, indem man es zu flachen Teichen oder Seen aufstaute. Die organischen Stoffe wurden von Mikroorganismen mit Hilfe des im Wasser gelösten Sauerstoffs veratmet. Die sich dabei stark vermehrenden Mikroorganismen verklumpen zu größeren Flocken und können in dem stehenden Wasser sedimentieren, ebenso wie andere, mit dem Abwasser mitgeführte, sinkfähige Bestandteile. Da der am Boden sich ansammelnde Schlamm langsam in Fäulnis übergeht (= anaerober Abbau) und dabei giftige Faulgase freisetzt, entwickelte man um die Jahrhundertwende den sog. Emschergraben. Dabei handelt es sich um einen zweigeschossigen, geschlossenen Kanal, aus dessen oberem Stockwerk der Schlamm in das untere Stockwerk absinkt. Die sich dort bildenden Faulgase kann man auffangen und als Heizgas verwenden (Abb. 3.6).

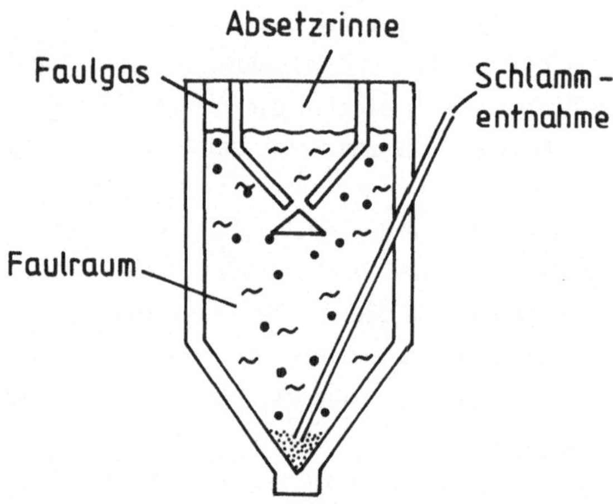

Abb. 3.6 Querschnitt durch einen Emschergraben (Lou 75).

Mit zunehmendem Abwasseraufkommen in diesem Jahrhundert machte sich die langsame Abbaurate der bisher eingesetzten Reinigungsverfahren störend bemerkbar. Im Emschergraben muß das Abwasser viele Tage, der Schlamm sogar 2 Monate verbleiben, bis die Reinigung genügend weit fortgeschritten ist. Deshalb mußte man Verfahren mit rascherem Wasserdurchsatz entwickeln. So konzipierte man die heute meist eingesetzten, biologischen Kläranlagen, die sich durch intensive Belüftung des Abwassers auszeichnen.

Bei biologischen Kläranlagen bedient man sich zunächst einer mechanischen Vorreinigung. Dazu führt man das Abwasser zunächst durch einen Rechen, um grobe Bestandteile auszusieben. Anschließend leitet man das Abwasser bei reduzierter Fließgeschwindigkeit durch ein oder mehrere Sandfangbecken, in denen mitgeführter Sand sedimentieren kann. Sofern erforderlich, werden Benzin und Öl in einem Benzinabscheider abgetrennt (Abb. 3.7).

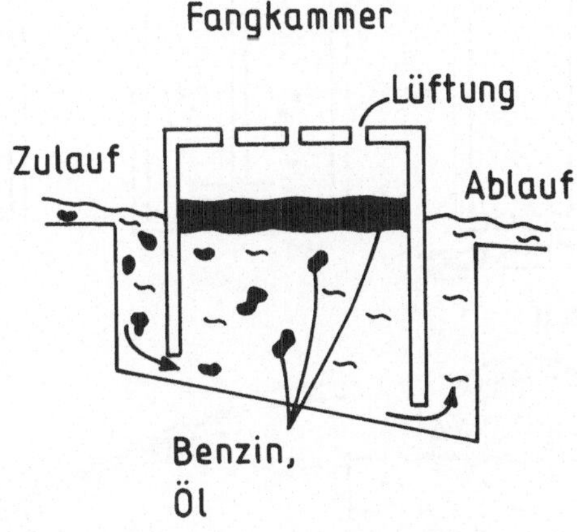

Abb. 3.7 Prinzip eines Benzin- und Ölabscheiders

Anschließend folgt die biologische Stufe der Klärung. Das Wasser wird intensiv belüftet und mit mikroorganismenreichem Klärschlamm vermischt, um einen möglichst raschen, biologischen Abbau der organischen Bestandteile zu erzielen. Für eine ausreichende Sauerstoffversorgung des Wassers kann man sich verschiedener Verfahren bedienen (Abb. 3.8). Bei allen Belüftungsmaßnahmen wird das Abwasser intensiv bewegt, um eine möglichst optimale Dispersion der Mikroorganismen des zugesetzten Klärschlamms in dem mit Sauerstoff angereicherten Abwasser zu erreichen. Damit wird ein möglichst gleichmäßiger Abbau der organischen Abfallstoffe angestrebt. Ein häufig praktiziertes Belüftungsverfahren ist das Belebtschlammverfahren. Dazu wird Luft in das Abwasser gepreßt oder eingequirlt. Beim Tauchscheibenverfahren läßt man große,

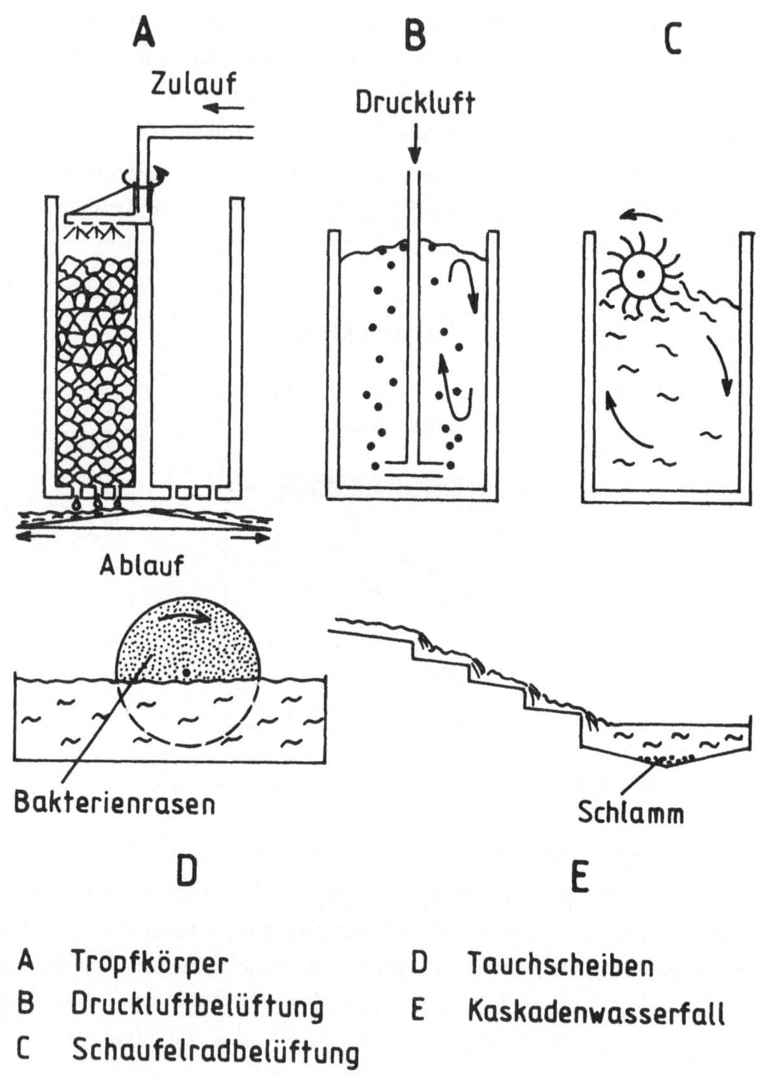

Abb. 3.8 Einige Belüftungsprinzipien biologischer Kläranlagen

mit Bakterienrasen besetzte Scheibenräder, die etwa zur Hälfte in das Abwasser eintauchen, mit einer Geschwindigkeit von 0.5 - 0.8 U/min rotieren. Im Tropfkörperverfahren berieselt man Packungen grober Schottersteine mit Abwasser. Auf der Oberfläche der nassen Schottersteine siedeln sich Bakterienrasen an, die den biologischen Abbau der im Abwasser enthaltenen organischen Abfallstoffe bewerkstelligen. Läßt das Gelände die Anlage von Kaskadenwasserfällen zu, dann wird das Abwasser bei seinem Weg über die Kaskadenstufen mit Sauerstoff angereichert. In den Stufenbecken findet mikrobieller Abbau der Schmutzstoffe und Sedimentation von Schlamm statt. Ein Verfahren für kleinere Gemeinden stellt der Oxidationsgraben dar. Dabei handelt es sich um einen meist oval angelegten Wassergraben, durch den das Abwasser rotiert, wobei es durch Walzen oder Bürsten angetrieben wird, die gleichzeitig Luftsauerstoff in das Wasser einrühren.

Anschließend an die Phase der Belüftung und des mikrobiellen Abbaus der Schmutzstoffe läßt man das Wasser in einem Nachklärbecken zur Ruhe kommen. Dort setzen sich die aus schwer abbaubaren Substanzen und Bakterienkolonien gebildeten Schlammflocken ab. Mitunter schwimmen sie auch an der Oberfläche, wenn sie Gasblasen enthalten. Sowohl sedimentierter als auch aufschwimmender Schlamm werden ständig beseitigt. Der Schlamm wird z. T. frischem Abwasser zugesetzt, der Rest muß in geeigneter Weise nachbehandelt werden, um pathogene Bakterien und Parasiteneier zu vernichten und um ein Nachfaulen zu verhindern.

Durch die biologische Klärung sollte der BSB_5 - Wert des Abwassers um mindestens 90 % gesenkt werden. Im Höchstfall darf er noch 25 mg O_2 pro Liter Wasser betragen. Hinsichtlich der Gewässergüte sollte mindestens die α - mesosaprobe, möglichst die ß - mesosaprobe Stufe erreicht werden. Wird dieses Ziel bei einmaligem Durchlaufen der Kläranlage nicht erreicht, so erfolgt ein zweiter Durchlauf oder es werden weitere biologische Verfahren angeschlossen.

Die besonders rasche Arbeitsweise biologischer Kläranlagen wird ersichtlich, wenn man sie mit anderen Formen des biologischen Abbaus von Wasserbelastungsstoffen vergleicht (Tab. 3.3). Bei diesem Vergleich wird jeweils eine Senkung des BSB_5 - Wertes um 90 % in Rechnung gestellt.

Das biologisch geklärte Abwasser wird entweder in einen Vorfluter entlassen, oder man leitet es zunächst in einen Abwasserfischteich, in dem eine weitere Nachklärung stattfindet, die vor allem darin

Tab. 3.3 Abbaugeschwindigkeiten organischer Abfallstoffe im Wasser unter verschiedenen Bedingungen, wobei der BSB_5 - Wert jeweils um 90 % abnimmt (Enz 80).

Milieu	Abbauzeit in Std
Meer	480
Teich	240
Fluß	240
Oxidationsgraben	12
Belebungsbecken	2
Tropfkörper	1

besteht, daß Wasserpflanzen freigesetzte Mineralstoffe aufnehmen und daß durch das Absterben von Mikroorganismen Flocken entstehen, die im stillstehenden Wasser sedimentieren. Das noch immer eutrophierte Wasser erlaubt eine intensive Fischzucht (Tab. 3.2), wenn keine toxischen Substanzen anwesend sind.

Der bei jeder biologischen Klärung anfallende Schlamm kann unterschiedlichen Nachbehandlungsverfahren unterworfen werden. Früher leitete man ihn vielfach auf Trockenbeete, wo er durch Verdunstung so viel Wasser verlor, daß er eine krümelige Struktur annahm. Dieses Substrat wurde ebenso wie unbehandelter, flüssiger Klärschlamm als Bodenverbesserungsmittel im Weinbau und im Landschaftsgartenbau eingesetzt. Vor dieser Form der Anwendung wird trotz positiver Eigenschaften des Klärschlamms immer häufiger gewarnt, denn es stellte sich heraus, daß Klärschlamm nicht nur Schwermetalle enthält, er weist auch, soweit das bisher untersucht wurde, meist Spuren von Dioxinen auf. Die Herkunft des Dioxins im kommunalen Klärschlamm ist unklar. Möglicherweise enthalten viele Haushaltschemikalien Spuren dieser Stoffe, die sich wegen ihrer hohen Persistenz im Klärschlamm anreichern. Schließlich kann Klärschlamm häufig Reste von Tensiden enthalten, die im Boden Giftstoffe lösen und in das Grundwasser gelangen lassen. Wegen dieser Möglichkeiten können sich bei langfristiger Klärschlammanwendung nicht mehr akzeptierbare Störungen des Bodens und des Wasserhaushalts ergeben. Deshalb steht derzeit die Empfehlung im Vordergrund, Klärschlamm nach entsprechender Vortrocknung zu verbrennen. Es muß allerdings angemerkt werden, daß die Abgasbelastung bei der Klärschlammverbrennung nicht ausreichend untersucht wurde, so daß man die Verbrennung keinesfalls als besonders umweltfreundliches Beseitigungsverfahren ansehen muß.

Eine andere Möglichkeit der Weiterverwertung von Klärschlamm besteht darin, die langsam abbaubaren organischen Substanzen, wie Zellulose, Hemizellulose und andere Makromoleküle in einem sog. Faulturm unter Luftabschluß einer Gärung zu unterwerfen. Das dabei entstehende Faulgas oder Biogas enthält ca. 60 - 70 % Methan und kann deshalb zum Heizen oder zur Stromerzeugung verwendet werden, nachdem es möglichst von NH_3 und H_2S befreit wurde. Da die für die Gärung erforderlichen Methanbakterien empfindlich gegenüber Schwermetallen reagieren, kann für dieses Verfahren nur besonders schwermetallarmer Klärschlamm verwendet werden.

Das in einer biologischen Kläranlage gereinigte Abwasser enthält neben organischen Reststoffen Nitrat und Phosphat, die z. T. während des biologischen Abbaus aus organischen Substanzen freigesetzt wurden. Da sie stark eutrophierend wirken, sollten sie nachträglich beseitigt werden. Verfahren zur Eliminierung von Phosphaten und Nitraten werden im folgenden Abschnitt besprochen, ebenso wie Verfahren zur Beseitigung biologisch nicht abbaubarer Stoffe in Industrieabwässern.

3.4.2 Spezielle Abwasserreinigungsverfahren

Nitrate können durch mikrobielle Denitrifikation in elementaren Stickstoff umgewandelt werden. In einer biologischen Kläranlage fällt ein Teil des zunächst in organischen Substanzen gebundenen Stickstoffs als NH_4^+ an und so muß das Wasser aus dem Ablauf des Klärbeckens zunächst gut belüftet werden, um mit Hilfe nitrifizierender Bakterien NH_4^+ in NO_3^- umzuwandeln. Anschließend muß man streng anaerobe Bedingungen schaffen unter denen denitrifizierende Bakterien Nitrat zu elementarem Stickstoff reduzieren (Gl. 2.22).

Für kleine Kläranlagen strebt man ein kostengünstigeres Verfahren an, indem man das Belebungsbecken so gestaltet, daß sich neben dem aeroben Bereich anaerobe Zonen bzw. Nischen bilden, so daß ein Nebeneinander von Nitrifizierung und Denitrifizierung möglich wird.

Zur Beseitigung von Phosphaten muß man sowohl Polyphosphate aus Waschmitteln als auch Orthophosphat erfassen, das im Belebungsbekken aus organischen Verbindungen freigesetzt wird. Ein aufwendiges Verfahren, das jedoch sehr reines Phosphat liefert, arbeitet mit Hilfe von Bakterien. Unter streng aeroben Verhältnissen nehmen sie im Überschuß Phosphat auf, das in den Zellen als anorganisches Phosphat gespeichert wird. Anschließend zentrifugiert man die Mikroorganismen ab, um sie unter anaerobe Bedingungen zu bringen. Hier scheiden sie ihr Phosphatdepot in sehr reiner Form wieder ab.

Im großen Stil praktikabel sind Fällungsverfahren, wozu man $FeCl_3$, $FeSO_4$, $Al_2(SO_4)_3$ und $Ca(OH)_2$ einsetzen kann. Aluminiumsalze sollten wegen der vorübergehend freigesetzten, toxisch wirkenden Al^{3+} - Ionen vermieden werden, da sie durch Fe^{3+} - und Ca^{2+} - Ionen ersetzt werden können:

(3.21) $$Fe^{3+} + PO_4^{3-} \longrightarrow FePO_4$$

Stellt man mit Kalkmilch pH - Werte > 5 ein, dann bildet sich in Gegenwart von Eisenüberschuß gallertig ausfallendes Fe(III) - Hydroxid ($Fe_2O_3 \cdot H_2O$). Dieses voluminöse Gel bindet adsorptiv $FePO_4$ sowie in Lösung befindliche Polyphosphate und erleichtert damit die Sedimentation der verschiedenen Phosphat - Typen im Abwasser. Mit diesem Verfahren können bis zu 95 % des Phosphats aus dem Abwasser entfernt werden. Phosphate lassen sich auch alleine mit Kalkmilch bei pH - Werten > 7 als Apatit fällen:

(3.22) $$5\,Ca^{2+} + 3\,PO_4^{3-} + OH^- \longrightarrow Ca_5(PO_4)_3OH$$

Apatit bildet einen kristallin - feinflockigen Niederschlag, der auch Polyphosphate adsoptiv bindet. Da bei der Apatitfällung Kristallbildung und Kristallwachstum wesentlich träger verlaufen als bei der Eisenphosphatfällung, müssen stets Kristallkeime in das Fällungsbecken zur Beschleunigung des Verfahrensablaufs eingebracht werden.

Fällungsreaktionen sind oftmals bei der Reinigung industrieller Abwässer erforderlich, um beispielsweise Schwermetalle zu beseitigen. Bei solchen Fällungen ist besonders darauf zu achten, daß die gewonnenen Reaktionsprodukte beim pH - Wert des Abwassers weitgehend unlöslich sind, daß die Fällung beim herrschenden Temperaturniveau rasch genug abläuft, daß ein Überschuß des Fällungsmittels zu keiner erheblichen Belastung des Abwassers beiträgt und daß das Verfahren möglichst preisgünstig ist. Häufig hat sich in der Praxis Kalkmilch als geeignetes Fällungsmittel erwiesen, die im pH - Bereich um 7 schwerlösliche Hydroxide bildet.

Zur Eliminierung einiger Metalle sind besondere Verfahren erforderlich. Beispielsweise werden Chromate mit Hilfe von Reduktionsmitteln wie Bisulfit in $Cr(OH)_3$ übergeführt, das als graugrüner Niederschlag ausfällt:

$$CrO_4^{2-} + 8\,H^+ + 3\,e^- \longrightarrow Cr^{3+} + 4\,H_2O \tag{3.23}$$

$$Cr_2O_7^{2-} + 14\,H^+ + 6\,e^- \longrightarrow 2\,Cr^{3+} + 7\,H_2O \tag{3.24}$$

Permanganat wird besonders im schwach alkalischen Milieu in Gegenwart von Luftsauerstoff als Braunstein (MnO_2) ausgefällt:

$$MnO_4^- + 2\,H_2O + 3\,e^- \longrightarrow MnO_2 + 4\,OH^- \tag{3.25}$$

Nicht immer fallen die hergestellten Reaktionsprodukte, im Abwasser enthaltene Proteine, hochmolekulare Detergentien oder andere Moleküle rasch genug aus. Besonders bei hydrophilen Stoffen verhindern meist negative Ladungen die Aggregation zu größeren Partikeln, so daß diese Stoffe im Abwasser suspendiert bleiben. Man spricht dann von stabilisierten Kolloiden. Eine Destabilisierung solcher Systeme könnte man meist sehr einfach durch entsprechende Änderung des pH - Werts des Mediums erreichen, doch würde man damit die Mikroorganismen im Abwasser gefährden, sowie die Lebewesen im Vorfluter, in den das Abwasser entlassen werden soll. Deshalb muß der pH - Bereich zwischen 6 und 8.5 eingehalten werden. Um dennoch die erforderliche Destabilisierung von Suspensionen zu erreichen, setzt man sog. Flockungsmittel zu, die in der Lage sind, Ladungen der Kolloide zu neutralisieren. Als Flockungsmittel eignen sich Elektrolyte wie $CaCl_2$, $AlCl_3$ oder organische Polymere, die an ihrer Oberfläche entsprechende Ladungen tragen. Ein anderer Weg besteht darin, Fe^{3+} - Ionen zuzusetzen, weil sie im erforderlichen pH - Bereich des Abwassers Polymere bilden, d. h. gelartige Flocken, die durch ihre positiven Ladungen die negativen Ladungen der Kolloide neutralisieren und die Kolloide adsorptiv binden. Theoretisch erfüllen auch Al^{3+} - Ionen diese Funktion, doch ist deren Toxizität höher einzuschätzen als die der Fe^{3+} - Ionen.

Aus der Fülle verschiedenartiger Verunreinigungen industrieller Abwässer seien noch die Cyanidbelastungen herausgegriffen. Durch Erhitzen auf 170 - 230 °C können Cyanide bei pH $\geq$ 8 in Ammoniak und Formiat gespalten werden:

$$CN^- + 2H_2O \longrightarrow NH_3 + HCOO^- \tag{3.26}$$

Anschließend wird der pH - Wert unter 6 gesenkt, wobei das dabei entstehende NH_4^+ - Ion bei Temperaturen oberhalb von 150 °C mit Nitrit zu N_2 reagieren kann:

$$NH_4^+ + NO_2^- \longrightarrow N_2 + 2H_2O \tag{3.27}$$

Unter den gleichen Reaktionsbedingungen wird Formiat mit Nitrit zu N_2 und CO_2 umgesetzt:

$$3\,HCOO^- + 2\,NO_2^- + 5\,H^+ \longrightarrow N_2 + 3\,CO_2 + 4\,H_2O \tag{3.28}$$

Bei diesem Verfahren treten als Endprodukte ungiftige Gase auf. Unter optimalen Reaktionsbedingungen wird das Cyanid zu 99.9 % gespalten.

Eine Reihe von Abfallstoffen können bisher nicht aus dem Abwasser beseitigt werden. Stark toxische Substanzen versucht man wenigstens zum überwiegenden Teil aus dem Abwasser zu eliminieren, auch wenn eine vollständige Detoxifikation noch nicht möglich ist. Größere Mengen von Phenolen werden extrahiert: in einem ersten Wäscher löst man mittels Benzol die Phenole aus dem Abwasser, in einem zweiten Wäscher wird das Phenol mit NaOH unter Bildung von Natriumphenolat aus dem Benzol entfernt, so daß das Benzol erneut verwendet werden kann. Häufiger bedient man sich Adsorptionsverfahren um Giftstoffe aus dem Wasser zu entfernen. Als Adsorptionsmittel dienen vor allem Aktivkohle und Ionenaustauscher aus Kunststoffen. Reicht eine geringere Adsorptionsleistung nicht aus, kann man das Wasser durch Tonschichten filtrieren. Der ebenfalls als Adsorptionsmittel verwendbare Torf entläßt Huminsäuren in das Wasser, die dessen Geschmack und Farbe beeinträchtigen und mit eventuell im Wasser enthaltenem Chlor reagieren können.

3.4.3 Reinigungsverfahren bei der Trinkwassergewinnung

Besonders im Rahmen der Trinkwassergewinnung müssen Torffiltrationen vermieden werden, weil bei der Chlorung des Wassers eine Fülle von chlorierten Huminstoffen entstehen, von denen sich ein Teil im Bakterientest als mutagen erwies. Huminstoffe lassen sich allerdings stets im Grundwasser in Spuren nachweisen, so daß bei der Trinkwasserchlorung immer mit der Bildung toxischer Chlorierungsprodukte zu rechnen ist. Bisher reichen die vorliegenden Erkenntnisse nicht aus, um allgemein anerkannte Grenzwerte für solche Halogenierungsprodukte aufstellen zu können. Werden bei der Trinkwassergewinnung Filtrationen erforderlich, dann müssen sie mit Aktivkohle durchgeführt werden, um beispielsweise Reste von Pflanzenschutzmitteln, Phenolen und Schwermetallen zu beseitigen.

Nach den EG - Richtlinien für die Trinkwasserqualität ist an verschiedenen Wassergewinnungsstandorten eine Senkung des Nitratgehalts erforderlich. Nitrate und Nitrite können beim Menschen Methämoglobinbildung auslösen (Gl. 3.14 und 3.15), wobei sich Hb $Fe^{3+}OH^{-}$ bildet. Da Nitrat besonders Säuglinge gefährdet, muß besonders bei der Herstellung von Flaschenmilch nitratarmes Wasser verwendet werden. Die gleiche Sorgfalt sollte bei der Auswahl von Babygemüse walten, damit nicht zu stark Nitrat - haltiges Gemüse verfüttert wird, denn die Darmflora von Säuglingen weist eine besonders starke Reduktionskapazität auf, die Nitrat in Nitrit umwandeln.

Ist Trinkwasser zu stark mit Nitrat belastet, dann kann man es im einfachsten Fall zur Einhaltung der Grenzwerte mit nitratarmen Wasser verschneiden, doch verschlechtert man damit gleichzeitig die Qualität des Nitrat - armen Wassers. Eine Beseitigung des Nitrats ist durch Umkehrosmose möglich. Dazu wird das Wasser durch eine Dialysemem-

Tab. 3.4 Auszug aus den EG - Richtlinien zur Trinkwasserqualität von 1980, die die Grundlage für viele nationale Trinkwasserverordnungen in Westeuropa (auch Bundesrepublik) bildet (Rum 87).

Parameter	Richtzahl mg/l	zulässige Höchstkonzentration in mg/l
Chlorid	25	
Sulfat	25	250
Calcium	100	
Magnesium	30	50
Natrium	20	175
Kalium	10	12
Aluminium	0.05	0.2
Nitrat	25	50
Nitrit		0.1
Ammonium	0.05	0.5
Bor	1	
Eisen	0.05	0.2
Mangan	0.02	0.05
Kupfer	0.1	
Zink		0.1
Organochlorverbindungen ohne Pestizide	0.001	0.025
pH - Wert	6.5 - 8.5	
elektr. Leitfähigkeit	400 µS/cm	

bran gepreßt, die die Nitrationen nicht passieren läßt. Weiterhin ist Ionenaustausch an Kunstharzionenaustauschern praktizierbar. Gegenwärtig arbeitet man an der Herstellung von Reaktoren, die mit Hilfe von Mikroorganismen Nitrat beseitigen, wie es im Abschnitt 3.4.1 beschrieben wurde. Im Unterschied zur Abwasserbehandlung muß bei der Trinkwassergewinnung darauf geachtet werden, daß das gereinigte Wasser möglichst keine Mikroorganismen enthält. Deshalb werden die zur Denitrifizierung eingesetzten Mikroorganismen (z. B. Paracoccus denitrificans) immobilisiert. Dazu bettet man sie meist in Ca - Alginatperlen ein. Alginate sind aus Braunalgen isolierte Polyuronsäuren, die sehr schwer abbaubar sind. Die alginatfixierten Bakterien werden in ihrer Stoffwechselleistung gegenüber frei suspendierten Mikroorganismen nicht beeinträchtigt. Neben Nitrat wird auf diesem Weg auch Nitrit beseitigt.

Schließlich werden zur Trinkwasserreinigung neben der üblichen Sandfiltration auch Flockungs- und Fällungsverfahren angewendet, wie sie im Prinzip bereits für die Abwasserreinigung besprochen wurden.

Ein ganz entscheidendes Problem bei der Trinkwasseraufbereitung stellt die Hygienisierung dar, denn es sollte möglichst keine humanpathogenen Keime enthalten. Um diesem Ziel zumindest nahe zu kommen, wird Trinkwasser meist gechlort oder ozonisiert.

Beim Chlorungsverfahren setzt man dem gereinigten Trinkwasser mit Chlorgas gesättigtes Wasser zu, oder man greift auf Substanzen zurück, die Chlor freisetzen, wie Hypochlorit, Chlorkalk oder Chlordioxid. Um die Bildung chlorierter, organischer Substanzen so weit wie möglich zu vermeiden, sollte die Chlorung erst unmittelbar vor der Einspeisung des Wassers in das Rohrleitungsnetz erfolgen, auch wenn der Chlorzusatz zu einem früheren Termin einen zusätzlichen Reinigungseffekt mit sich brächte. Die sicherste Entkeimung erreicht man dann, wenn das Wasser zunächst hoch gechlort wird, um anschließend die Chlorkonzentration auf Reste zu vermindern, weil zu viel Chlor im Trinkwasser ein gesundheitliches Risiko für den Verbraucher bedeutet. Andererseits sollten Chlorreste im Wasser bleiben, um eine Ansiedlung von Mikroorganismen im Rohrleitungssystem zu verhindern.

Die ebenfalls als Entkeimungsmaßnahme durchgeführte Ozonisierung hat gegenüber der Chlorung den Vorteil, daß sie auch Viren durch Oxidation inaktiviert. Außerdem beeinträchtigt Ozon nicht den Geschmack des Wassers. Durch seine stark oxidierende Wirkung zerstört es viele, im Wasser vorhandene, organische Substanzen, so daß eine Ozonisierung bereits in den Reinigungsprozeß des Wassers eingeschoben werden sollte. So können die ozonisierungsbedingten Abbauprodukte organischer Substanzen vor dem Eintritt des Wassers in das städtische Rohrleitungsnetz durch Filtration beseitigt werden. Für eine völlige Entkeimung des Wassers müssen allerdings so große Ozonmengen eingesetzt werden, daß der Überschuß schließlich durch Aktivkohlefiltration entfernt werden muß. Auch nach einer Ozonisierung des Wassers muß das Rohrleitungsnetz durch nachträgliches Chloren vor bakteriellen Verunreinigungen geschützt werden. Unerwünschte Nebeneffekte einer Ozonisierung des Wassers bestehen beispielsweise darin, daß N - haltige, organische Substanzen bei der Oxidation Nitrat freisetzen und daß toxisch wirkende Oxidationsprodukte entstehen können.

Wann immer die hygienische Güte eines zur Trinkwasserbereitung verwendeten Rohwassers es erlaubt, sollte auf Chlorung und Ozonisierung verzichtet werden. Leider sind solche Gegebenheiten selten geworden. Bei hygienisch nicht einwandfreiem Rohwasser scheint nach derzeitigem Kenntnisstand Chlorung oder Ozonisierung das kleinere Übel darzustellen, als ein hygienisch nicht einwandfreies Wasser als Trinkwasser anzubieten, weil damit Seuchenausbreitung droht.

4 Bodenbelastung

Während Belastungen von Luft und Wasser meist deutlich sichtbar oder spürbar werden, bleiben Belastungen des Bodens vielfach für lange Zeit unbemerkt. Mit dem Boden kommen die Menschen in der Regel nicht in so intensiven Kontakt wie mit Luft und Wasser, der Boden ist undurchsichtig und er verfügt in den meisten Fällen über ein beträchtliches Pufferungsvermögen, so daß Belastungen meist lange Zeit verborgen bleiben. Hier sollen hauptsächlich Belastungen der Böden mit Fremdstoffen betrachtet werden. Daneben erleiden Böden auch strukturelle Zerstörungen. Bevor einige Formen der Bodenbelastung dargestellt werden, soll ganz knapp der Aufbau eines Bodens skizziert werden.

4.1 Aufbau und Zusammensetzung des Bodens

Mit dem Begriff Boden bezeichnet man die komplex zusammengesetzte, lockere Auflage auf der festen Gesteinskruste der Erde. Diese Auflagerung setzt sich aus mineralischen und organischen Bestandteilen zusammen. Durch physikalische und chemische Verwitterungsvorgänge des festen Gesteins entstehen Bruchstücke unterschiedlicher Größe. Lockere mineralische Bestandteile können auch durch Wasser, Eis und Wind verfrachtet werden und abseits ihres Entstehungsortes bodenbildend in Erscheinung treten. Die organischen Bestandteile stammen von verwesenden Pflanzenteilen, abgestorbenen Tieren und Mikroorganismen. Alle diese organischen Materialien unterliegen einem mikrobiellen Abbau und sie werden durch bodenbewohnende Tiere zerkleinert und verdaut. Aus den sich zersetzenden organischen Stoffen geht der sog. Humus hervor.

Anorganische wie organische Materialien bilden Partikel unterschiedlicher Größe, zwischen denen Hohlräume frei bleiben, die sog. Bodenporen. Zum Teil füllen sich diese Poren mit Luft, zum Teil mit Wasser. Bodenluft und Bodenwasser dienen Pflanzenwurzeln und anderen, bodenbewohnenden Organismen als Lebensgrundlage. Die humose Bodenauflage mischt sich im Laufe der Zeit mit der darunter liegenden mineralischen Bodenschicht. Verantwortlich für den Mischungsvorgang sind vor allem bodenwühlende Tiere und das Durchwurzeln des Bodens durch große Pflanzen. Wesentlich intensiver werden Humus und mineralische Bestandteile durch den Menschen bei Acker- und Gartenböden durchmischt.

Böden zeichnen sich durch einige Eigenschaften aus, die die Medien Luft und Wasser nicht besitzen. Die Bodenpartikel bilden ein feinmaschiges Filter, das sehr wirksam Feststoffe aus Sickerwasser herausfiltriert. Gleichzeitig fungieren die Bodenporen als Stoffspeicher. Für eine festere Fixierung sorgen Ton- und Humuspartikel, die eine breite Palette an Stoffen adsorptiv binden. So können Böden über Jahre oder Jahrzehnte hinweg Schadstoffe festhalten, ohne in das Grundwasser auszutreten. Ist die Adsorptionskapazität erschöpft, treten scheinbar überraschend Grundwasserbelastungen auf, ohne daß der Schadstoffemittent noch aktiv sein muß. Schließlich zeichnen sich Böden durch ein hohes Regenerationsvermögen aus. Die große Zahl von Bodenlebewesen stellt eine Fülle unterschiedlicher Enzyme bereit, die Fremdstoffe meist rascher metabolisieren, als das im Wasser oder in der Luft möglich ist.

Filtration, Speicherkapazität und Regenerationsvermögen lassen Böden zu den wirksamsten Puffern gegenüber anthropogenen Immissionen werden. Wird die Entgiftungsfähigkeit der Böden reduziert, können sich Schadstoffe in der Umwelt stärker ausbreiten, als es bei voll funktionsfähigen Böden der Fall ist. Erschöpfungszuständen von Böden muß man deshalb mit besonderer Sorge entgegensehen.

4.2 Bodenverdichtung

Eine Form der Bodenbelastung mit bodenchemischen Konsequenzen erwächst aus der Bodenverdichtung. Durch das Befahren der Äcker mit schweren Maschinen, durch Straßenverkehr und Bebauung werden in Kulturlandschaften großflächig Böden verdichtet, d. h. die Bodenporen werden zusammengepreßt. Dadurch werden Wasserkapazität und Sauerstoffversorgung der Böden vermindert. Deshalb laufen in verdichteten Böden häufig Reduktionsreaktionen ab, besonders wenn durch Vernässung oder durch eindringendes Erdgas die im Boden befindlichen Sauerstoffreste verdrängt werden. Mit fortschreitendem Sauerstoffschwund setzt entsprechend ihrer unterschiedlichen Redoxpotentiale zunächst die Reduktion von NO_3^- ein, dann von Mn(IV), Mn(III), Fe(III), SO_4^{2-}, CO_2 und schließlich von H^+.

Die Reduktion von NO_3^- läuft so ab, wie sie bereits dargelegt wurde (Gl. 2.22). Da die Reaktionsprodukte N_2O und N_2 den Boden verlassen, können auf diese Weise erhebliche Nährstoffverluste für die Pflanzen auftreten. Nach Messungen in Wiesenböden können diese Verluste 11 bis 40 % des pflanzenverfügbaren Stickstoffdüngers ausmachen. In überfluteten Reisanbauböden liegen die Verluste mitunter noch höher.

Mangan wird normalerweise im Boden hauptsächlich als Braunstein (MnO_2) deponiert. Unter reduzierenden Bedingungen geht es in das wasserlösliche Mn^{2+} über, d. h. in eine pflanzenverfügbare Form:

$$(4.1) \qquad MnO_2 + 4\,H^+ + 2\,e^- \rightleftharpoons Mn^{2+} + 2\,H_2O$$

Obwohl Mangan zu den essentiellen Elementen gehört, darf Mn^{2+} nur in geringen Konzentrationen im Boden vorliegen, das bedeutet unterhalb der ppm - Grenze. In höheren Konzentrationen wirkt es toxisch. Auch organische Mn - Komplexe sind recht unbeständig und setzen leicht Mn^{2+} frei.

Bei Eisenverbindungen ist die Situation ähnlich. Bei üblichen Boden - pH Werten wird Eisen als $Fe(OH)_3$ deponiert. Bei geringem Sauerstoffgehalt und demzufolge niedrigem Redoxpotential des Bodens wird

Fe(III) zu Fe(II) reduziert:

$$(4.2) \qquad Fe(OH)_3 + 3H^+ + e^- \longrightarrow Fe^{2+} + 3H_2O$$

Dadurch wird auch Eisen in eine für Pflanzen verfügbare Form gebracht. Nimmt unter anaeroben Verhältnissen die Verfügbarkeit von Eisen zu stark zu, dann kann sich Eisentoxizität bemerkbar machen, eine Erscheinung, die besonders von Sumpfreisböden bekannt ist.

Bei Eisen, Mangan und einer Reihe weiterer Metalle nimmt nach Reduktion deren Mobilität im Boden zu. Deshalb werden diese Elemente unter reduzierenden Bedingungen leichter aus dem Boden ausgespült, und die Böden verarmen an diesen Metallen.

Analog zur Denitrifikation kann unter anaeroben Bedingungen Schwefel mikrobiell bis zum Sulfid reduziert werden:

$$(4.3) \qquad SO_4^{2-} + 8H^+ + 8e^- \longrightarrow S^{2-} + 4H_2O$$

Der zunächst meist als Sulfat im Boden vorliegende Schwefel kann bei diesem Reduktionsvorgang aus dem Boden entweichen, er kann auch mit Schwermetallen schwerlösliche Sulfide bilden, die dadurch im Boden festgelegt werden.

Die hier vorgestellten Beispiele sollten zeigen, daß reduzierende Bedingungen in umfangreicher Weise die Fruchtbarkeit des Bodens erheblich vermindern.

4.3 Bodenveränderungen durch bestimmte Formen der Bodennutzung

Chemische Bodenveränderungen können nicht nur durch eine ungeeignete Handhabung eintreten, wie bei der Herstellung reduzierender Bedingungen durch Bodenverdichtung und Bodenvernässung, sie können auch im Zuge bestimmter Formen der Bodennutzung auftreten. Dazu gehört u. a. die in Verbindung mit intensiver Landwirtschaft verknüpfte Bodenbelüftung. Zwar wurde zunächst festgestellt, daß Böden derzeit erheblichen Verdichtungen unterliegen, doch werden Ackerflächen alljährlich zur Lockerung umgebrochen und die dabei entstehenden Schollen zerkleinert. Dadurch tritt zunächst eine intensive Belüftung und Durchmischung ein. Es können sich nicht, wie bei einem ungestörten Humusboden Zonen unterschiedlich intensiver Sauerstoffversorgung bilden. Durchmischung und Durchlüftung lassen den gesamten Humusbestand gleichmäßig schnell in den Abbau eintreten. Eine Quantifizierung des dadurch vermehrt freigesetzten CO_2 in die Atmosphäre ist bis jetzt noch nicht möglich.

Mit der Intensivierung der Landwirtschaft hängt auch eine vermehrte Abholzung der Wälder überall auf der Erde zusammen. Mit der Waldrodung sollen größere Freiflächen für die landwirtschaftliche Nutzung gewonnen werden, um die stetig steigende Zahl von Menschen ernähren zu können. Entwaldungen haben jedoch stets verstärkte Bodenerosion zur Folge, d. h. Erdreich wird an einer Stelle abgetragen und an anderem Ort wieder deponiert. Bei dieser Umschichtung werden oxidierbare Mineralien freigelegt und unter Verbrauch von Luftsauerstoff oxidiert. Auch die Größenordnung solcher Umwandlungsprozesse kann man derzeit nur versuchen abzuschätzen: man nimmt an, daß sie sich während der letzten Jahrzehnte gegenüber dem vorigen Jahrhundert verdreifacht hat.

Zur Veränderung des Mineralstoffhaushalts des Bodens tragen auch bestimmte Kulturpflanzenarten bei. Grundsätzlich gilt für alle Kulturpflanzen, die in Monokultur angebaut werden, daß sie den Boden einseitig ausnutzen. Das erfordert Düngung, in deren Gefolge häufig Grundwasserbelastungen auftreten, wenn die Mineralien aus dem Boden ausgespült werden, bevor sie von den Pflanzen aufgenommen werden.

Zuckerrüben entziehen dem Boden ungewöhnlich große Mengen an Stickstoff (300 kg/ha), Kalium (400 kg/ha) und Magnesium (45 kg/ha). Der wegen seiner hohen Hektarerträge immer häufiger angebaute Mais entnimmt dem Boden besonders große Mengen an Phosphat (70 kg/ha, berechnet als Phosphor). Maisanbau wirkt sich auf Böden auch durch seine großen Pflanzenabstände negativ aus. Da nur 8 bis 10 Pflanzen pro m^2 stehen und die Wachstumsgeschwindigkeit anfangs gering ist, treten hier größere Erosionsraten auf, als bei anderen Getreidearten.

Ein ganz anderer Typus der Bodenbelastung erwächst aus einer einseitigen Anpflanzung von Coniferen und Besenheide. Die Streu dieser Pflanzen wird nur unvollständig zersetzt. Man nimmt an, daß Zersetzungsprodukte dieser Substrate humifizierende Mikroorganismen hemmen oder abtöten, was zu dem unvollständigen Abbau führt. Dadurch reichern sich viele Huminstoffe, besonders Fulvosäuren an. Mit Fulvosäuren bezeichnet man alkalilösliche, nicht säurefällbare Bestandteile organischer Substanzen im Boden, die einen hohen Gehalt an Carboxylgruppen aufweisen. Zu ca. 30 % bestehen sie aus teilabgebauten Kohlenhydraten und sie sind in der Lage, Metallionen komplex zu binden und Eisenoxide zu lösen. Ein so zusammengesetzter Humus wird als Rohhumus bezeichnet. An seinem Zustandekommen sind besonders Springschwänze, Milben und Pilze beteiligt.

Die Fülle saurer Komponenten und die Fähigkeit Metallionen komplex zu binden, führen dazu, daß unter solchen Rohhumusauflagen der Boden im Laufe der Zeit ausbleicht, weil die Rohhumussickerwässer komplex gebundene Metalle mit in die Tiefe nehmen. Man bezeichnet diesen Vorgang als Podsolierung (Russisch: Podsol = Asche). So entstehen nährstoffarme, saure Böden, die nur sehr schwer oder gar nicht mehr für anspruchsvollere Pflanzen verwendet werden können, weder forstwirtschaftlich noch landwirtschaftlich. Monokulturen von Rohhumusbildnern, wie sie ausgiebig während der ersten Hälfte dieses Jahrhunderts in Mitteleuropa angelegt wurden, um möglichst rasch Bauholz zu gewinnen, haben wertvolle in minderwertige Böden umgewandelt. In gewissem Maße ähnelt der Podsolierungsvorgang dem anthropogenen Säureeintrag in Böden.

4.4 Anthropogene Schadstoffeinträge

4.4.1 Säureeintrag und dessen bodenchemische Konsequenzen

Neben den rohhumusbedingten Bodenversauerungen nehmen derzeit anthropogene Säureeinträge einen wesentlich größeren Umfang unter den Bodengefährdungen ein. Dieser seit Jahrzehnten wirksame Säureschub belastet die Pufferkapazität der Böden. Deshalb können bereits bei vielen Böden Auswaschungen von Ionen nachgewiesen werden, die für die Pflanzenernährung wichtig sind. Die in den Boden gelangenden Protonen ersetzen die an Bodenkolloide sorptiv gebundenen Kationen, die dann mit dem Niederschlagswasser in tiefere Schichten verfrachtet, und damit den Pflanzenwurzeln entzogen werden (Abb. 4.1). Dadurch bleibt zwar der Boden - pH zunächst konstant, die Bodenfruchtbarkeit läßt jedoch nach. Fortschreitende Bodenversauerungen sind beispielsweise an der Verminde-

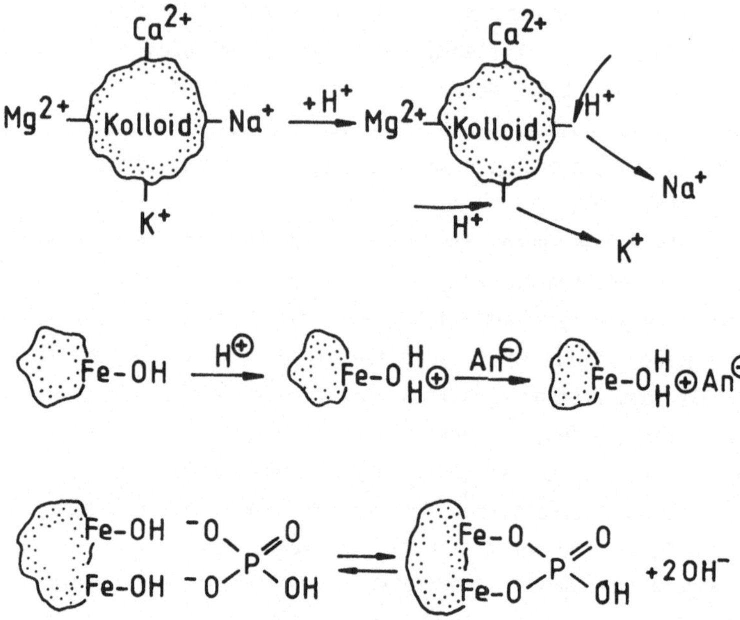

Abb. 4.1 Oben: An Bodenkolloide adsorbierte Kationen werden durch H^+ - Überschuß freigesetzt. Mitte: Anionenadsorption an eisenhaltige Bodenkolloide. Unten: Bindung von Phosphat an eisenoxidhaltige Bodenkolloide (Men 84).

rung der Fe^{2+} - und Mg^{2+} - Ionenkonzentration feststellbar.

Im Zuge der Ansäuerung werden nicht in allen Böden gleichgroße Mengen toxisch wirkender Al^{3+} - Ionen freigesetzt, weil nicht alle Böden über gleichviele, Al - haltige Mineralien verfügen. Nicht zuletzt deshalb kommen unterschiedlichen Böden unterschiedliche pH - Optima zu. Für Moorböden liegt der optimale pH - Bereich bei 4.0 - 4.5, für Sandböden bei 4.5 - 5.0 und für Lehm- und Tonböden bei 7.0.

Ungeachtet der Frage nach der Al^{3+} - Freisetzung bzw. der Mobilisierung anderer Kationen, auch von Schwermetallen, übt der pH - Wert auch andere, wertbestimmende Einflüsse auf Böden aus. Niedere pH - Werte hemmen beispielsweise die Entwicklung von Mikroorganismen, etwa so, wie man es von Rohhumusböden kennt. Zu den geschädigten Bodenorganismen gehören u. a. Mykorrhizapilze, die mit Pflanzenwurzeln vergesellschaftet sind und diese bei der Mineralstoffaufnahme unterstützen. Eine meßbare Folge der Zerstörung von Bodenorganismen äußert sich beispielsweise in einem Rückgang der Bodenatmung. Niedere pH - Werte fördern die Bindung von Anionen an eisenoxidhaltige Bodenkolloide (Abb. 4.1), da Protonen Eisenkomplexe positiv aufladen. Im Falle von Phosphaten können an der Kolloidoberfläche befindliche OH - Gruppen ausgetauscht werden, wobei Phosphat gebunden wird. Damit steht Phosphat nicht mehr den Pflanzenwurzeln zur Verfügung.

Alle säureinduzierten Bodenveränderungen verursachen gemeinsam eine Reduktion des Pflanzenwachstums. Dieser Effekt zeigt sich keinesfalls nur bei Waldbäumen sondern auch bei landwirtschaftlichen Nutzpflanzen. Im Experiment verminderten Niederschläge mit einem pH - Wert von 3.3 die Anzahl der Hülsen pro Erbsenpflanze um 7 %.

4.4.2 Eintrag von Schwermetallen und deren Verfügbarkeit für Pflanzen

Schwermetalle anthropogenen Ursprungs gelangen durch nasse und trockene Depositionen aus der Luft in den Boden. Waldbestände filtern mit ihrer großen Oberfläche besonders intensiv Schwermetalle, wobei die feinen Partikel zunächst an der Oberfläche der Bäume haften.

Grundsätzlich ergibt sich aus der Kontaminationsquelle Luft die Gefahr für alle Böden, Schwermetalle anzureichern. Konkrete Angaben über die Akkumulationsgefahr im Boden können nur für einige Standorte gemacht werden, nämlich dort, wo man bisher vollständige Bilanzen über Schwermetallein- und Austräge vorgenommen hat.

Blei zeigt eine recht ausgeprägte Tendenz zur Anreicherung im Boden, denn sogar bei niederen pH - Werten erweist es sich als wenig mobil. In verschiedenen Bodenarten wurden Auswaschungsraten zwischen 4 und 30 g Pb pro Hektar und Jahr gemessen. Dem standen in den vergangenen Jahren Einträge von 40 - 532 g/ha und Jahr gegenüber. Im Auflagenhumus von Waldböden reichert sich nach Messungen im Solling ca. fünfmal soviel Pb an wie im darunter befindlichen Mineralboden. In phosphathaltigen Böden kann Blei in Form von schwerlöslichen Bleiphosphaten niedergelegt werden ($Pb_3(PO_4)_2$, $Pb_4O(PO_4)_2$, $Pb_5(PO_4)_3OH$), in carbonathaltigen Böden scheint sich Bleicarbonat zu bilden ($PbCO_3$) und unter reduzierenden Bedingungen auch Bleisulfid (PbS).

Nach dem schrittweise eingeführten Ersatz bleihaltiger durch bleifreie Kraftstoffe seit dem Jahr 1985 werden sich Bleiimmissionen künftig erheblich verringern, so daß im allgemeinen die Böden künftig weniger mit Blei belastet werden als in der Vergangenheit. Hohe Bleibelastungen treten noch in der Umgebung bleiemittierender Industriebetriebe und von Müllverbrennungsanlagen ohne ausreichende Flugstaubreinigung auf. Da Pflanzen resistenter gegenüber Blei sind als Menschen und Säugetiere, muß darauf geachtet werden, daß Nahrungsmittel- und Futterpflanzen nicht zu stark mit Blei kontaminiert sind. In einem stark mit Blei belasteten Gebiet wurden beispielsweise in Weidepflanzen bis zu 6700 mg Pb pro kg Trockensubstanz gemessen. Beim Weidevieh treten erste Schadwirkungen bei einer Tagesdosis von ca. 50 mg/kg Trockensubstanz auf. Bei Salat für den menschlichen Verzehr liegt die Obergrenze des tolerierbaren Bleigehalts bei 7.5 mg Pb/kg Blattmaterial.

Im Unterschied zum Blei wird Cadmium in wesentlich kleineren Mengen dem Boden zugeführt. Messungen in der Bundesrepublik ergaben Werte zwischen 2 und 35 g/ha und Jahr. Der Eintrag erfolgt über die Luft mit Verbrennungsabgasen und über Phosphatdünger, wobei dessen Cd - Gehalt vom Herkunftsort des Rohphosphats abhängt. Lokal begrenzt können auch industrielle Immissionen aus Cd - verarbeitenden Betrieben bedeutsam sein. In sauren Böden mit pH - Werten unter 6 erweist sich Cadmium als recht mobil und reichert sich deshalb nicht an. Es existieren jedoch auch Böden, in denen sich Cadmium anreichert, wie beispielsweise im Schwarzwald nachgewiesen wurde. Bei pH - Werten oberhalb von 6 lagert sich Cadmium an Hydroxide von Fe, Al und Mn an, nachdem die OH - Gruppen deprotoniert wurden. Während eine solche Fixierung bei sinkendem pH reversibel ist, können Cadmium und andere Schwermetalle irreversibel in das Kristallgitter von Oxiden und Tonmineralien langsam eindiffundieren.

Bindungen von Cd an Huminsäuren erweisen sich als wesentlich weniger stabil als solche von Blei. Dementsprechend fallen Anreicherungen von Cd im Auflagehumus der Böden deutlich geringer aus, als entsprechende Bleiakkumulationen.

An spezifischen Cd - Verbindungen im Boden wurde CdS nachgewiesen, das sich unter reduzierenden Bedingungen in Gegenwart von Sulfationen bildet. $CdCO_3$ entsteht nur bei pH - Werten > 8, d. h. die Bildungsvoraussetzungen für diese Verbindung sind sehr gering.

Noch mobiler als Cd und deshalb noch leichter verfügbar für Pflanzen ist Kupfer. Allerdings wird Cu wegen seiner hohen Mobilität auch leichter aus dem Boden ausgewaschen als Blei. Die Löslichkeit von Cu im Boden nimmt bei pH - Werten < 5 deutlich zu. Obwohl Cu zu den lebensnotwendigen Spurenelementen zählt, treten bei Pflanzen toxische Effekte bei 20 mg/kg Trockensubstanz und mehr auf.

Cu - Ionen sind bekannt für ihre algizide Wirkung. Auch auf Mikroorganismen wirkt Kupfer toxisch und zwar in Konzentrationen von etwa 0.1 mg/l. Die Mobilität von Kupfer ist allerdings im Auflagehumus von Waldböden geringer als im darunterliegenden Mineralboden. Kupferbelastungen von Böden sind somit aus verschiedenen Gründen als kritisch anzusehen.

Zu den relativ mobilen Schwermetallen im Boden gehört auch Zink. Da Zink zu den häufig verarbeiteten Metallen gehört, liegen die Zinkeinträge in Böden in der Bundesrepublik mit 100 - 2700 g/ha jährlich sehr hoch. Übertroffen werden diese Werte in der Umgebung von Zinkhütten.

Die Löslichkeit von Zink im Boden steigt vor allem bei pH - Werten < 6. Bei höheren pH - Werten und in Gegenwart von Phosphaten kann die Zinkaufnahme in Pflanzen erheblich reduziert werden. Den wichtigsten Regulationsprozeß für die Verfügbarkeit von Zn im Boden stellen pH - abhängige Adsorptions- und Desorptionsprozesse an Tonmineralien und an verschiedenen Oxiden dar. Im Auflagehumus von Waldböden wird Zink nicht akkumuliert, vielmehr wird es wegen der ständigen, natürlichen Säurebildung rasch ausgewaschen.

Für Pflanzen setzen toxische Effekte bei ca. 200 mg Zn pro kg Trockensubstanz ein. Da der Mensch im allgemeinen etwas resistenter gegenüber Zn reagiert, sind Gefährdungen des Menschen durch Zinkeinträge in landwirtschaftlich genutzte Böden gering. Dessen ungeachtet stellen die hohen Zinkbelastungen der Böden ein ernstes ökologisches Problem dar, weil dadurch viele Pflanzenarten geschädigt werden und weil bei pH - Werten > 6 eine Akkumulation in Böden mit hohen Gehalten an Tonmineralien zu erwarten ist.

Die hier vorgestellten Beispiele über das Verhalten von Schwermetallen in Böden lassen erkennen, daß sich die verschiedenen Schwermetalle recht unterschiedlich verhalten und daß die Bodenzusammensetzung sowie der Boden - pH eine entscheidende Rolle bei der Fixierung bzw. bei der Mobilisierung dieser Elemente im Boden spielen.

4.4.3 Eintrag von Pestiziden und deren Verhalten

Seit organische Schädlingsbekämpfungsmittel hergestellt und angewendet werden, gelangen diese Substanzen auch in den Boden. Das ist erst seit der zweiten Hälfte der vierziger Jahre der Fall, als man mit dem ersten, synthetisch hergestellten Insektizid DDT die Malariamücke Anopheles großflächig bekämpfte. Nachdem man sich zunächst über die in den Boden gelangenden Pestizide keine Gedanken machte, entwickelte man später Methoden, um Abbau und Adsorptionsverhalten der Pestizide in mitteleuropäischen Durchschnittsböden zu erfassen. Bei den Untersuchungen über den Abbau dieser Substanzen mißt man vor allem die Abnahme der Ausgangssubstanz und definiert die Abbaugeschwindigkeit als diejenige Zeitspanne, die bis zum Verschwinden des Pestizids verstreicht. Man kennt also keinesfalls immer das weitere Schicksal der primär im Boden entstehenden Abbauprodukte sowie deren Toxizität. Auch das Adsorptionsverhalten der Pflanzenschutzmittel im Boden wird untersucht, wobei man häufig zwei Durchschnittsböden und eine durchschnittliche Niederschlagsmenge zum Test heranzieht. Pestizide können im Boden gespeichert werden, wenn sie zwischen die Kristallschichten von Tonmineralien diffundieren, wenn sie an Huminstoffe angelagert werden oder wenn sie in Hohlräume ganzer Humuspartikel einwandern. Untersuchungen über das langfristige Verhalten im Boden sowie deren mögliche Wechselwirkungen mit anderen Stoffen liegen, von Einzelfällen abgesehen, nicht vor.

Zunächst ging man davon aus, daß trotz aller Unzulänglichkeiten der Untersuchungsmethoden ein optimaler Schutz vor unerwartet hoher Persistenz im Boden sowie vor Auswaschungen in das Grundwasser gegeben sein müßte. Dennoch wurde inzwischen mehrfach berichtet, daß Spuren von Pestiziden im Grundwasser und im Rohwasser für die Trinkwasserbereitung nachgewiesen wurden und es ist wenig wahrscheinlich, daß diese Belastungen ausschließlich über die Luft erfolgten.

Zu der Schwierigkeit, über das Langzeitverhalten von Pestiziden im Boden zu wenig zu wissen, gesellt sich die Erkenntnis, daß sich zu den bekannten Pestizideinträgen in den Boden auch weniger gut bekannte und schwer kontrollierbare Quellen gesellen, wie beispielsweise Regenwasser und Nebel. In den USA konnte man 11 verschiedene Verbindungen im µg - Bereich pro l Regenwasser nachweisen. Kurze Niederschläge wiesen höhere Werte auf, als langanhaltende Regenfälle. Einzelne Substanzen erreichten im Regenwasser höhere Konzentrationen als früher DDT. Im Nebel erreichen Pflanzenschutzmittel 50 - 3000 mal höhere Konzentrationen als in der Gasphase. Besonders intensiv kämmen Wälder den Nebel aus der Atmosphäre und nehmen die darin enthaltene Pestizidfracht auf. Langfristig werden zumindest die hoch persistenten Pestizide zu einer Belastung des Ökosystems Wald und dessen Boden.

Über das Verhalten der meisten Pestizide im Boden lassen sich nur sehr allgemeine Aussagen treffen, wie sie beispielhaft in Tab. 4.1 wiedergegeben sind. In Einzelfällen kennt man jedoch genauere Daten. So wird bei chlorierten Verbindungen, besonders unter anaeroben Bedingungen, Chlor abgespalten und durch OH ersetzt. Dabei nimmt die biologische Aktivität der Substanz erheblich ab. Unter aeroben Verhältnissen erweisen sich allerdings Chlorkohlenwasserstoffe als besonders persistent. NO_2 - Gruppen werden unter anaeroben Bedingungen zu $-NH_2$ reduziert. Als hydrolytisch leicht spaltbar erweisen sich Phosphorsäureester und Methylcarbamate.

Für die Persistenz wichtiger Stoffklassen von Pflanzenschutzmitteln im Boden kann man folgende, schematisierende Reihung vornehmen: Chlorkohlenwasserstoffe (2 - 5 Jahre) > Harnstoffderivate, s-Triazine (2 - 18 Monate) > Carbamate > Phosphorsäureester (2 - 12 Wochen).

Eine Schwierigkeit bei der Beurteilung von Pestiziden im Boden ergibt sich aus der Bindungsmöglichkeit verschiedener Substanzen an organische Komponenten des Bodens. Besonders aromatische Amine und phenolische Substanzen können sich an Huminstoffe kovalent binden. Dadurch werden sie vermutlich konserviert, bis der Huminstoff abgebaut ist. Der

Tab. 4.1 Verhalten einiger Pestizide im Boden. Die angegebenen Zeitspannen für die Persistenz gelten für eine Abbaurate von 75 - 100 %. Als Kriterium für den Abbau sieht man die Bildung biologisch nicht mehr aktiver Stoffe an (Sch 82).

Name	chemische Gruppe	Verhalten bei üblichem Boden-pH	Adsorption an:		Persistenz	Mobilität
			Tonminera-lien	Humin-stoffe		
Diquat	Dipyridin	Kation	stark	mittel	1-12 Wochen	gering
2,4-D	Phenoxiessig-säure	Anion	keine	stark	1-12 Wochen	sehr hoch
Atrazin	s-Triazin	Kation	stark	stark	12-25 Wochen	hoch
Diuron	Phenylharnstoff	neutral	schwach	stark	0.5-2 Jahre	mittel
DDT	Chlorkohlen-wasserstoff	neutral	stark	stark	> 2 Jahre	gering
Lindan	Chlorkohlen-wasserstoff	neutral	gering	stark	> 2 Jahre	gering
Parathion	Phosphorsäure-ester	neutral	gering - mittel		1-12 Wochen	gering
Maneb	Thiocarbamat	neutral			1-12 Wochen	gering

dann wieder freigesetzte Wirkstoff kann erneut biologisch aktiv werden.

4.4.4 Schadstoffeintrag mit Klärschlamm

Als weitere Form der Bodenbelastung kristallisiert sich immer mehr das Ausbringen von Klärschlamm und Müllkompost heraus. Klärschlamm und Müllkompost können wegen ihres Gehalts an Pflanzennährstoffen als Düngemittel angesehen werden und wegen ihres Reichtums an organischen Reststoffen als Bodenverbesserungsmittel im Sinne von Humus - Ersatzstoffen. Dennoch geht der Einsatz von Klärschlamm und Müllkompost im Ackerbau stark zurück, weil beide Substrate häufig mit Schadstoffen belastet sind. Bei ständiger Anwendung von Klärschlamm und Müllkompost muß man deshalb mit einer Anreicherung der mitgeschleppten Schadstoffe im Boden rechnen. Da zu den wichtigen Schadstoffen Schwermetalle gehören, regelt in der Bundesrepublik eine Klärschlammverordnung die höchstzulässigen Schwermetallkonzentrationen beim Aufbringen von Klärschlamm auf Ackerland.

Wegen der Gefahr zu starker Belastungen der Ackerböden werden Klärschlamm und Müllkompost bevorzugt im Landschaftsgartenbau eingesetzt. Doch auch das Ausweichen in diese Anwendungsbereiche stellt keine befriedigende Lösung des Problems dar. Zwar werden so die Menschen vor dem Konsum schwermetallhaltiger Nahrungsmittelpflanzen geschützt, doch mögliche Gefährdungen des Grundwassers und die Beeinträchtigung von Bodenlebewesen werden dadurch nicht aus der Welt geschafft. Deshalb wird heute vielfach die Verbrennung von Klärschlamm und Müll angestrebt. Dabei können jedoch Dioxine freigesetzt werden und bei nicht ausreichender Rückhaltung des Flugstaubs, auch Schwermetallspuren. Werden Klärschlämme trotz der bestehenden Risiken auf Böden ausgebracht, dann sollte deren pH - Wert deutlich oberhalb von 6 angesiedelt sein, um die Mobilität der Schwermetalle so gering wie möglich zu halten.

Neben Schwermetallen kann Klärschlamm polychlorierte Biphenyle (Abschn. 5) in Konzentrationen bis zu 100 mg/kg Trockensubstanz und polycyclische, aromatische Kohlenwasserstoffe (Abschn. 5) in Konzentrationen bis zu 350 mg/kg Trockenmasse enthalten. Da es sich bei beiden Stoffklassen um Substanzen handelt, die im Boden außerordentlich langsam abgebaut werden, können Böden bei ständiger Klärschlammzufuhr auch diese Stoffe akkumulieren. Schließlich können sich im Klärschlamm Borate aus Badezusätzen und Kosmetika anreichern. Obwohl Bor zu den essentiellen Pflanzennährstoffen zählt, verursacht es in zu hohen Konzentrationen Chlorosen (Ausbleichen der Blätter) und Nekrosen (Absterben von Blattsegmenten). Die toxische Grenzkonzentration liegt beispielsweise für Gräser bei 270 - 570 ppm, bezogen auf die Blatt - Trockenmasse.

4.4.5 Bedeutung von Tausalzen für die Bodenstruktur

Bodenversalzungen können sich in gemäßigten Klimaten aus verschiedenen Gründen einstellen. Eine mögliche Ursache besteht darin, daß Feldkulturen mit zu stark salzhaltigem Wasser bewässert werden. Zum Schutz der Pflanzen bestimmt man die Salzfracht des Bewässerungswassers durch Messen der elektrischen Leitfähigkeit. Als höchstzulässigen Grenzwert sieht man gewöhnlich 0.75 mS/cm an. Das entspricht in grober Näherung einem Salzgehalt von 0.05 % (Abb. 3.1 und 3.2). Müssen versalzungsgefährdete Böden mit Kalium gedüngt werden, dann verwendet man K_2SO_4 statt KCl, denn in Gegenwart ausreichender Mengen Kalk im Boden fällt schwerlöslicher Gips aus, so daß das Anion des Düngemittels kaum zur Steigerung des osmotischen Potentials der Bodenlösung beiträgt.

Saisonal bedingt spielen Auftausalze eine erhebliche Rolle bei der Bodenversalzung, besonders in Nähe der Straßenränder. Das als Tausalz meist verwendete NaCl beeinträchtigt in höheren Konzentrationen die Bodenstruktur. Na^+ wird vor allem an Bodenkolloide adsorbiert, wenn diese nur unvollständig mit Kationen besetzt sind, d. h. in nährstoffarmen Böden. Die Na^+ - Ionen umgeben sich mit einer Hydrathülle, wobei der Ionenradius von 0.1 auf 0.24 nm zunimmt. Dadurch verquellen die Bodenkolloide und werden häufig gesprengt. So nimmt im Laufe der Zeit der Anteil an Feinerdepartikeln mit einem Durchmesser < 5 µm zu, Durchlüftbarkeit und Wasserkapazität des Bodens nehmen dadurch ab.

Werden bei steigenden Bodentemperaturen im Frühjahr die Pflanzenwurzeln wieder voll aktiv, dann geben sie im Austausch für Kationen aus dem Boden H^+ ab. Sind Bodenkolloide vorzugsweise mit Na^+ besetzt, dann gehen besonders sie in den Austauschvorgang ein. Das freigesetzte Na^+ erzeugt durch entsprechende Dissoziation des Bodenwassers alkalische Reaktion, so daß häufig pH - Werte von 7 - 9 gemessen werden konnten. Dadurch fallen eine Reihe wichtiger Pflanzennährstoffe aus. Um diesen Effekt zu vermeiden, wird neben einer Reduktion der Streusalzmenge empfohlen, NaCl - exponierte Bodenflächen vorbeugend mit Ca^{2+} und Mg^{2+} zu düngen, um die Bodenkolloide mit schwer austauschbaren Kationen abzusättigen. Wird unter diesen Bedingungen dem Boden mit Schmelzwasser Na^+ zugeführt, verbleibt es in der Bodenlösung und kann mit Schmelz- und Regenwasser rasch aus dem Boden ausgeschwemmt werden.

4.5 Böden als Bestandteil von Landschaften und Lebensräumen

Die chemischen und biochemischen Veränderungen eines Bodens und deren unmittelbare Folgen für die Pflanzen, Bodentiere und den Menschen dürfen nicht isoliert und kurzfristig betrachtet werden. Böden stehen langfristig im Stoffaustausch mit Wasser und Luft und die Böden beeinflussen klimatische Faktoren in ihrer Umgebung.

Gegenwärtig steht man vor der Situation, daß durch die sauren Niederschläge vielerorts Auswaschungen von Pflanzennährstoffen beobachtet werden. Wenn diese Böden trotzdem nicht in kurzer Zeit unfruchtbar werden, dann geht das u. a. auf eine Mineralstoffzufuhr durch anthropogene Immissionen zurück. Würden künftig anthropogene Staubemissionen drastisch eingeschränkt, was wegen der darin enthaltenen Schwermetalle und anderer Giftstoffe wünschenswert wäre, dann würden die Böden rascher an bestimmten Pflanzennährstoffen verarmen.

In der Vergangenheit zeigte sich, daß auch natürliche Bodenversauerung durch einseitige Kultur von Rohhumusbildnern irreversible Nährstoffverarmung und Ausbleichung der Böden zur Folge hatte, wie das Beispiel der norddeutschen Heidelandschaft zeigt, die aus einem Laubmischwald mit seinem nährstoffreichen Boden hervorging.

Böden beteiligen sich an der Ausprägung lokaler Klimabedingungen. Unterstützt man ihr Austrocknen, beispielsweise durch Beseitigung der Pflanzendecke, wie es beispielsweise in der Sahelzone am Südrand der Sahara praktiziert wird, dann kann Wind den Boden ausblasen und die Umgebung trocknet noch stärker aus. Den gleichen Effekt beobachtet man, wenn die natürliche Wasserzufuhr gedrosselt wird. Ein aktuelles Beispiel dafür bietet der Aralsee in der UdSSR, dessen Hauptzuflüsse für Bewässerungszwecke genutzt werden und deshalb zur Auffüllung des Sees nicht mehr uneingeschränkt zur Verfügung stehen. Auch in dieser Region trocknet der Boden rund um den immer stärker schrumpfenden Aralsse aus und versalzt. Der Wind bläst Staub und Salz aus und verfrachtet sie in benachbarte, landwirtschaftlich genutzte Gebiete, die dadurch ebenfalls unfruchtbar werden.

Die Wasserzufuhr zu einem Boden entscheidet auch darüber, wie eine Region landwirtschaftlich genutzt werden kann. Beispielsweise wurde das Fuhrberger Feld nordöstlich von Hannover ursprünglich in erheblichem Maß als Weideland genutzt. Nach einer Absenkung des Grundwasserspiegels bis zu 6 m als Folge der Trinkwassergewinnung der Stadt Hannover trocknete der Oberboden stellenweise so stark aus, daß die Landwirtschaft großflächig auf Ackerbau umgestellt werden mußte. Als man später die Wasserentnahme reduzierte, stieg der Grundwasserspiegel und vernäßte viele Felder, was zu Ernteeinbußen führte.

In sehr trockenen Gebieten kann eine Anhebung des Grundwasserspiegels sogar zu einer Versalzung des Oberbodens führen, sobald das Wasser kapillar bis an die Bodenoberfläche steigen kann und dort verdunstet. Dabei fallen die mitgeführten Salze aus und reichern sich in der obersten Bodenkruste an.

Die wenigen Beispiele sollten andeuten, daß chemische, biochemische und physikalische Veränderungen des Bodens im Zusammenhang mit anderen Strukturelementen der Umwelt gesehen werden müssen, mit denen der Boden stets in Wechselwirkungen steht. Chemische Veränderungen des Bodens betreffen also nicht nur einige m^3 definierten Substrates, sie können sich vielmehr indirekt auf größere Einheiten der Umwelt auswirken.

5 Allgemein verbreitete Substanzen (Ubiquisten)

Eine Reihe anthropogener Stoffe weisen eine so hohe Mobilität auf, daß sie nahezu allgegenwärtig (ubiquitär) sind. Zu diesen Stoffen gehören Phthalate, Chlorkohlenwasserstoffe, polychlorierte Biphenyle

(PCB), polycyclische, aromatische Kohlenwasserstoffe, Dioxine, Pentachlorphenol, aber auch das Schwermetall Cadmium.

Phthalsäureester werden als Weichmacher für Kunststoffe, vor allem für PVC verwendet. Daneben setzt man sie als Lösemittel, Schmieröle, bei der Papierherstellung, in Kosmetika, als Trägersubstanz für Pestizide und zur Herstellung von Farben und Lacken ein.

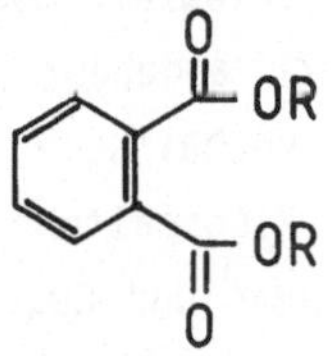

O OR OR O

Phthalsäureester

Zur Veresterung der Phthalate werden Alkohole mit C - Kettenlängen von 1 bis 11 eingesetzt. In Kunststoffen können sie bis zu 40 % der Masse des Endprodukts ausmachen. Da die Phthalate in Boden, Wasser und Luft nachgewiesen werden können, nimmt man an, daß neben der Freisetzung bei Produktionsprozessen diese Substanzen mit der Zeit auch aus Kunststoffen herausdiffundieren, obwohl ihre Löslichkeit in Wasser und ihre Flüchtigkeit an Luft gering ist. Schließlich geht man davon aus, daß auch bei der Verbrennung von Kunststoffen Phthalate verdampfen. In unmittelbarer Nähe von Müllverbrennungsanlagen können bis zu 700 ng/m^3 Luft nachgewiesen werden. In Ballungsgebieten treten bis zu 0.13 ng/l Luft auf, in ländlichen Regionen dagegen nur 0.036 ng/l. In Gewässern wurden je nach Lage zum Emittenten zwischen 0.13 und 1300 ppb festgestellt. Im Boden können sich Phthalate vermutlich an organische Trägersubstanzen anlagern und Konzentrationen bis zu 100 ppm erreichen. Diese Form der Bindungsfähigkeit sorgt wohl dafür, daß Phthalate in Gewässern vorzugsweise in den Sedimenten und in Abwässern im Abwasserschlamm anzutreffen sind. Auch in kunststoffverpackten Lebensmitteln treten Phthalate im ppm - Bereich auf.

Werden Phthalate vom Menschen aufgenommen, dann findet nur eine geringe Resorption im Verdauungstrakt statt. Allerdings können Phthalate auch über die Außenhaut aufgenommen werden. Deshalb wirken diese Stoffe leicht haut- und schleimhautreizend. Wenngleich die allgemeine Toxizität dieser Stoffklasse nach bisher vorliegenden Erfahrungen nicht allzu hoch sein dürfte, steht ausgerechnet das meistverwendete Dioctylphthalat (Di-(2-etylhexyl)-phthalat; = DOP oder DEHP) im Verdacht, bei Tieren cancerogen zu wirken. DOP macht etwa 80 % aller verwendeten Phthalate aus. Der MAK - Wert für die ganze Gruppe der Phthalate wurde vorerst auf 10 ng/m^3 festgelegt. Wegen des Verdachts der Cancerogenität sollten jedoch nach Empfehlung der WHO und der FAO die Belastungen in Lebensmitteln so gering wie möglich gehalten werden.

Phthalate können enzymatisch abgebaut werden. Beim bakteriellen Abbau entsteht zunächst freie Phthalsäure, die nach Hydroxylierung einmal decarboxyliert wird, ehe Ringspaltung eintritt. Schließlich entstehen Succinat und CO_2 bzw. Pyruvat und CO_2, also Stoffe, die in den natürlichen Glucoseabbau einmünden. Dennoch beansprucht der biologische Abbau Tage bis Wochen.

Bei Pflanzen stellte man schädigende Phthalatwirkungen fest. Insbesondere treten bei Phthalateinwirkung Chlorosen auf, d. h. die Blätter bleichen aus.

Polychlorierten Biphenylen (PCB) kommt nach derzeitigem Wissen eine deutlich größere ökotoxikologische Bedeutung zu. Diese Klasse

Cl_x Cl_y polychlorierte Biphenyle

synthetischer Substanzen verhält sich in der Umwelt wesentlich stabiler als Phthalate. Im Freiland hält man Halbwertzeiten von 10 bis 100 Jahren für möglich, also deutlich längere Zeitspannen, als sie für DDT gelten. Diese außerordentlich persistenten Verbindungen werden zur Herstellung von Kühl- und Isolierflüssigkeiten verwendet, als Weichmacher für Kunststoffe, sowie für Wärmeüberträgerflüssigkeiten, Hydraulik- und Getriebeöle.

Obwohl diese Stoffe in Wasser kaum löslich sind und einen hohen Siedepunkt besitzen, haben sie sich praktisch weltweit ausgebreitet und sie können in Luft, Wasser und Boden nachgewiesen werden. Da die Substanzen sehr schwer abbaubar sind, hat man ihre Anwendung in der Bundesrepublik auf geschlossene Systeme beschränkt.

Sowohl von Mikroorganismen als auch von höheren Lebewesen

werden PCBs extrem langsam metabolisiert. Die schwächer halogenierten Formen mit etwa 30 % Cl stellen die weniger stabilen Soffe dar, die zudem vom Körper leichter ausgeschieden werden als die hochhalogenierten Formen mit etwa 60 % Cl. Die hohe Lipophilität der ganzen Substanzklasse trägt sicher zu deren besonders auffälliger Langlebigkeit bei.

In der Nahrungskette des Genfer Sees stellte man folgende Konzentrationen, jeweils bezogen auf die Trockenmasse der Organismen und Substrate fest: Sediment 0.02 ppm –> Wasserpflanzen 0.04 - 0.07 ppm –> Plankton 0.39 ppm –> Muscheln 0.6 ppm –> Fische 3.2 - 4 ppm –> Eier des Haubentauchers (ein sich von Fischen ernährender Vogel) 56 ppm. Demgegenüber liegt die mittlere Konzentration in Fettgeweben des Menschen bei 0.1 - 10 ppm. Da sich PCBs auch im Schlamm der Abwässer finden, reichern sie sich in Böden an, die mit Klärschlamm als Bodenverbesserungsmittel behandelt werden.

Die Toxizität der PCBs ist deutlich mit deren Cl - Gehalt korreliert: mit steigendem Cl - Gehalt nimmt die Toxizität zu. In Anbetracht der hohen Persistenz und Lipophilität dieser Substanzen mußte man relativ niedrige MAK - Werte festlegen, denn die Kumulationsgefahr im Körper ist besonders groß. Bei einem Cl - Gehalt von 42 % liegt der MAK - Wert bei 1 mg/m^3, bei einem Cl - Gehalt von 54 % beträgt er 0.5 mg/m^3.

Vergiftungen mit PCBs äußern sich besonders als sog. Chlorakne. Darunter versteht man schwer heilende und Narben hinterlassende Hautausschläge. Daneben treten Veränderungen des Blutbildes auf, sowie Leber- und Nervenschäden. Außerdem stehen die Substanzen im Verdacht, cancerogen zu wirken.

Schwierigkeiten bereitet die Entsorgung von PCB - Rückständen. Zu den wichtigsten, allgemein anerkannten Beseitigungsverfahren zählt die Verbrennung bei Temperaturen oberhalb von 1200 °C. PCBs gehören zu jenen künstlich hergestellten Substanzen, die möglichst ganz aus dem Verkehr gezogen werden sollten.

Ähnlich wie PCBs lösen sich auch polycyclische, aromatische Kohlenwasserstoffe (PAK) kaum im Wasser, sie besitzen einen hohen Siedepunkt und sie sind schwer abbaubar. Trotzdem hat sich auch diese Substanzgruppe über alle Umweltmedien global ausgebreitet. Als Leitsubstanz der PAKs gilt häufig Benzo(a)pyren:

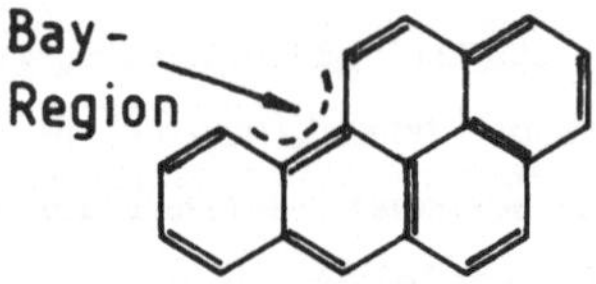

Benzo(a)pyren

Weitere wichtige Vertreter dieser Gruppe sind folgende Substanzen:

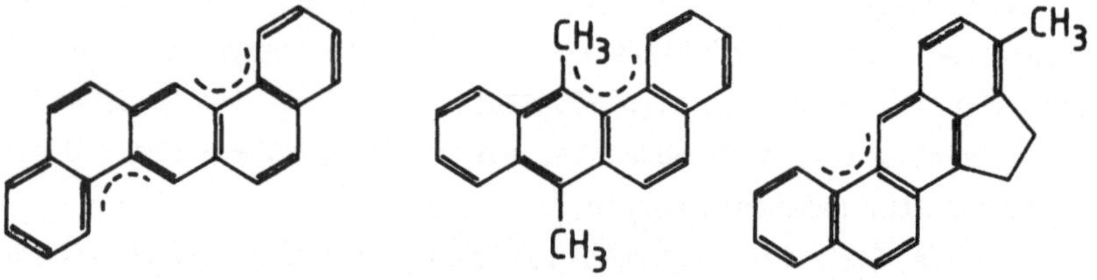

1,2-5,6-Dibenzanthracen

7,12-Dimethylbenzanthracen

3-Methylcholanthren

Alle diese Substanzen besitzen eine sog. Bay - Region, ein Charakteristikum vieler cancerogener Stoffe. Anstelle von MAK - Werten gelten für für solche Sbstanzen TRK - Werte (Abschn. 2.2.2).

PAKs werden nicht hergestellt, sie entstehen vielmehr unbeabsichtigt bei Verbrennungsprozessen und sie sind in verschiedenen Naturprodukten enthalten. Beispielsweise kommen Vertreter dieser Stoffgruppe in Teer, Bitumen und Ruß vor, sie entstehen aus Huminstoffen im Boden, sie sind in Abgasen von Kraftfahrzeugen enthalten, in den Abgasen von Öfen und Heizanlagen und man findet sie auf Räucherwaren und vielen anderen Produkten. Die freigesetzten PAKs findet man in der Luft, im Wasser und im Boden wieder. In allen Medien erweisen sie sich als sehr persistent, so daß bei fortgesetzter Emission stets die Gefahr der Akkumulation in der Umwelt besteht.

Über die Abbaurate der PAKs liegen sehr unterschiedliche Berichte vor. In Gewässersedimenten beträgt ihre Halbwertzeit 5 - 10 Jahre. Für mikrobiellen Abbau unter aeroben Verhältnissen wird eine Halbwertzeit von > 58 Tagen angegeben. In dieser Zeit werden die Substanzen jedoch nicht völlig abgebaut sondern nur enzymatisch verändert. Auch für den Abbau im Boden werden unterschiedliche Halbwertzeiten angegeben, was darauf schließen läßt, daß die Art der Besiedlung mit Mikroorganismen und Bodenwühltieren die Abbaurate entscheidend beeinflußt. Als mittlere Halbwertzeit für die Metabolisierung (nicht den vollständigen Abbau) im Boden gelten 2 - 700 Tage. Wird einem unbelasteten Boden jedoch Teerlösung zugesetzt, dann erfolgt innerhalb von 7 Jahren gar kein Abbau der darin enthaltenen PAKs.

Tiere zeigen sehr unterschiedliche Neigung zur Speicherung dieser Stoffe. Während der Moskitofisch keine Akkumulation erkennen läßt, konzentriert der Zahnkärpfling PAKs in 76 Std um das 2700 - fache. In der Nahrungskette von Wassertieren konnte keine Kumulation nachgewiesen werden.

Bei Nahrungsmittelpflanzen konnte man zeigen, daß die Aufnahme in die Pflanzen deutlich mit dem PAK - Gehalt des Bodens korreliert ist. Deshalb muß sorgfältig darauf geachtet werden, daß Kulturböden nicht mit benzpyrenhaltigen Düngemitteln gedüngt werden, wie z. B. mit Klärschlamm, der in der Regel erhöhte Benzpyrengehalte aufweist. Wegen der cancerogenen Wirkung dieser Stoffgruppe sind für Trinkwasser innerhalb der EG höchstens 0.2 µg PAKs pro Liter Wasser zugelassen. Die WHO empfiehlt dagegen nur 0.01 µg/l zu tolerieren und in der UdSSR gelten sogar 0.005 µg/l als Obergrenze. Über die Atemluft kann ein Großstädter jährlich bis zu 200 mg Benzo(a)pyren aufnehmen und ein Raucher (40 Zigaretten täglich) kommt zusätzlich auf ca. 150 mg im Jahr. Man fürchtet, daß diese Doppelbelastung der stadtbewohnenden Raucher bereits ausreicht, um deren Lungenkrebsrate zu erhöhen. Diese Annahme wird durch mehrere epidemiologische Untersuchungen an Rauchern und Nichtrauchern mit Wohnsitz in der Stadt bzw. auf dem Land gestützt.

In Fleischprodukten darf bis zu 1 µg/kg Benzo(a)pyren enthalten sein. Über die auf den Menschen cancerogen wirkende Grenzkonzentration hat man keine konkreten Vorstellungen, da diese Stoffe offenbar nur am Applikationsort wirksam werden. Bei Bepinselungsversuchen an Tieren lag die wirksame Gesamtkonzentration bei 10 - 100 µg.

Polycyclische Kohlenwasserstoffe durchlaufen, wenn sie in den Körper aufgenommen wurden, zunächst enzymatische Umwandlungen, wobei ein reaktionsfähiges Epoxid gebildet wird. Dieses reagiert mit dem Guanin der DNA (Abb. 5.1). Diese Verbindung hemmt die DNA - Synthese, so daß Fehlstellen oder Mutationen entstehen. Solche Mutationen sind offenbar in die Cancerogenese involviert.

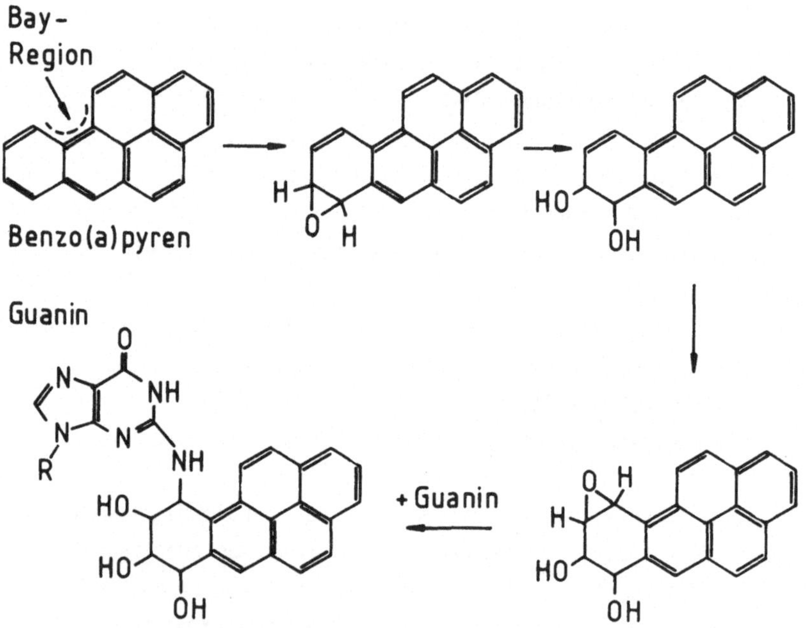

Bay-Region

Benzo(a)pyren

Guanin

+ Guanin

Abb. 5.1 Einer der Metabolismen von Benzo(a)pyren und Bindung an Guanin (For 84).

Eine seit den siebziger Jahren in das Zentrum des Interesses gerückte Gruppe ubiquitär vorkommender Substanzen sind Chlorkohlenwasserstoffe. Hier sollen chloriertes Methan und Ethan sowie Pestizide vom Typ Lindan, DDT und Dieldrin betrachtet werden.

Die chlorierten Alkane werden besonders als Lösemittel verwendet oder als Ausgangsstoffe für weitere Synthesen. Der verhältnismäßig niedrige Siedepunkt (CCl_4: 76.7 °C; $CHCl_3$: 61.7 °C; CH_2Cl_2: 40 °C $Cl_2C{=}CHCl$: 87 °C) und die deutlich bessere Wasserlöslichkeit gegenüber derjenigen der PAKs, nämlich etwa 1 g/l bei 25 °C, verleihen diesen

Stoffen ein hohes Ausbreitungsvermögen. Die besonders leicht flüchtigen Komponenten können sogar Betonwände von Kanalisationsrohren durchdringen und auch auf diesem Weg in das Grundwasser gelangen. Da die Chloralkane und Chloralkene stärker lipo- als hydrophil sind, werden sie in Fettdepots der Organismen gespeichert. Somit sind sie prädestiniert für eine Akkumulation in Nahrungsketten. Hinsichtlich ihrer Toxizität beim Menschen unterscheidet man stark und schwach hepatotoxisch wirkende Substanzen (Tab. 5.1). Von beiden Gruppen soll je ein Vertreter beispielhaft vorgestellt werden.

Tab. 5.1 Beispiele für verbreitete Chloralkane und Chloralkene, klassifiziert nach ihrer Hepatotoxizität (Lebergiftigkeit) (For 84).

Starke Lebergifte	
Tetrachlormethan	CCl_4
1,1,2,2-Tetrachlorethan	$Cl_2HC - CHCl_2$
1,1,2-Trichlorethan	$Cl_2HC - CH_2Cl$
1,2-Dichlorethan	$ClH_2C - CH_2Cl$
Schwache Lebergifte	
Trichlorethen	$Cl_2C = CHCl$
Tetrachlorethen	$Cl_2C = CCl_2$
1,1,1-Trichlorethan	$Cl_3C - CH_3$
Dichlormethan	CH_2Cl_2

Aus der Gruppe der stark hepatotoxisch wirkenden Chlorkohlenwasserstoffe sei Tetrachlormethan herausgegriffen. Hauptsächlich dient diese Substanz als Zwischenprodukt bei der Herstellung der FCKWs. Daneben findet sie als Fettlöser Verwendung. Man nimmt an, daß ca. 5 bis 10 % des insgesamt hergestellten CCl_4 in die Umwelt gelangen. Natürliche CCl_4 - Quellen sind nicht bekannt.

Unter aeroben Bedingungen erweist sich Tetrachlormethan als ausgesprochen langlebig. In der Atmosphäre postuliert man eine Halbwertzeit von 60 - 100 Jahren. In sauerstoffreichem Oberflächenwasser scheint die Situation ähnlich zu sein. Anders verhält sich CCl_4 unter anaeroben Verhältnissen, beispielsweise im Schlamm von Gewässern. Hier wurden Metabolisierungen (kein vollständiger Abbau) im Verlauf von 14 bis 16 Tagen festgestellt.

CCl_4 sollte nicht in Kläranlagen gelangen, denn es hemmt die Vermehrung von Mikroorganismen und damit deren Abbauleistung. Indirekte Gefährdungen des Menschen können sich daraus ergeben, daß in den Müll gelangendes CCl_4 dort unter anaeroben Bedingungen $CHCl_3$ bildet, das als Narkotikum bekannt ist. Eine direkte Gefährdung der Menschen erwächst aus der spezifischen Metabolisierung in der Leber. Hier spalten Monooxigenasen unter Radikalbildung ein Cl - Atom ab. Das verbleibende Trichlormethyl - Radikal geht durch Aufnahme von H aus ungesättigten Fettsäuren in Chloroform über:

$$CCl_4 \xrightarrow{\text{Monooxygenase}} \cdot CCl_3 \xrightarrow[\text{Fettsäuren}]{\text{H von unges.}} HCCl_3 \qquad (5.1)$$

Durch den H - Entzug bilden wiederum die betroffenen Fettsäuremoleküle ein Radikal, das schließlich den Zerfall der Fettsäure einleitet. Dabei entsteht im Fettsäureradikal zunächst eine Dienkonfiguration, die sich fortpflanzt und gleichzeitig bildet sich am radikalischen C über die Reaktion mit Sauerstoff ein Hydroperoxid. Dieses leitet den Zerfall der Fettsäure zu verschiedenen Endprodukten ein (Abb. 5.2). Der Zerfall der Fettsäuren verändert die die Zellmembranen aufbauenden Phospholipide tiefgreifend und beeinträchtigt dadurch nicht nur den Stoffaustausch der ganzen Zelle, sondern auch die Funktionsfähigkeit der Mitochondrien, des Golgi Apparates und anderer Zellkompartimente. Als Folge davon treten verschiedene Enzyme in das Blut ein und der Elektrolythaushalt des Körpers gerät außer Kontrolle.

Je stärker ein Chloralkan unter dem Einfluß von Monooxigenasen zur Radikalbildung neigt, desto stärker ist seine hepatotoxische Wirksamkeit ausgeprägt. Für chlorierte Lösemittel gilt in der Bundesrepublik ebenso wie in der Schweiz ein inoffizieller Richtwert von

25 µg/l Trinkwasser, obwohl die WHO einen Grenzwert von 3 µg/l vorschlägt. Die EG - Richtlinien sehen einen Grenzwert von 1 µg/l vor. Für CCl_4 in Luft gilt ein MAK - Wert von 65 mg/m^3. Sollte sich der auf Tierversuchen beruhende Verdacht auf Cancerogenität des Tetrachlorkohlenstoffs bestätigen, dann müßte diese Substanz und eventuell weitere Chloralkane in der TRK - Liste geführt werden.

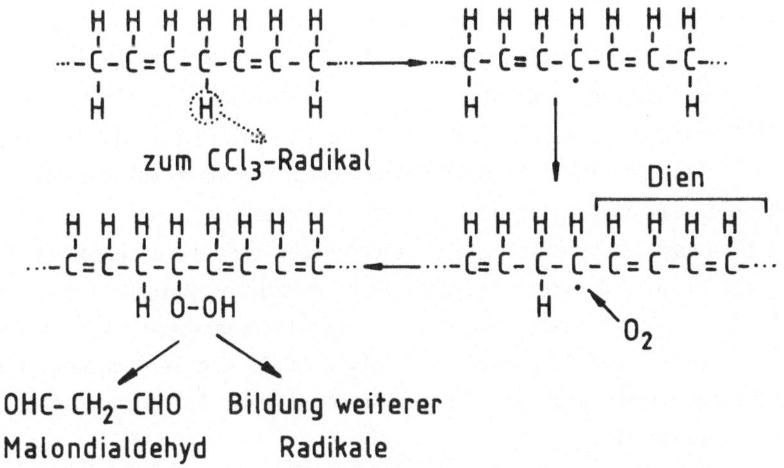

zum CCl_3-Radikal

Dien

O_2

$OHC-CH_2-CHO$
Malondialdehyd

Bildung weiterer Radikale

Abb. 5.2 Zerstörung ungesättigter Fettsäuren durch Radikale.

Zu den chlorierten Kohlenwasserstoffen mit geringer Lebertoxizität gehört u. a. das Trichlorethen. Dieses Lösemittel wird hauptsächlich zur Metallentfettung eingesetzt, daneben verwendet man es in der chemischen Reinigung, als Lösemittel für verschiedene Naturstoffe und in geringem Umfang als Zwischenprodukt für weitere Synthesen. Vom insgesamt hergestellten Trichlorethen sollen 90 - 100 % in die Umwelt gelangen: der Hauptteil in die Luft, der Rest in Abfälle und Abwässer.

Auch diese Substanz erweist sich unter aeroben Bedingungen als sehr stabil. Im Meerwasser scheint die Halbwertzeit bei ca. 39 Wochen zu liegen, im Süßwasser bei 2.5 - 6 Jahren. Unter anaeroben Bedingungen im Schlamm sinkt die Halbwertzeit auf 43 Tage, wobei zu einem gewissen Anteil auch ein Abbau bis zum CO_2 erfolgt. In Böden rechnet man ebenfalls mit einer Lebensdauer von mehreren Monaten.

Die toxische Wirkung beim Menschen wird wiederum durch eine metabolische Umwandlung der Ausgangssubstanz eingeleitet. Mit einer Monooxigenase bildet sich zunächst ein Epoxid, das sich spontan zum Trichloracetaldehyd umlagert:

$$\mathrm{Cl_2C{=}CHCl} \xrightarrow{\text{Monooxigenase}} \mathrm{Cl_2C\underset{O}{-}CHCl} \longrightarrow \mathrm{Cl_3C{-}CHO} \qquad (5.2)$$

Der Aldehyd kann mit nucleophilen Positionen von DNA - Basen reagieren und so eine promutagene Substanz erzeugen. Neben dem Aldehyd können im Körper Trichloressigsäure, Trichlorethanol und Chloralhydrat entstehen.

Ähnlich wie Trichlorethen kann auch das weit verbreitete Vinylchlorid, das Ausgangsprodukt der PVC - Herstellung, ein entsprechendes Epoxid und einen Aldehyd mit cancerogener und procancerogener Eigenschaft bilden. Unter chronischem Einfluß solcher Chlorkohlenwasserstoffe können sich Schädigungen des Zentralnervensystems einstellen.

Ebenso wie CCl_4 hemmt auch $Cl_2C = CHCl$ die Teilungsaktivität von Mikroorganismen und schränkt auf diesem Weg die Reinigungskapazität von Kläranlagen ein.

Die höchstzulässigen Grenzwerte für Chlorkohlenwasserstoffe (nur Lösemittel !) gelten stets für die Summe aller dieser Stoffe. Sie wurden bereits bei der Besprechung von CCl_4 angegeben.

Unter den zu den Pestiziden gehörenden Chlorkohlenwasserstoffen sollen beispielhaft DDT und Lindan vorgestellt werden.

Dichlordiphenyltrichlorethan (DDT) ist ein Pestizid mit ausgesprochen insektizider Wirksamkeit. Die Substanz wurde bereits 1874

$$\mathrm{Cl{-}C_6H_4{-}CH(CCl_3){-}C_6H_4{-}Cl} \qquad \text{DDT}$$

von O. Zeidler hergestellt und 1939 entdeckte P. Müller deren Insektizidcharakter. Die oftmals großflächig angelegten Anwendungen im Freien (Abschn. 4.4 3) haben, zusammen mit der guten Fettlöslichkeit dieser

Substanz zu weltweiter Verbreitung geführt. Das Insektizid reicherte sich in Nahrungsketten an und konnte in deren Endgliedern bis zum 10^6 fachen der Konzentration in der freien Umwelt erreichen. Ein Beispiel für diese extreme Anreicherung bietet der Weg von DDT aus dem Regenwasser über Weidetiere bis zur Muttermilch.

DDT wird stark an Tonpartikel adsorbiert und es reichert sich im Kiefernadelhumus an, wobei es sich im Harz der Nadeln löst.

Die seit 1940 in die Umwelt gebrachten Mengen an DDT schätzt man auf ca. $55 \cdot 10^3$ t jährlich, solange die Anwendung weltweit ohne Einschränkungen durchgeführt wurde. Doch trotz dieses großen Aufwands gelang es nicht, die Malariamücke Anopheles auch nur gebietsweise auszurotten. Alle kurzfristig zu verzeichnenden Erfolge im Kampf gegen diese Insekten wurden innerhalb weniger Jahre nach dem Absetzen von DDT wieder zunichte gemacht, weil sich resistente Formen bildeten, die die durch DDT zunächst geschaffenen Freiräume wieder besiedelten. Diese Erfahrung mußte man auch bei der Anwendung anderer Pestizide machen. Schädlingspopulationen können also nur durch fortgesetzte Anwendung von Pestiziden klein gehalten werden. Dieser Tatbestand hat jedoch zur Folge, daß sich dadurch im Laufe der Zeit ganz erhebliche Pestizidreste in der Umwelt anreichern, zumal die Resistenzbildung der Schadorganismen zu fortwährender Steigerung der Anwendungsdosis zwingt. Das führte dazu, daß schließlich DDT in der Bundesrepublik und in einigen anderen Staaten verboten wurde.

Der Abbau dieser Substanz im Freien verläuft sehr langsam und unvollständig (Abb. 5.3). Unter aeroben Bedingungen verläuft der Abbau zum Dichlorethenderivat (DDE), das weniger toxisch wirkt als DDT. Unter anaeroben Bedingungen erfolgt Reduktion zum Dichlorethanderivat (DDD), das relativ leicht in das entsprechende, wasserlösliche Essigsäurederivat (DDA) überführt werden kann. Wenngleich die Abbau- und Umbaurate mit den herrschenden Umweltbedingungen wie Temperatur, Organismenarten und Organismendichte stark variieren kann, schätzt man die mittlere Halbwertzeit auf etwa 10 Jahre. Im Körper des Menschen scheint die Halbwertzeit bei ca. 1 Jahr zu liegen.

DDT ist ein typisches Kontaktgift, das relativ rasch durch die Außenhaut eindringt. An den Membranen der Nervenzellen inaktiviert

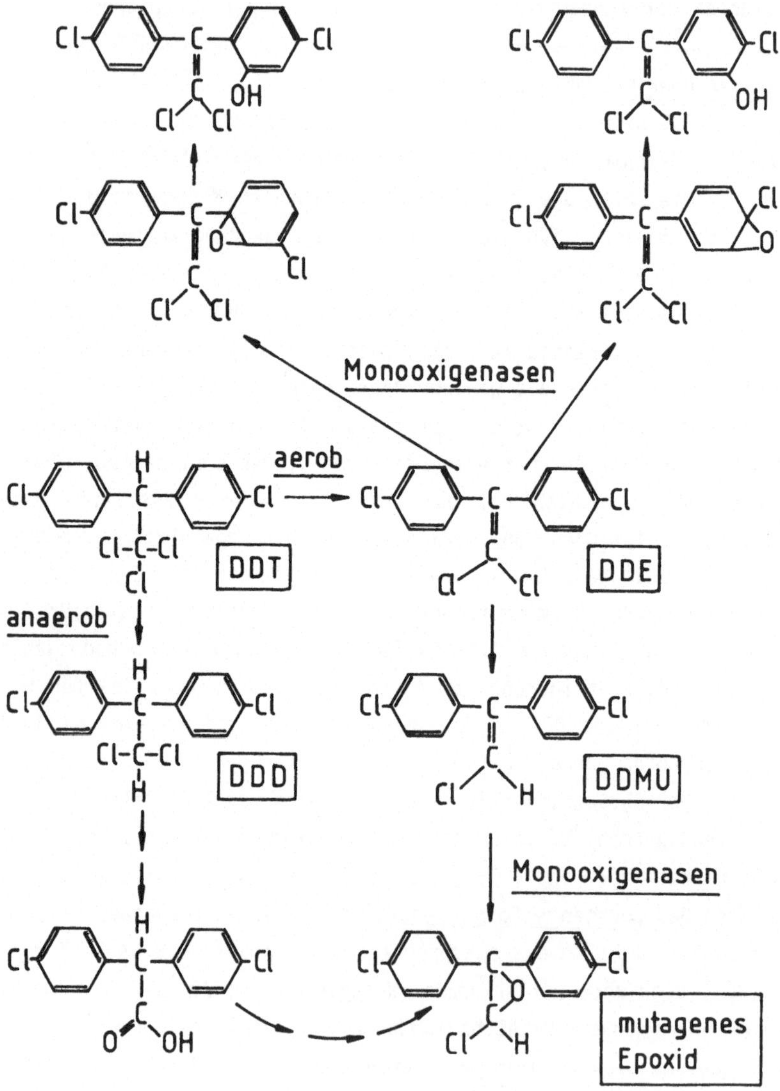

Abb. 5.3 Die wichtigsten Abbauwege des DDT (For 84).

DDT wahrscheinlich die Na^{+} - Pumpen, so daß nach einer Reizung die Wiederherstellung des Ruhepotentials verhindert wird. Dadurch entsteht ein Zustand der Übererregbarkeit. Nach Inkorporation großer Mengen von DDT stellen sich Lähmungserscheinungen ein. Die Stärke des Effekts auf die nervale Reizleitung fällt artspezifisch sehr verschieden aus, ohne daß hierfür die biochemischen Ursachen bekannt sind. So ist es zu verstehen, daß eine relativ geringe Toxizität gegenüber dem Menschen zu beobachten ist. Dennoch blieb bis heute ungeklärt, ob die in der Muttermilch auftretenden Konzentrationen von 10 - 10^4 µg/kg den Säugling schädigen können und ob die über die Gonaden ausgeschiedenen Chlorhalogenpestizide gegebenenfalls Fertilitätseinbußen hervorrufen. Auf jeden Fall stellen die Substanzen eine erhebliche Belastung des Ökosystems dar, weil sie auch erwünschte Tiere vernichten oder schädigen.

In der Bundesrepublik wird als Ersatz für das verbotene DDT Hexachlorcyclohexan eingesetzt. Legt man diesem Molekül eine Sesselform zugrunde, dann sind eine Reihe von Stereoisomeren möglich, von denen das γ- Isomer die wirksamste Form darstellt. Dem γ- Isomer kommt die Konfiguration aaaeee zu, wobei a = axiale und e = äquatoriale Anordnung des Cl bedeutet:

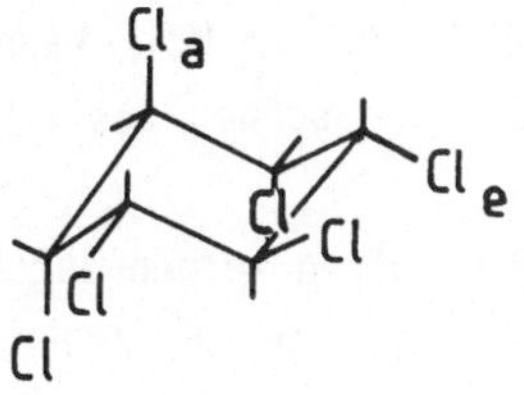

Cl_a Cl_e Cl Cl Cl Cl

Lindan

Die Substanz weist viele Wirkungsähnlichkeiten mit DDT auf. Es handelt sich um ein Kontaktgift, das bevorzugt das Nervensystem beeinträchtigt, der Stoff ist stark lipophil und er erweist sich als außerordentlich persistent im Freiland. Eine Akkumulation in Nahrungsketten beobachtet man ebenso wie beim DDT. Die noch tolerierbaren Höchstmengen in Lebensmitteln setzte man auf 0.1 - 2 mg/kg fest. Die ökologischen Konsequenzen einer ausgedehnten Lindananwendung sind keinesfalls geringer einzuschätzen als diejenigen einer entsprechenden DDT - Anwendung. Bisher fielen die Anwendungsmengen von Lindan geringer aus als die von DDT, weshalb weltweite Rückstandsprobleme noch nicht so gravierend in Erscheinung treten konnten.

Generell sollten Pestizide zum Schutz der Ökosysteme äußerst sparsam eingesetzt werden. Gerade im Hinblick auf lange Anwendungszeiträume wäre es kurzsichtig, nur akute Gesundheitsschäden des Menschen verhindern zu wollen. Bisher ist kein Pestizid bekannt, das nicht bei irgendwelchen Organismen unerwünschte Nebenwirkungen hervorriefe.

Erstaunlich weit ist das vorzugsweise in Innenräumen angewendete Pentachlorphenol verbreitet. Da die Substanz stark fungizid, bakterizid und insektizid wirkt, eignet sie sich hervorragend als Holzschutzmittel. Der Einsatz in anderen Bereichen tritt dagegen in den Hintergrund. PCP löst sich schwer in Wasser und dringt dementsprechend schlecht in Holz ein. Deshalb wendet man häufig das wesentlich besser wasserlösliche Natriumpentaphenolat an. Von dieser Verbindung lösen sich 22.4 g in 100 g Wasser bei 20 °C. Im Holz kann durch Säurezusatz oder durch CO_2 - Begasung wieder die schwer lösliche Form hergestellt werden.

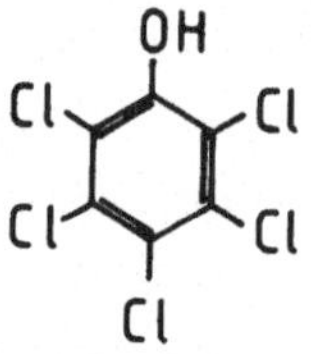

OH
Cl Cl
Cl Cl
Cl

Pentachlorphenol

Aus den behandelten Baustoffen werden durch Verdampfen kontinuierlich Spuren von PCP an die Luft von Innenräumen sowie ins Freie abgegeben. Im Freien nachweisbares PCP entsteht auch durch mikrobielle Metabolisierung von Hexachlorbenzol, einem wichtigen Fungizid, das als Saatgutbeizmittel und als Holzschutzmittel verwendet wird. In Innenräumen kann man PCP - Konzentrationen von ca. 0.5 $\mu g/m^3$ Luft messen. Der bei 500 $\mu g/m^3$ liegende MAK - Wert ist zwar noch um den Faktor 10^3 höher angesiedelt, doch bedeuten die gemessenen Innenraumkonzentrationen eine Dauerbelastung, die sich bei empfindlichen Personen bereits gesundheitsschädigend auswirken kann. PCP kann durch die Haut, mit der Nahrung und über die Atemluft resorbiert werden. Wegen seiner Lipophilität wird PCP im Körperfett deponiert, von wo aus die Exkretion nur zögernd erfolgt. Beispielsweise scheidet die Regenbogenforelle PCP aus dem Körperfett mit einer Halbwertzeit von 23 Std aus. Unter Dauerbelastung muß deshalb der Körper PCP akkumulieren.

Im Freiland liegen die PCP - Werte naturgemäß wesentlich niedriger als in Innenräumen. Im Wasser der Ruhr beträgt die mittlere Belastung 0.1 ppb, im Zulauf von Kläranlagen 0.2 - 10 ppb und in Böden bis zu 184 ppb. Somit sind auch Belastungen pflanzlicher Nahrungsmittel unausweichlich. Beispielsweise stellte man bei Getreide und Zuckerprodukten Konzentrationen zwischen 1 und 100 ppb fest. Im Freiland gehört PCP zu den schwer abbaubaren Substanzen. Im Wasser wurden unter aeroben Bedingungen Halbwertzeiten von ca. 72 - 80 Tagen gemessen. Für die Abbauzeit im Boden variieren die Angaben zwischen 2 Wochen und 2 Monaten.

PCP wirkt stark toxisch. Die LD_{50} - Dosis für Ratten liegt bei 50 mg/kg Körpergewicht. Für den Menschen wird die minimale, letale Dosis (MLD) mit 2 g angegeben. Akute Vergiftungsfälle äußern sich in Atemnot, starker Reizwirkung auf Haut und Schleimhäute, Lähmungen, Chlorakne, Leber- und Nierenschäden, beschleunigter Atmung und gegebenenfalls Herzversagen. Ob Chlorakne und Leberschäden tatsächlich auf PCP zurückzuführen sind, ist umstritten. Für diese Effekte könnten auch Verunreinigungen des technischen Produkts mit Dibenzodioxinen verantwortlich sein. Auf biochemischem Niveau wurde eine Entkoppelung der oxidativen Phosphorylierung nachgewiesen, was zur Folge hat, daß bei der Atmung zu wenig oder gar kein ATP mehr gebildet wird.

Wegen der erheblichen Gefährdungen von Hausbewohnern durch PCP - behandelte Möbel und Bauhölzer ist man in letzter Zeit mit der Anwendung von PCP in geschlossenen Räumen vorsichtiger geworden und setzt diesen Stoff für den Holzschutz im Freien ein.

Auf ein ausgesprochen gefährliches Toxin, das sich über alle Umweltmedien ausbreiten kann, wurde die Öffentlichkeit erst aufmerksam, als am 10. Juli 1976 in Seveso bei Mailand bei einer Fehlsynthese 2,3,7,8-Tetrachlordibenzodioxin in die Umgebung einer chemischen Fabrik gelangte. Neben dieser, kurz als TCDD bezeichneten Substanz sind weite-

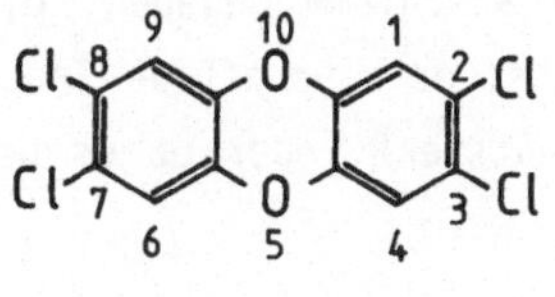

9 10 1
Cl 8 O 2 Cl
Cl 7 O 3 Cl
6 5 4

TCDD

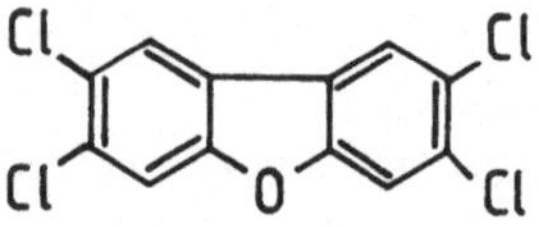

TCDF

re Dioxine bekannt. Im Zusammenhang mit TCDD sei auch auf polychlorierte Dibenzofurane hingewiesen, die ebenfalls meist toxisch wirken. Die dem TCDD entsprechende Form 2,3,7,8 Tetrachlordibenzofuran wird kurz als TCDF bezeichnet. Dibenzodioxine und Dibenzofurane treten auch mit anderen Halogenierungsmustern auf, z. B. mit 3 oder 5 Chlor - Atomen. Da die verschiedenen Dibenzodioxine und Dibenzofurane unterschiedliche Toxizität aufweisen, ist es üblich geworden, Toxizitätsäquivalente in Bezug zur Leitsubstanz TCDD anzugeben. TCDD erhält den Faktor 1, während die entsprechenden Faktoren der anderen Substanzen zwischen 0 und 0.5 variieren.

TCDD und TCDF werden nicht hergestellt, vielmehr entstehen sie unbeabsichtigt, wenn fehlgesteuerte Synthesen, beispielsweise zur Herstellung von Hexachlorophen oder 2,4,5-Trichlorphenoxiessigsäure ablaufen. Das war auch 1976 der Fall, als in Seveso aus 2,4,5-Trichlorphenoxiessigsäure unter Zusatz von Formaldehyd und Schwefelsäure zur Herstellung von Hexachlorophen die Reaktionstemperatur versehentlich auf 200 °C stieg. TCDD entsteht auch stets bei der Herstellung des Herbizids 2,4,5-Trichlorphenoxiessigsäure als unerwünschtes Nebenprodukt. Um die Gefährdungen, die aus diesen Verunreinigungen erwachsen können, weitgehend einzuschränken, hat man einen Grenzwert von 5 ppb für TCDD als Verunreinigung in Herbiziden festgelegt.

Inzwischen hat sich gezeigt, daß TCDD auch bei Verbrennungsprozessen entsteht, vor allem bei Temperaturen um 300 °C, wenn unverbrannter Kohlenstoff in Gegenwart von Sauerstoff und Spuren von Kupfer und Halogenen vorkommen. Somit stellt besonders auf ca. 300 °C erwärmter, C - haltiger Flugstaub aus unvollständigen Verbrennungsprozessen eine stete Gefahr der TCDD - Bildung dar. Diese Gefahr ist u. a. bei der Verbrennung von Müll und Klärschlamm gegeben. Dioxin findet sich auch in vielen Mülldeponien, wobei es eine offene Frage ist, ob es bei Schwelbränden auf der Deponie entsteht, oder ob es bereits in den Abfällen enthalten ist.

Um die Verbreitung dieser Substanz in der Umwelt zu charakterisieren, seien einige Konzentrationsangaben für verschiedene Umweltmedien angeführt. Im Nahbereich um die Fabrik von Seveso fand man nach dem Unglück ca. 30 ppb im Boden. In der Mülldeponie Münchehagen (Niedersachsen) konnten dagegen bis zu 1130 ppb nachgewiesen werden. In verschiedenen Städten der USA sind im Boden 1 - 72 ppt enthalten. Im Sickeröl der Mülldeponie Georgswerder (Hamburg) wurden 20 - 50 µg/l festgestellt, während in der wäßrigen Phase weniger als 1 ng/l enthalten ist. Selbstverständlich wurde TCDD auch in Sedimenten belasteter Gewässer nachgewiesen.

Im Abgas von Müllverbrennungsanlagen in der Bundesrepublik bestimmte man 0.16 - 0.65 ng/m^3 Luft; in Rheinfelden, in der Schweiz, dagegen nur 1.4 pg/m^3. Höher als im Abgas ist der TCDD - Gehalt in der Filterasche der Müllverbrennungsanlagen. Hier wurden beispielsweise in der Bundesrepublik Konzentrationen von 0.075 - 4 µg/kg festgestellt.

TCDD gehört im Freien zu den langlebigen Substanzen. Im Boden von Seveso schätzt man dessen Halbwertzeit auf 2 - 3 Jahre, wenngleich Berichte aus den USA eine Halbwertzeit von ca. 1 Jahr zugrunde legen. Im Süßwasser soll die Halbwertzeit ebenfalls bei 1 Jahr liegen, in Süßwassersedimenten konnte man dagegen kaum einen Abbau nachweisen.

Wegen seines lipophilen Charakters reichert sich TCDD im Körperfett der Organismen an und kann sich dort um den Faktor 100 bis 20 000 gegenüber der Umwelt anreichern. Bereits diese Eigenschaft deutet hinlänglich das Gefahrenpotential dieser Stoffgruppe an.

In Versuchen mit Ratten beobachtete man eine biologische Halbwertzeit von ca. 1 Monat. Für den Menschen wird jedoch eine etwa achtzigmal längere Zeitspanne angegeben. Wegen ihrer geringen Wasserlöslichkeit bei gleichzeitig sehr viel besserer Fettlöslichkeit werden Dibenzodioxine und Dibenzofurane kaum über die Nieren ausgeschieden, dafür jedoch sehr viel besser mit der Muttermilch. In der Bundesrepublik Deutschland und in Schweden hat man $3 \cdot 10^{-14}$ bis $9 \cdot 10^{-14}$ Gramm TCDD pro Milliliter Muttermilch nachgewiesen. Die noch tolerierbare Tagesdosis für Säuglinge setzte man auf 10^{-12} Gramm pro kg Körpergewicht am Tag fest. Dieser Grenzwert kann in der Bundesrepublik erreicht werden, für Säuglinge in Süd - Vietnam wird er sogar deutlich überschritten.

Chronische Vergiftungserscheinungen bei Ratten und Mäusen äußerten sich vor allem in Gewichtsverlust, Veränderungen des Blutbildes, Störungen der Leberfunktion und Hemmung des Immunsystems. Daneben traten Haarausfall, Chlorakne und Ödeme auf. Akut toxisch wirkende Konzentrationen von TCDD führen zur Zerstörung des Leberparenchyms und zur Rückbildung des lymphatischen Gewebes.

Ebenfalls im Versuch mit Ratten wurden Karzinome an Leber, Lunge, Nase und Schilddrüse beobachtet. Da Mutagenitätstests keine völlig eindeutigen Ergebnisse lieferten, bleibt die Frage offen, ob TCDD cancerogen oder co - cancerogen wirkt, d. h. die Wirkung einer anderen, cancerogen wirkenden Substanz verstärkt. Für die Praxis ist diese Frage jedoch nur von sekundärer Bedeutung, da auf Grund der vielen cancerogenen Faktoren in der Umwelt des Menschen beide Wirkungsprinzipien klinisch gesehen, zum gleichen Ergebnis führen.

Unbestritten ist inzwischen die teratogene, d. h. Mißbildungen hervorrufende Wirkung von TCDD. Unter den registrierten Mißbildungen dominieren Gaumenspalten, Nierenschäden und Störungen der Knochenbildung.

Wegen des breiten Spektrums möglicher Gesundheitsschäden sollte man sich bemühen, Dibenzodioxine und Dibenzofurane weitgehend aus dem Lebensraum der Menschen zu eliminieren. TCDD ist vermutlich die giftigste, künstlich hergestellte Substanz, die man derzeit kennt. Ihre Toxizität wird höher eingestuft als die der Blausäure, andererseits jedoch niedriger, als die des Botulinus - Toxins (Abschn. 6.4). Bei der Ratte liegt der LD_{50} - Wert von TCDD bei 20 µg/kg, bei der Maus bei 114 - 280 µg/kg und beim Meerschweinchen bei etwa 0.5 - 2 µg/kg. Für den Menschen ist die toxische Grenzkonzentration naturgemäß nicht genau bekannt. Dennoch hat man vorläufig eine noch duldbare tägliche Aufnahme von 0.006 pg/kg/Tag festgelegt. Doch auch dieser Grenzwert bedarf sicher bald einer Revision, denn das Immunsystem des Menschen soll bereits bei TCDD - Konzentrationen geschwächt werden, die etwa an der Grenze der Nachweisbarkeit dieser Substanz liegen.

Besondere Aufmerksamkeit widmet man der Frage, wie TCDD beseitigt werden kann. Es zeigte sich, daß Dioxine bereits bei 800 °C völlig zersetzt werden können. Die Zersetzung gelingt jedoch nur dann, wenn bei der Verbrennung kein Flugstaub mit unverbranntem C entsteht. Eine gründliche Entstaubung der Abgase ist also unumgänglich notwendig, wobei der einzusetzende Elektrofilter bei weniger als 250 °C betrieben werden sollte, um eine Neubildung von Dioxinen zu verhindern. Die aufgefangene Flugasche muß dann ihrerseits mit 800 °C nachbehandelt werden. Außerdem wird dringend empfohlen, Cu aus dem zu verbrennenden Müll fernzuhalten, da dieses Schwermetall als Katalysator für Dioxinbildung fungiert.

Obwohl es für TCDD keine Grenzwerte gibt, existieren Vorschläge, nach denen Trink- und Oberflächenwasser 2 pg/l enthalten dürfen. In chemischen Produkten, wie Pestiziden will man bis zu 5 ppb tolerieren. Bei einer so stark toxischen Substanz erscheint es jedoch sinnvoller, alle Möglichkeiten auszuschöpfen, um dessen Bildung ganz zu vermeiden, auch unter Verzicht auf bestimmte Produkte.

Zu den ubiquitär auftretenden Substanzen sollte auch Cadmium gezählt werden, das im Zusammenhang mit anderen Schwermetallen bereits besprochen wurde (Abschn. 3.3.2 und 4.4.2).

6 Nahrungs- und Genußmittel

Umweltfaktoren können den Menschen und andere Lebewesen auf Umwegen erreichen. Einer dieser Umwege sind Nahrungsmittel. Sowohl beim Heranwachsen von Pflanzen und Tieren, die als Nahrungsmittel dienen, als auch bei der Herstellung von Fertigprodukten aus pflanzlichen und tierischen Rohstoffen können toxisch wirkende Substanzen in die Nahrungsmittel gelangen. Deshalb bedürfen die einzelnen Herstellungsprozesse sowie das Fertigprodukt geeigneter Kontrollen und Schadstoffanalysen, um die Unbedenklichkeit der Nahrungsmittel zu gewährleisten. Einige Beispiele sollen zeigen, daß Toxine auf unterschiedlichen Wegen in Nahrungsmittel gelangen können.

6.1 Schadstoffbelastung bei der Nahrungsmittelerzeugung

Bereits beim Heranwachsen von Nahrungsmittelpflanzen können einige Arten bei üppiger Stickstoffdüngung Nitrate in unmetabolisierter Form speichern. Zu den ausgeprägten Nitratspeicherpflanzen gehören Zuckerrüben (besonders die Blätter), Spinat, Karotten (besonders die Speicherwurzel), Salat und Kohl. Nitratspeicherung kann auch bei S - Mangel des Bodens auftreten. Der dadurch bedingte Mangel an schwefelhaltigen Aminosäuren hemmt die Proteinsynthese und damit auch die Synthese des Enzyms Nitratreduktase. Deshalb bleibt das aufgenommene Nitrat unmetabolisiert im Gewebe erhalten.

Auf die gesundheitsschädigende Wirkung von Nitrat wurde bereits hingewiesen (Abschn. 3.3.1). Da Spinat und Karotten als wichtiges Baby - Gemüse gelten und Säuglinge besonders empfindlich auf Nitrate reagieren, muß der Düngung von Gemüsen für die Herstellung von Babynahrung besondere Aufmerksamkeit gewidmet werden. Im Unterschied zu den genannten Gemüsearten weisen Tabakpflanzen bei zu reichlicher Stickstoffdüngung überhöhte Gehalte an organischen Aminen auf. Dieser Gefahr unterliegen auch viele Pflanzenarten, die der Nahrungsmittelherstellung dienen. Mit steigendem Gehalt an Aminen nimmt die Wahrscheinlichkeit der Nitrosaminbildung im Magen zu (Gl. 3.16).

Pflanzen sind ferner in der Lage Elemente anzureichern, die sie für ihren eigenen Stoffwechsel nicht benötigen. Voraussetzung für eine solche Akkumulation ist, daß die betreffenden Elemente in einer pflanzenverfügbaren Form vorliegen. Unter dem Einfluß fortgesetzter Schwermetallimmissionen können Pflanzen diese Metalle aufnehmen und speichern.

Während der vergangenen Jahre spielten Bleiimmissionen aus Kraftfahrzeugabgasen eine erhebliche Rolle. Die Pflanzen sammeln mit ihrem Laub mehr Blei aus der Luft, als sie über ihre Wurzeln aufnehmen. Diese Form der Belastung ist jedoch mit der Einführung bleifreier Kraftstoffe erheblich zurückgegangen.

Währen Blei vor allem über pflanzliche Nahrungsmittel bzw. über Leber und Nieren pflanzenfressender Schlachttiere den Menschen erreicht, wird Quecksilber hauptsächlich über Fische und Muscheln, sowie über Leber und Niere von Schlachttieren aufgenommen. Während der siebziger Jahre, als quecksilberhaltige Saatgutbeizmittel gebräuchlich waren, ereigneten sich auch Unfälle mit gebeiztem Saatgut. Quecksilber gelangt überwiegend in methylierter Form in den Körper (Gl.3.19). Als duldbare Jahresdosis für einen erwachsenen Menschen betrachtet man 18 mg Hg oder 10 mg Methylquecksilber. Die tatsächlich aufgenommene Menge schätzt man in der Bundesrepublik auf ca. 5.7 mg/Jahr.

Cadmium erreicht über Pflanzen, Innereien von Schlachttieren und Speisepilzen den Menschen. Als duldbare Obergrenze sieht man 0.5 mg pro Woche an. Tatsächlich dürften in der Bundesrepublik im Durchschnitt 0.24 mg/Woche aufgenommen werden. Dieser Wert muß bedenklich stimmen, da viele, auf den Menschen einwirkende Schwermetalle die gleichen, biochemischen Primärreaktionen im Körper eingehen. Das bedeutet Bindung an Thiolgruppen und an chelatisierende OH - Gruppen. Einen Eindruck von der Schwermetallbelastung von Nahrungsmitteln gibt Tabelle 6.1.

Eine wichtige Gruppe von Schadstoffen sind Radionuklide. Über das Wesen der Radioaktivität wird später berichtet (Abschn. 8.1). Hier soll nur ein kurzer Überblick gegeben werden, welche radioaktiven Elemente in der Nahrung vorkommen und für den Menschen bedeutsam sind.

In pflanzlichen Nahrungsmitteln findet man besonders Sr-89, Sr-90, I-131, Cs-137, Ba-140, K-40, C-14 und H-3 (Tritium). Grundsätzlich können jedoch alle radioaktiven Elemente von Organismen inkorporiert werden und damit auch in Nahrungsmitteln erscheinen, auch Edelgase. Die oben genannten Elemente werden jedoch in organische Substanzen fest eingebaut oder sie stellen funktionell wichtige Elemente in den Zellen dar (z. B. Kalium). Damit weisen sie eine konstante Konzentration in Lebewesen auf. Unter den natürlich vorkommenden Radionukliden spielt K-40 mit ca. 90 % die bedeutendste Rolle. Dieses Element wird besonders über pflanzliche Produkte und Milch (1.4 g Kalium pro Liter) dem Körper zugeführt. Die restlichen 10 % der natürlichen Strahlenbelastung durch inkorporierte Radionuklide entfallen auf C-14, das in allen organischen Substanzen enthalten ist, sowie weitere Elemente.

Unter den Radionukliden anthropogenen Ursprungs spielen I-131, Cs-137 und Sr-90 eine wichtige Rolle. Nach dem Kernreaktorunfall von Tschernobyl im April 1986 trat zunächst eine erhöhte Belastung mit

Tab. 6.1 Schwermetallgehalte in einigen Nahrungsmitteln, in mg/kg bzw. in mg/l (Bel 87).

	Quecksilber		Blei		Cadmium	
Lebensmittel	Variationsbreite	Richtwert	Variationsbreite	Richtwert	Variationsbreite	Richtwert
Eier	0.0008-0.24	0.03	0.0002-0.8689	0.2	0.0005-0.0871	0.05
Schweinefleisch	0.001-0.18	0.05	0.01-0.6	0.3	0.001-0.099	0.1
Schweineleber	0.001-1.434	0.1	0.007-1.488	0.8	0.0025-1.61	0.8
Süßwasserfisch	0.0005-2.74	1.0	0.0005-1.08	0.5	0.0005-0.8035	0.05
Seefisch	0.0035-1.78	1.0				
Blattgemüse	0.00025-0.033		0.0025-9.136	1.2	0.001-0.3875	0.1
Kernobst	0.00025-0.0125		0.0005-1.54	0.5	0.0005-0.116	0.05
Getreide	0.0005-0.0642	0.03	0.01-0.61	0.5	0.004-0.8	0.1
Kartoffeln	0.0005-0.0154	0.02	0.0015-0.391	0.2	0.001-0.202	0.1
Wein			0.005-3,08	0.3	0.0005-0.03	0.1
Trinkwasser	0.00002-0.002	0.004	0.0021-0.0225	0.04	0.0004-0.0044	0.006
Milch			0.001-0.0835	0.05	0.001-0.007	0.0025

I-131 auf, einem ß- und γ- Strahler. Wegen seiner relativ kurzen, physikalischen Halbwertzeit von 8 Tagen war es physiologisch für den Menschen nur für ca. 60 Tage (= zehnfache physikalische Halbwertzeit) von Bedeutung. In dieser Zeit sinkt die Radioaktivität auf ein Tausendstel des Ursprungswertes (Abschn. 8.2). Radioaktives Iod wird vom Menschen besonders mit Frischmilch und Frischgemüse, sowie mit Eiern aufgenommen. Das inkorporierte Iod reichert sich in der Schilddrüse an und belastet diese dadurch stärker, als den übrigen Körper.

Wesentlich länger wirken die ß - Strahler Cs-137 und Sr-90 mit ihren physikalischen Halbwertzeiten von 30 und 28 Jahren auf ihre Umwelt ein. Cäsium verhält sich physiologisch wie Kalium, erreicht jedoch nicht dessen Mobilität. Nach der Resorption durch die Wurzel verteilt es sich gleichförmig über die ganze Pflanze. Auch einige Pilzarten, wie Steinpilze und Maronenröhrlinge speichern Cäsium vor allem im sporogenen Gewebe, den Lamellen oder Röhren. Der Mensch nimmt Cäsium besonders mit Fleisch, Milchprodukten und Getreide auf. Aus dem Darm wird dieses Element nahezu vollständig resorbiert. Es reichert sich etwas in der Muskulatur an, aus der es mit einer Halbwertzeit von 50 - 200 Tagen ausgeschieden wird. Bei wiederholter Aufnahme kommt es zur Kumulation im Körper, wodurch dieser erheblich belastet werden kann, obwohl die ß - Strahlen nur eine Reichweite von wenigen Millimetern im Gewebe aufweisen, doch dafür verfügen sie über eine wesentlich höhere Ionisationsdichte als Röntgenstrahlen.

Mit einer biologischen Halbwertzeit von ca. 50 Jahren bleibt Sr-90 wesentlich länger im Körper des Menschen als Cs-137. Strontium verhält sich biologisch ähnlich wie Calcium. In den Körper des Menschen gelangt es hauptsächlich über pflanzliche Nahrungsmittel, Milchprodukte und Eier. Da Strontium vorzugsweise in den Knochen abgelagert wird, trifft die Hauptbelastung das blutbildende System des Körpers. Damit trägt Sr-90 vor allem zur Leukämieentstehung bei. Im Gefolge von Sr-90 tritt stets eine Belastung mit Yttrium-90 (Y-90) auf, einem Tochternuklid des Sr-90, das eine physikalische Halbwertzeit von nur 64 h besitzt. Dennoch kann dieses Element Gonaden, Hypophyse und Bauchspeicheldrüse belasten, wenn Sr-90 kontinuierlich inkorporiert wird.
Diejenigen Radionuklide, die sich in bestimmten Geweben anreichern, ge-

fährden die Gesundheit des Menschen stärker, als jene, die sich gleichförmig im Körper verteilen. Das ist einer der Gründe dafür, weshalb C-14 und H-3 als verhältnismäßig "harmlose" Radionuklide angesehen werden. Bei beiden Elementen fällt jedoch die hohe physikalische Halbwertzeit von 5570 Jahren für C-14 und 12.3 Jahren für H-3 ins Gewicht, die lange Wege durch Nahrungsketten ermöglichen.

C-14 und H-3 werden nach der Resorption in organische Substanzen eingebaut. Stoffwechselstabile Substanzen sind jedoch nach einem Einbau von Radionukliden langfristiger Strahlenbelastung ausgesetzt. Bei einem Einbau von C-14 in DNA kann man mit einer biologischen Halbwertzeit bis zu 2 Jahren rechnen, während die durchschnittliche biologische Halbwertzeit von C-14 bei etwa 35 Tagen und von H-3 bei 19 Tagen liegen dürfte. Wegen ihrer hohen Ionisationsdichte schädigen sie die Moleküle, in die sie eingebaut wurden, beträchtlich. Den häufig wenig beachteten Radioisotopen C-14 und H-3 sollte man deshalb mehr Beachtung schenken, vor allem, wenn künftig größere Mengen von diesen Isotopen in die Umwelt gelangen sollten.

Bei der Abschätzung der Belastung von Nahrungsmitteln mit Radioisotopen muß schließlich berücksichtigt werden, daß sie sich auch dann in gewissem Umfang in Zellen anreichern können, wenn sie nicht fest in organische Moleküle eingebaut werden. Beispielsweise nehmen Pflanzen aus einem kontaminierten Boden zunächst relativ große Mengen des Radionuklids auf, bis sich ein Gleichgewicht von Aufnahme und Abgabe eingestellt hat. Diese Anreicherung ist um so stärker ausgeprägt, je mehr der Organismus unter einem Mangel des betreffenden Elements leidet. Das bedeutet, daß die Aufnahme von Radionukliden, beispielsweise von K-40, minimiert werden kann, wenn der Boden optimal mit nicht kontaminiertem Kali-Dünger versorgt ist. Da sich chemisch verwandte Elemente auch physiologisch ähnlich verhalten, kann man durch Düngung mit nicht kontaminiertem Kali-Dünger auch die Aufnahme von Cs-137 in die Pflanzen reduzieren.

Zum Schutz des Menschen vor zu hohen Belastungen mit Radionukliden wurden Grenzwerte für die verschiedenen Nahrungsmittel festgelegt, wobei diese Grenzwerte allerdings nicht nach einem klaren, biologischen Gesamtkonzept entworfen wurden. Beispielsweise gilt für I-131 in Milch ein Höchstwert von 500 Bq/l. Doch dieser Grenzwert schützt das Kleinkind weniger als den Erwachsenen, denn auf Grund der höheren Aufnahme- und Einbaurate bei Kleinkindern wird deren Schilddrüse beim Verzehr von einem Liter Milch etwa achtmal so stark belastet, wie diejenige der Erwachsenen. Dieses Beispiel mag zeigen, daß die derzeit existierenden Grenzwerte noch intensiv diskutiert werden müssen.

Kritischer als I-131 sind langlebige Radioisotope zu bewerten. Bei solchen Elementen legt man für Kindernahrung geringere Höchstwerte fest, als für die Nahrung Erwachsener, um dem unterschiedlichen Stoffwechselverhalten Rechnung zu tragen.

6.2 Aufbereitung von Nahrungs- und Genußmitteln

Bei der Aufarbeitung von Nahrungs- und Genußmitteln werden teils Fremdstoffe zugesetzt, teils laufen durch Braten, Kochen, Rösten und andere Prozesse chemische Veränderungen ab, wobei sich mitunter neue Substanzen bilden.

Veränderte Eigenschaften erlangen Lebensmittel beispielsweise dann, wenn durch Zusatz von Stabilisatoren eine längere Haltbarkeit erreicht wird. Erhitzt man Milch, dann aktiviert man damit Thiolgruppen, die das Casein so verändern, daß die Milchgerinnung erheblich verzögert wird. Den Alterszustand kann man dann schwerer erkennen. Bei Kondensmilch wird die Gerinnung außerdem durch Zusatz von Natriumhydrogencarbonat, Dinatriumphosphat und Trinatriumcitrat verhindert. Alle diese stabilisierten Produkte zeigen bei Bakterienkontamination nicht mehr die für naturbelassene Milch übliche, rasche Gerinnung und lassen ihren Alterszustand schwer erkennen.

Stoffe, die sich zumindest im Tierversuch als toxisch herausgestellt haben, entstehen beispielsweise beim Erhitzen von Fetten, wie es beim Fritieren der Fall ist. Bereits bei Zimmertemperatur setzt besonders bei ungesättigten Fettsäuren Autoxidation ein, die zur Bildung von Alkyl-, Alkoxi-, und Peroxiradikalen führen (Gl. 6.1 - 6.3). Ausgangspunkt für diese Reaktionen bilden Radikale, deren Herkunft nicht genau bekannt ist. In den Prozeß der Radikalbildung können auch Carboxylgruppen der Fettsäuren einbezogen werden (Gl. 6.4 und 6.5):

(6.1) $R^{\bullet} + O_2 \longrightarrow RO_2^{\bullet}$

(6.2) $RO^{\bullet} + RH \longrightarrow ROH + R^{\bullet}$

(6.3) $RO_2^{\bullet} + RH \longrightarrow ROOH + R^{\bullet}$

(6.4) $ROOH \longrightarrow RO^{\bullet} + HO^{\bullet}$

(6.5) $2\ ROOH \longrightarrow RO_2^{\bullet} + RO^{\bullet} + H_2O$

Mit zunehmender Reaktionsdauer, d. h. mit zunehmender Lagerungszeit des Fettes und mit steigender Temperatur (normalerweise fritiert man bei etwa 160 °C) laufen jedoch eine Fülle von Reaktionen ab, die sich in ihrer Komplexität bisher kaum überblicken lassen. Auch gesättigte Fettsäuren werden in die Reaktionen einbezogen, wobei flüchtige Aldehyde entstehen. Ferner beobachtet man Polymerisationen. Sowohl die Peroxiradikale als auch die Fettsäurepolymerisate macht man dafür verantwortlich, daß hoch erhitzte, bzw. mehrfach erhitzte Fette bei Versuchstieren den Verdauungstrakt reizen, Lebervergrößerung und Wachstumsminderung verursachen. Da Vitamin E - Mangel diese Symptome verstärkt, scheinen Radikale die genannten Schäden zu verursachen. Für den Menschen dürften die gesundheitlichen Gefahren, die von Fettsäurereaktionsprodukten ausgehen, nicht allzu gefährlich sein, wenn man sich nicht überwiegend von fettgebackenen Lebensmitteln ernährt.

Beim Räuchern und Grillen sollen dem Fleisch über die Verbrennungsprodukte des raucherzeugenden Materials Stoffe zugeführt werden, die das charakteristische Aroma erzeugen. Besonders beim Räuchern wird die behandelte Ware durch phenolische Stoffe auch haltbar gemacht. Beim Räuchern entstehen auch polycyclische Kohlenwasserstoffe, die mit dem Rauch am Fleisch niedergeschlagen werden. Beim Räuchern mit kühlem Rauch liegen die Benzpyrenwerte stets niedriger als beim Räuchern mit heißem Rauch (60 - 120 °C). Durchschnittliche Benzpyrengehalte von Räucherwaren liegen bei 2 - 8 µg/kg. Während des Grillens entstehen Benzpyrene aus zu hoch erhitzten Fetten. Beim Holzkohlengrill liegen die Benzpyren - Werte mit ca. 50 µg/kg höher als beim Grillen mit Infrarot (ca. 0.2 - 8 µg/kg). Wählt man einen ausreichenden Grillabstand oder sorgt man beim Räuchern für kühlen Rauch von 12 - 24 °C, dann kann die Benzpyrenbelastung der Fleischwaren minimiert werden. Über die cancerogene Wirkung des Benzo(a)pyrens wurde im Abschnitt 5 berichtet.

Bei der Herstellung von Wein entstehen u. a. höhere Alkohole. Während Propanole offenbar weitgehend harmlos für den Menschen sind, verursachen Pentanole Kopfschmerzen und sie schädigen das Nervensystem in geringeren Konzentrationen als Ethanol. Neben Erregungszuständen und Schlaflosigkeit können sich Farbhalluzinationen einstellen. Pentanole verschwinden erst nach 15 - 30 Stunden aus dem Blut.

Mit steigendem Molekulargewicht nimmt die Lipidlöslichkeit der Alkohole zu und damit ihre Kumulationsfähigkeit im Gehirn. Gleichzeitig verzögert sich deren Ausscheidung aus dem Körper. Während der Lagerung bilden sich im Wein zunehmend Amylvalerianat, Amylacetat, Amylbutyrat, verschiedene Aldehyde und Ester der Amylsäure (= Pentansäure oder Valeriansäure), die nicht nur das Aroma verfeinern, sondern auch länger anhaltende Nachwirkungen des Weins verursachen, wie Schwindelgefühl, Blutandrang im Kopf und Herzklopfen. Amylalkohole finden sich in größeren Mengen (bis zu 50 mg/100 ml) in Sherry, Obstschnäpsen und anderen, hocharomatischen, alkoholischen Getränken. Auch Ethanol schädigt in größeren Mengen die Gesundheit. Als akute Toxizitätsgrenze betrachtet man 1.4 Promille im Blut, die Letalitätsgrenze ist bei 4 - 5 Promille erreicht. In geringen Konzentrationen hemmt Ethanol die Aktivität der Neuronen, was sowohl dämpfend als auch erregend auf das Zentralnervensystem wirkt. Bei chronischem Gebrauch stellen sich Fettleber und Leberzirrhose, mit irreversiblen Stoffwechselstörungen ein, die schließlich zum Tod führen.

Die besondere Schwierigkeit von Alkoholvergiftungen besteht darin, daß dieses Toxin nicht ausgeschieden wird, sondern metabolisiert werden muß. Sind trotz Alkoholmißbrauchs noch genügend große Leberbereiche nicht zirrhotisch, dann setzt beim Verzicht auf Alkohol von dort aus eine Regeneration des Leberparenchyms ein. Geschädigte Zellen des Zentralnervensystems sind allerdings nicht regenerationsfähig.

Ein anderes wichtiges Getränk ist der Kaffee, dessen Coffeingehalt bei einigen Konsumenten unerwünschte Nebenwirkungen auslöst. Deshalb wird ein Teil des Kaffees entcoffeiniert. In der Vergangenheit behandelte man dazu die Kaffeebohnen mit organischen Lösemitteln, wie Dichlormethan, nachdem man sie zunächst mit Wasserdampf behandelte. Die Lösemittelreste versuchte man durch Abdämpfen zu entfernen, ein Verfahren, das jedoch nicht quantitativ arbeitet. Dichlormethan erwies sich in mehreren Tests als mutagen, auch im Test mit Säugetier - Zellkulturen. An einigen Testtieren, wie männlichen Ratten wirkt Dichlormethan auch cancerogen und es kann weitere Gesundheitsschäden auslösen. Wenn auch im entcoffeinierten Kaffee sicher außerordentlich geringe Reste des Extraktionsmittels enthalten waren, so handelte es sich zweifellos um ein fragwürdiges Verfahren angesichts des heute gültigen Grenzwertes von 25 µg/l für alle chlorierten Lösemittel. In den USA verwendet man Dichlorethan als Coffeinextraktionsmittel. In der Bundesrepublik setzt man inzwischen überkritisches CO_2 bei 70 - 90 °C und 100 - 200 bar als nunmehr unbedenkliches Extraktionsmittel ein.

Bei der Zubereitung von Fleisch und Fisch aber auch im Käse können sich Nitrosamine bilden, wenn gleichzeitig im sauren Milieu Nitrite anwesend sind (Gl. 3.16). Fleisch- und Wurstwaren können 0.5 bis 15 µg/kg Nitrosamine enthalten. Die tägliche Aufnahme von Nitrosaminen mit der Nahrung schätzt man auf 0.1 - 1 µg. Dazu kommt ein unbekannter Anteil, der sich erst im Verdauungstrakt bildet.

Noch vor einigen Jahren entstanden beim Bierbrauen Nitrosamine während des Darrens der gekeimten Gerste, wenn man Flammgase direkt über das Darrgut streichen ließ. Nachdem man das Darrgut von den Flammgasen sorgfältig trennte, konnte die Nitrosaminbildung beim Brauvorgang auf unbedeutende Spuren reduziert werden.

6.3 Konservierungsmittel und Verpackungen

Im Unterschied zu Fragen der Zubereitung von Lebensmitteln drängen Probleme der Konservierung und Verpackung mit zunehmender Verstädterung der Menschen immer mehr in den Vordergrund, weil die Entfernung der Konsumenten zur Nahrungsmittelerzeugung längere Haltbarkeit und bessere Versandfähigkeit der Lebensmittel erfordern. Zu diesem Problemkreis sollen einige Beispiele vorgestellt werden.

Wichtige Konservierungsmittel stellen Ester der p-Hydroxybenzoesäure dar (PHB - Ester):

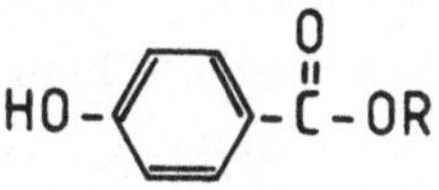

$$HO-C_6H_4-\overset{O}{\overset{\|}{C}}-OR$$

Am häufigsten werden der Methyl- und Propylester verwendet. Diese Ester wirken bakterizid und fungizid. In Lebensmitteln dürfen maximal 0.1 % der Ester vorhanden sein. Die wegen ihrer Phenolgruppe sehr wirksamen Konservierungsstoffe zeigen gewisse physiologische Nebenwirkungen beim Menschen. Dazu gehört eine lokal auftretende, anästhetische (= betäubende), gefäßerweiternde und krampflösende Wirkung. Trotz solcher physiologischer Effekte ist das gesundheitliche Risiko, das aus diesen Konservierungsmitteln erwächst, sicher als gering zu bewerten.

Komplizierter wird die Situation bei schwefliger Säure bzw. bei Salzen, die schweflige Säure freisetzen. Schweflige Säure verwendet man zum Haltbarmachen von Wein, da bereits ab 20 mg/l das Wachstum von Schimmelpilzen gehemmt wird. In Konzentrationen von mehr als 40 mg/l, bei empfindlichen Personen bereits ab 25 mg/l, kann freie schweflige Säure Kopfschmerzen verursachen. Die für das Haltbarmachen von Weinen zulässige Obergrenze von 30 mg/l bewegt sich in einem Bereich, in dem empfindliche Personen gesundheitlich beeinträchtigt werden können. Recht hohe Gehalte an schwefliger Säure können in unfertigen, jugendlichen Weinen auftreten, wie im "Federweißen" oder im "Beaujolais primeur". Verboten ist das Haltbarmachen von Fleisch und Fisch mit schwefliger Säure. Hier erhält nämlich schweflige Säure die rötliche Fleischfarbe und verhindert Fäulnisgeruch, auch wenn die mikrobielle Zersetzung des Substrats bereits begonnen hat.

Das zum Haltbarmachen von Lebensmitteln verwendete Räuchermittel oder Fumigans Propylenoxid kann zusammen mit kleinen Mengen von HCl Chlorpropanol bilden, das bei einigen (nicht bei allen) Bakterien-

$$(6.6)\qquad \underset{\text{Propylenoxid}}{H_3C-\overset{H}{\overset{|}{C}}\underset{\diagdown O \diagup}{—}\overset{H}{\overset{|}{C}}-H} \xrightarrow{HCl} \underset{\text{Chlorpropanol}}{H_3C-\underset{OH}{\underset{|}{\overset{H}{\overset{|}{C}}}}-\underset{H}{\underset{|}{\overset{H}{\overset{|}{C}}}}-Cl}$$

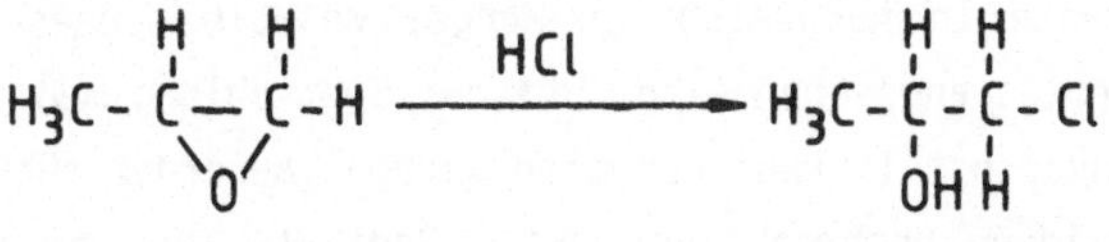

arten mutagen wirkt (Gl. 6.6). Der seit dem 1. 1. 1978 verbotene "Verschwindestoff" Pyrokohlensäurediethylester kann zusammen mit primären oder sekundären Aminen cancerogene Urethane bilden:

$$(6.7)\quad RO-\underset{\underset{O}{\|}}{C}-OR \xrightarrow{R'-NH_2} RO-\overset{\overset{\overset{H^{\oplus}}{|}}{H-N-R'}}{\underset{\underset{O^{\ominus}}{|}}{C}}-OR \longrightarrow RO-\overset{\overset{H-N-R'}{|}}{\underset{\underset{O}{\|}}{C}} + ROH$$

Urethan + Alkohol

Derartige Prozesse können beispielsweise in Wein und flüssigen Nahrungsmitteln ablaufen. Da Dimethyldicarbonat nicht cancerogen wirkt, wurde bereits vorgeschlagen, diese Substanz einzusetzen. Man sollte jedoch diesen Kaltsterilisationsmitteln, so elegant ihr Wirkungsmechanismus auch erscheinen mag, zunächst mit Vorsicht entgegentreten, bis die ganze Bandbreite möglicher Reaktionen in Lebensmitteln sorgfältig durchleuchtet worden ist.

Auf keinen Fall sollten Lebensmitteln Antibiotika zugesetzt werden. Auch wenn die mit den Lebensmitteln aufgenommenen Antibiotikummengen nicht zu akuten Gesundheitsstörungen beitragen, so führt doch jede Antibiotikumanwendung zur Bildung resistenter Bakterienstämme. Da Antibiotikumresistenz oftmals von einer Bakterienart auf eine andere übertragen werden kann, wie es bei der sog. episomalen Antibiotikumresistenz der Fall ist, können über den Umweg der Lebensmittelbehandlung auch humanpathogene Keime Resistenzeigenschaften erwerben. Dadurch würde die Antibiotikumtherapie beim Menschen eingeengt.

In mehreren Staaten werden Lebensmittel zu Konservierungszwecken einer γ- Bestrahlung unterzogen. Zum Haltbarmachen von Brathähnchen werden beispielsweise Strahlendosen von 300 000 Rad empfohlen. Durch die Bestrahlung entstehen im behandelten Lebensmittel keine radioaktiven Elemente in nachweisbarer Menge, weshalb dieses Verfahren vielfach als harmlos angesehen wird. Bei der Bestrahlung muß jedoch ein gewisser Vitaminverlust in Kauf genommen werden. Außerdem führt γ- Bestrahlung zur Bildung hochreaktiver $OH^{\cdot}$ - Radikale, die u. a. mit Enzymen und Nucleinsäuren reagieren können, d. h. mutagen wirken. Nicht zuletzt deshalb ist dieses Verfahren umstritten und in der Bundesrepublik bisher nicht zugelassen.

Nicht nur bestimmte Verfahren des Haltbarmachens können zur Kontamination von Lebensmitteln beitragen. Auch Verpackungsmaterialien können Schadstoffe abgeben. Dazu gehören Weichmacher aus Kunststoffen (Abschn. 5) und in den vergangenen Jahren auch unpolymerisiertes Vinylchlorid aus Polyvinylchlorid. Im Körper kann Vinylchlorid unter Mitwirkung von Oxigenasen zu Chlorethylenoxid oxidiert werden, das cancerogen wirkt:

$$H_2C{=}CHCl \xrightarrow{\text{Oxigenase}} H_2C\overset{O}{\frown}CHCl \qquad (6.8)$$

Vinylchloridreste im Polyvinylchlorid wurden inzwischen erheblich reduziert. Außerdem werden in der Bundesrepublik kaum noch PVC - Verpackungen für Lebensmittel verwendet. In anderen Bereichen findet PVC jedoch weiterhin ein breites Anwendungsgebiet. Deshalb muß auch in Zukunft darauf geachtet werden, daß Vinylchloridreste auf das kleinstmögliche Maß im Fertigprodukt reduziert bleiben.

In Verpackungsmaterialien aus Papier und Pappe, auch in gummierter Pappe, sind Nitrat und Nitrit enthalten, wenn dem Material als Füllstoff $NaNO_3$ zugesetzt wird. Aus dem Verpackungsmaterial tritt das Salz in die Lebensmittel über und so konnten Nitritkonzentrationen von 14.5 - 19 ppm und Nitratkonzentrationen von 1.5 - 32 700 ppm in Lebensmitteln nachgewiesen werden. Besonders bei Fleischwaren mit ihren natürlichen, nitrosierbaren Amiden und Aminen erhöht sich beim Braten und Kochen das Risiko der Nitrosaminbildung (Gl. 3.16).

Neben den bereits erwähnten Begleitstoffen in Verpackungsmaterialien können u. a. Fungizide in Papieren und Blei in Metallen und Glasuren vorkommen. In Zukunft sollte sichergestellt werden, daß unerwünschte Spurenstoffe nicht zusätzlich über Verpackungsmaterialien in Lebensmittel gelangen, um dem viel zu wenig beachteten Zusammenwirken unterschiedlicher Belastungskomponenten vorzubeugen.

6.4 Mycotoxine, Phytoplanktontoxine und Bakterientoxine

Während Verpackungsmaterialien und einige Sterilisationsverfahren neuartige Belastungen von Lebensmitteln mit sich bringen, gehören Giftstoffe aus Schimmelpilzen und Bakterien zweifellos zu den ältesten Formen der Lebensmittelkontamination.

Mit der Verbreitung von Roggen als Brotgetreide war der Ergotismus oder die Kribbelkrankheit eng korreliert. Dieses Leiden äußert sich in Muskelschwäche, Zittern und Erbrechen, Schwindelanfällen und Delirien. In Spätstadien werden Extremitäten nekrotisch und vertrocknen. Dieses Erscheinungsbild bezeichnet man als Brand. Der Ergotismus geht auf den Befall von Getreidekörnern mit dem Mutterkornpilz Claviceps purpurea zurück, der eine Reihe von Alkaloiden bildet, die sog. Ergotalkaloide (Abb. 6.1). Die Wirksamkeit dieser Substanzen läßt mit

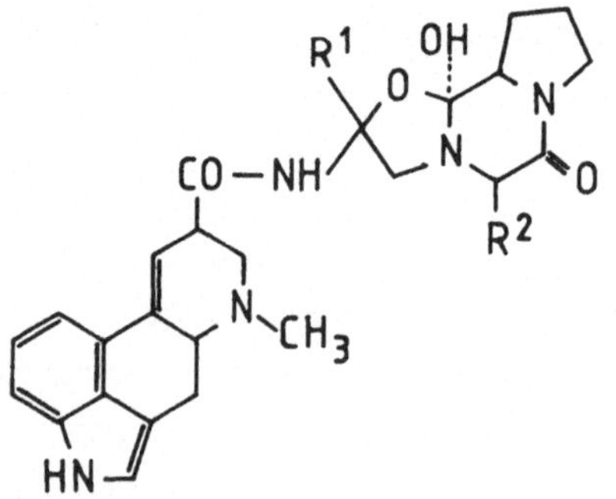

Ergocristin:
R^1: $-CH(CH_3)_2$
R^2: $-CH_2-C_6H_5$

Ergotamin:
R^1: $-CH_3$
R^2: $-CH_2-C_6H_5$

Ergocryptin:
R^1: $-CH(CH_3)_2$
R^2: $-CH_2-CH(CH_3)_2$

Ergosin:
R^1: $-CH_3$
R^2: $-CH_2-CH(CH_3)_2$

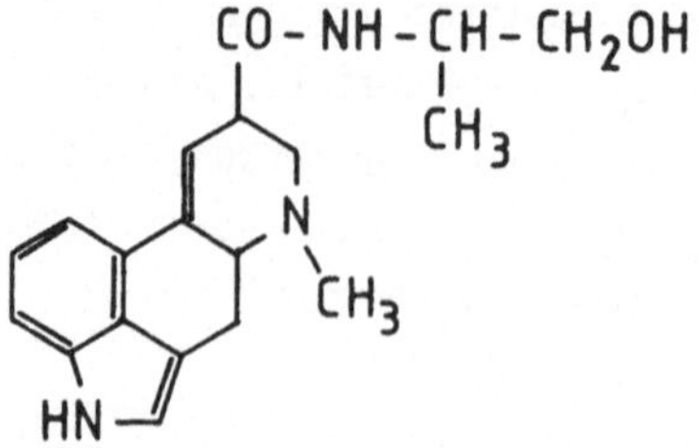

Ergometrin

Abb. 6.1 Struktur einiger Ergotalkaloide.

zunehmender Lagerungsdauer der Körner nach, weil der auch in lufttrokkenen Körnern noch lebende Pilz die Ergotalkaloide wieder langsam abbaut. Zur Vermeidung von Mutterkornvergiftungen werden die großen Mutterkörner durch Sieben des Getreides beseitigt und außerdem baut man heute Getreidesorten an, die gegen Befall mit Claviceps purpurea resistenter sind, als alte Sorten.

Viele Arten von Schimmelpilzen produzieren ebenfalls humanpathogene Giftstoffe, die man unter dem Begriff Mycotoxine zusammenfaßt. Eine zweifelsfreie Identifizierung der Toxine produzierenden Schimmelpilze ist mit bloßem Auge meist nicht möglich. Deshalb sollten alle verschimmelten Nahrungsmittel als potentielle Toxinträger angesehen werden. In Tabelle 6.2 sind einige Schimmelpilzarten zusammengestellt, die Mycotoxine bilden, einschließlich der von ihnen bevorzugt befallenen Nahrungsmittel. Abb. 6.2 zeigt die Strukturformeln einiger wichtiger Mycotoxine.

Tab. 6.2 Einige Schimmelpilzarten, die Mycotoxine bilden und deren wichtigste Substrate.

Schimmelpilz - Art	Toxin	wichtige Substrate
Aspergillus flavus u. a.	Aflatoxine	Brot, Obst, Erdnüsse, Fleisch, Käse u. a.
Aspergillus ochraceus	Ochratoxin A	Brot
Aspergillus versicolor	Sterigmatocystin	Getreide, Hülsenfrüchte
Byssochlamys fulva	Byssochlaminsäure	Fruchtsäfte
Penicillium citrinum	Citrinin	Reis
Penicillium urticae	Patulin	Malz
Penicillium rubrum	Rubratoxine	Getreide

Sicher das größte Aufsehen erregte das im Jahr 1960 in England entdeckte Aflatoxin. Diesem Mycotoxin fielen bei der Verwendung eines mit Aspergillus flavus befallenen Futterpostens ca. 100 000 Truthühner sowie zahlreiches anderes Geflügel zum Opfer. Diese katastro-

Aflatoxine

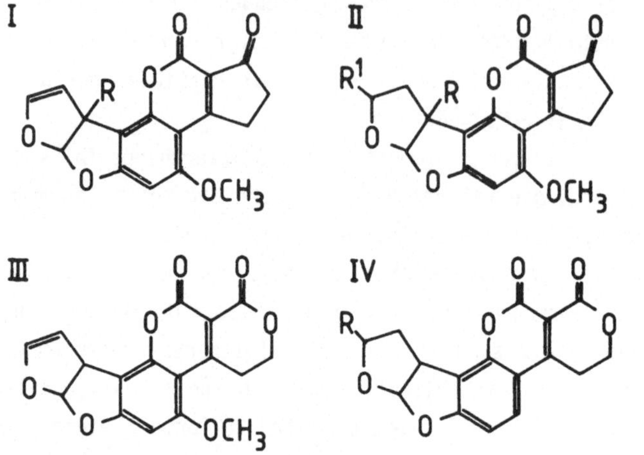

I. Aflatoxin B_1: R=H ; Aflatoxin M_1: R=OH

II. Aflatoxin B_2: R,R^1=H; Aflatoxin M_2: R=OH, R^1=H
Aflatoxin B_{2a}: R=H, R^1=OH

III. Aflatoxin G_1

IV. Aflatoxin G_2: R=H; Aflatoxin G_{2a}: R=OH

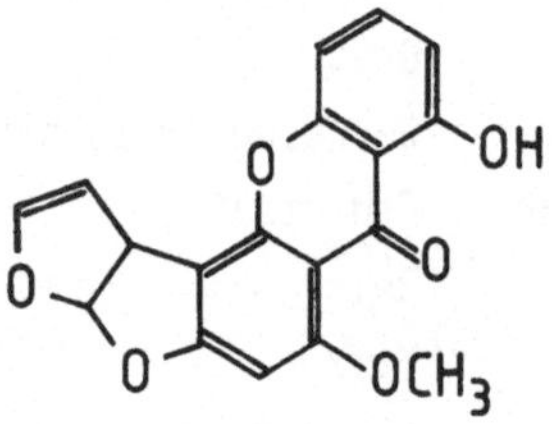

Sterigmatocystin

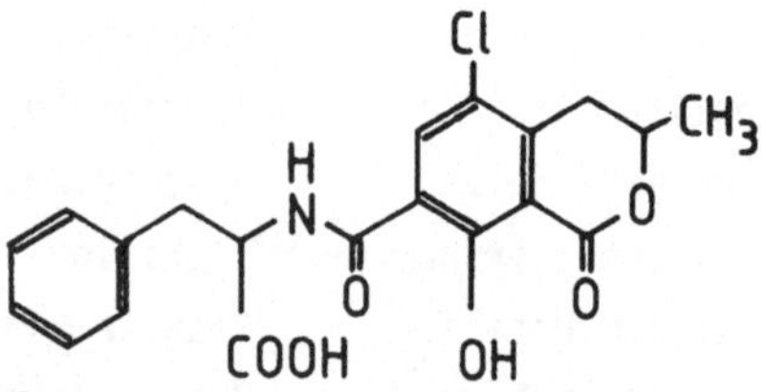

Ochratoxin

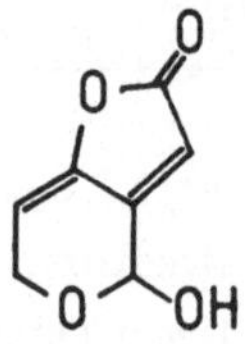

Patulin

Abb. 6.2 Strukturformeln einiger wichtiger Mycotoxine (Bel 87).

phale Massenvergiftung ging als "Turkey-X-disease" in die Literatur ein. Bei der Untersuchung dieses Phänomens stellte sich heraus, daß der während eines bestimmten Entwicklungszustandes gelb gefärbte Pilz Toxine abgibt, die bei Mensch und Tier Leber- und Nierenkrebs erzeugen. Nach dem Schimmelpilz, bei dem man diese Giftstoffe erstmals fand, nannte man sie Aflatoxine (= Aspergillus flavus Toxine). Inzwischen sind acht verschiedene Formen dieses Giftstoffes bekannt. Die B - Formen fluoreszieren im Ultraviolett blau, die G - Formen fluoreszieren grün und die M - Formen fand man erstmals in Milch. Aflatoxine werden nicht nur von Aspergillus flavus gebildet, sondern auch von einigen anderen Aspergillus- und Penicillium - Arten (Tab. 6.3), so daß die meisten Lebensmittel, nach Befall mit entsprechenden Schimmelpilzen, Aflatoxine akkumulieren können.

Tab. 6.3 Aflatoxin B_1 - Gehalt einiger Lebensmittel mit Schimmelbefall.

Lebensmittel	Schimmelpilzart	Aflatoxin B_1 - Gehalt
Christstollen	Aspergillus glaucus	100 µg/kg
Erdnuß	Aspergillus flavus	1100 µg/kg
Walnuß	Aspergillus flavus	20 µg/Kern
Orangen	Penicillium expansum Penicillium citromyces	5 - 50 µg/kg
Zitronen	Penicillium digitatum	20 - 30 µg/kg
Pfirsich	Aspergillus niger	5 µg/kg
Speck	Aspergillus flavus	1000 - 5000 µg/kg
Tomatenmark	Aspergillus flavus	20 µg/kg
Weißbrot	Penicillium glaucum	20 µg/kg
Landbrot	Aspergillus glaucus	10 µg/kg

Die höchste Toxizität erreicht Aflatoxin B_1 mit einem LD_{50} - Wert von 17.9 mg/kg bei weiblichen Ratten. Die anderen Aflatoxine wirken weniger stark giftig.

Da Aflatoxine an Proteine gebunden werden können, werden sie in Lebensmitteln akkumuliert, deren Herstellung mit einer Proteinanreicherung verknüpft ist, wie es bei der Käsezubereitung aus Milch der Fall ist. Die Bindung an Proteine scheint auch für die physiologische Wirkung dieser Toxine die Schlüsselreaktion zu sein, denn auf diesem Weg lagern sich Aflatoxine an das Chromatin (= Chromosomen) an und führen so zu einer Mißregulation der Genaktivität. Diesen Effekt macht man für die cancerogene Wirkung der Aflatoxine verantwortlich.

Um sich vor Aflatoxinen und anderen Mycotoxinen zu schützen, muß man bestrebt sein, die Schimmelpilzbildung auf Lebensmitteln generell zu verhindern, denn Aflatoxine sind hitzestabil und können deshalb weder durch Kochen, Backen, noch Autoklavieren zerstört werden. Da die optimalen Entwicklungsbedingungen für Aspergillus flavus und viele andere, toxinbildende Schimmelpilze im Bereich von etwa 30 °C und einer relativen Luftfeuchte von 75 % liegt, gilt es speziell diese Bedingungen während der Aufbewahrung von Lebensmitteln zu vermeiden. Deshalb bietet sich eine Lagerung bei Temperaturen < 10 °C bei möglichst trokkener Luft an. Am besten haben sich Vakuumverpackungen bei einer Lagertemperatur von ca. 5 °C bewährt.

Pilze, die Kulturpflanzen befallen, sind in der Regel von geringer Bedeutung für die Gesundheit des Menschen. Die sog. Brandpilze oder Ustilaginales zerstören Getreideähren und Maiskolben. Das kontaminierte Getreide ruft bei Rindern und anderen Haustieren Koliken, Lähmungen und Aborte hervor, während beim Menschen kaum Vergiftungen bekannt wurden.

Zu den Nahrungsmitteln sollte man auch Trinkwasser zählen. Trinkwasser kann durch Toxine verschiedener Algen, den sog. Phytoplanktontoxinen belastet werden. Voraussetzung für eine Toxinanreicherung ist eine Massenentwicklung von toxinproduzierenden Algen in Gewässern, die der Trinkwassergewinnung dienen. Phytoplanktontoxine können den Menschen auch erreichen, wenn er sich von Wassertieren ernährt, die typische Planktonfresser sind, wie Muscheln, Austern und eine Reihe von Fischarten, die sich entweder direkt von Plankton ernähren, oder die planktonfressende Kleintiere zu sich nehmen. Die sich von Algen ernährenden Tiere sind in der Lage, Phytoplanktontoxine in erheblichem Maße zu akkumulieren, so daß sich beim Verzehr dieser Tiere schnell toxisch wirkende Konzentrationen beim Menschen einstellen können. Die Massenentwicklung von Algen wird durch Gewässereutrophierung erreicht, ein Vorgang, dem nicht nur Süßwasser, sondern auch küstennahe Bereiche von Ozeanen ausgesetzt sind. Der Vergiftungsgefahr durch Phytoplanktontoxine versucht man sich zu entziehen, indem man den Genuß von Muscheln und anderen Planktonfressern aus Küstengewässern verbietet, wenn Massenentwicklung von Phytoplankton droht. Bei der Trinkwassergewinnung muß darauf geachtet werden, daß keine Oberflächengewässer verwendet werden, in denen es zur Massenentwicklung von Algen kam. Zur Phytoplanktonbildung sind verschiedene Algenarten aus dem Süß- und Salzwasserbereich befähigt (Tab. 6.4).

Tab. 6.4 Einige Phytoplanktontoxinbildner und ihre Toxine.

Art	Verbreitung	Toxin	Wirkung
Cyanophyceae			
Microcystis aeruginosa	limnisch	Microcystin	hepatotoxisch
Anabaena flos-aquae	limnisch	Anatoxin A	neurotoxisch
Aphanizomenon flos-aquae	limnisch	Saxitoxin	neurotoxisch
Lyngbya gracilis	marin	Debromoaplysiatoxin	Dermatitis
Dinophyceae			
Gonyaulax catenella	marin	Saxitoxin	neurotoxisch
Gonyaulax tamarensis	marin	Saxitoxin, Gonyautoxin	neurotoxisch
Gambierdiscus toxicus	marin	Ciguatera	neurotoxisch
Haptophyceae			
Prymnesium parvum	brackisch	Prymnesin	neurotoxisch

Die Phytoplanktontoxine gehören ganz verschiedenen Stoffklassen an, wie Abb. 6.3 zeigt. Phytoplanktontoxine verursachen bei Tieren und beim Menschen meist neuromuskuläre Störungen, Atemdepression und Leberschäden. Biochemisch werden diese Substanzen vor allem als Inhibitoren der Neurotransmitter im Nervensystem wirksam (Abb. 6.4), d. h. sie blockie-

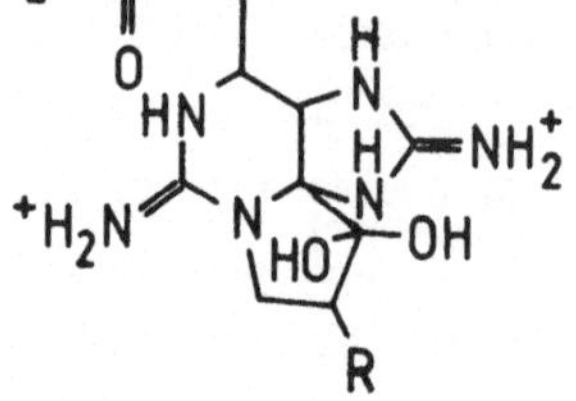

Saxitoxin R=H
Gonyautoxin R=OH

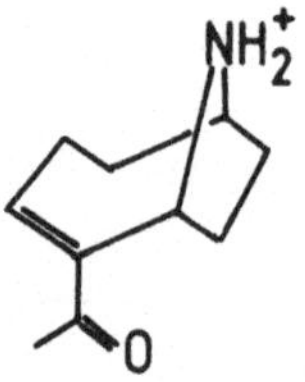

Anatoxin A

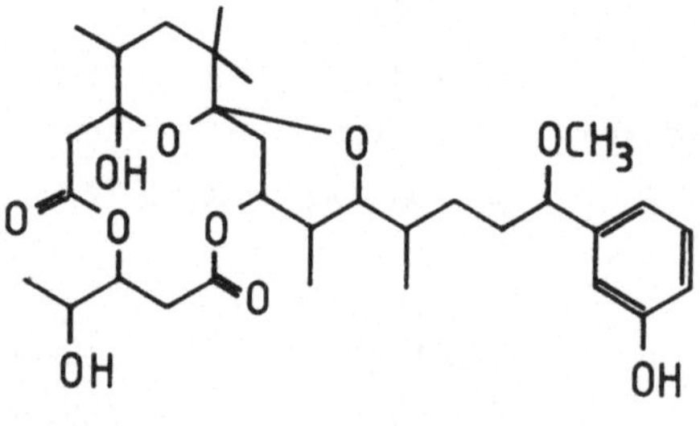

Debromo-Aplysiatoxin

Abb. 6.3 Struktur einiger Phytoplanktontoxine (Kre 81).

ren die nervöse Erregungsleitung.

Der beste Schutz vor Phytoplanktontoxinen kann nur in einer Vermeidung der Massenentwicklung von Algen zu sehen sein. Deshalb sollte vordringlich darauf geachtet werden, daß Binnengewässer und küstennahe Meeresbereiche nicht eutrophiert werden. Dieses Ziel kann durch sparsame Düngung der Felder sowie durch möglichst sorgfältige Klärung aller Abwässer (Abschn. 3.4) erreicht werden. Bei der Abwasser-

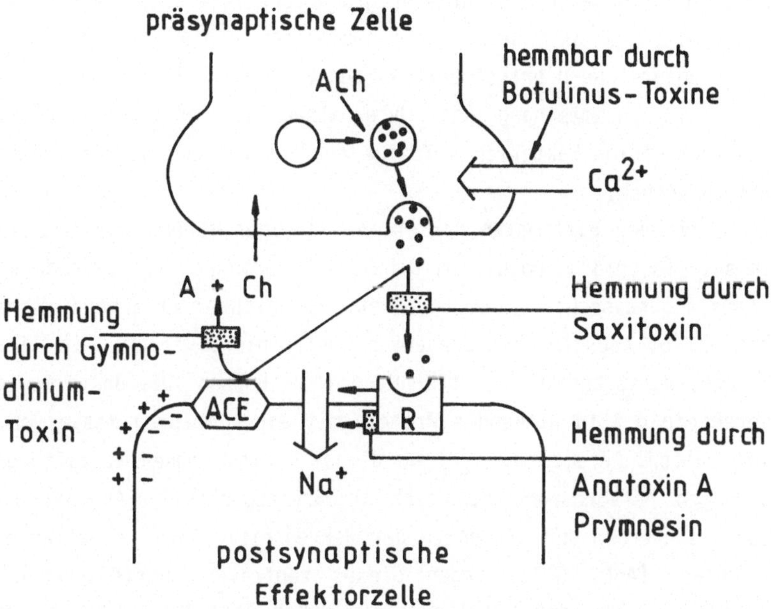

Abb. 6.4 Wirkungen verschiedener Toxine als Hemmstoffe der Neurotransmitter (Kre 81). Die Reizleitung im Nervensystem erfolgt innerhalb einer Nervenzelle durch Fortpflanzung eines elektrischen Potentials. Zur Übertragung dieses Impulses von einer Nervenzelle auf die nächste (postsynaptische Zelle), werden Transmittersubstanzen (hier Acetylcholin = ACh) freigesetzt, die durch Diffusion die nachgeschaltete Nervenzelle erreichen. Die Transmittersubstanz stimuliert in der postsynaptischen Zelle spezifische Rezeptoren (R). Diese verursachen einen raschen Na^+ - Einstrom, wodurch ein Aktionspotential aufgebaut wird, das sich sodann bis zur nächsten Synapse (= Schaltstelle zweier Nervenzellen) fortpflanzt. Zur Vermeidung einer Dauerreizung des Rezeptors bauen Enzyme (hier Acetylcholinesterase = ACE) die Transmittersubstanz ab. Die Spaltprodukte werden von der präsynaptischen Zelle rückresorbiert. Verschiedene Toxine stören die synaptische Reizleitung durch Behinderung der Diffusion des Transmitters, durch Blockierung des Rzeptors (R) oder durch Hemmung der Spaltung des Transmitters (ACE).

klärung kommt es besonders auf eine gründliche Beseitigung von Phosphaten und Nitraten an, zwei Reinigungsschritte, die gegenwärtig noch gänzlich unzureichend praktiziert werden (Abschn. 3.4.2).

Im Zusammenhang mit Mycotoxinen und Phytoplanktontoxinen sollen noch einige Bakterien - Toxine erwähnt werden, die Lebensmittel vergiften können.

Zu den giftigsten Bakterien - Toxinen gehört das Botulinustoxin aus Clostridium botulinum. Diese Art vermehrt sich besonders unter Sauerstoffausschluß. Das bedeutet, daß nicht hinreichend sterilisierte, z. B. hausgemachte Konserven kontaminiert werden, wie Fleisch und Fisch, Wurst und Gemüse, besonders grüne Bohnen. Die Bakterien produzieren ein giftig wirkendes Protein mit einer molaren Masse von ca. 900 000 Dalton. Bereits 0.1 - 1 µg dieses Toxins können Vergiftungserscheinungen hervorrufen, die sich in Brechdurchfall, Augenflimmern, Schluckbeschwerden und Lähmungen der Nervenreizleitung im verlängerten Mark äußern (Abb. 6.4). Wegen dieses zentralen Angriffspunktes im Nervensystem wirkt das Botulinustoxin durch Atemlähmung meist innerhalb von 1 - 2 Tagen letal. Da der Giftstoff ein Protein ist, kann man ihn durch 30 minütiges Erhitzen auf 80 °C denaturieren und damit unwirksam machen. Außerdem kann man das Wachstum der Bakterien durch kräftiges salzen der Lebensmittel (z. B. Fleisch) oder durch ansäuern auf pH - Werte < 5 verhindern.

Eine weitere Kontaminationsgefahr droht von Salmonellen. Dabei handelt es sich um eine außerordentlich formenreiche Gruppe von Entero - Bakterien, d. h. von Darmbewohnern, zu denen u. a. die Erreger von Typhus und Paratyphus gehören. Mit Salmonellen können besonders Fleisch und Fisch, Kartoffeln und Feinkostsalate infiziert werden, wenn sie nicht hygienisch einwandfrei hergestellt oder aufbewahrt werden. Die durch Salmonellen verursachten Erkrankungen, Salmonellosen genannt, nahmen während der vergangenen Jahrzehnte erstaunlicherweise deutlich zu (nicht jedoch Typhus und Paratyphus!). Als wirksame Toxine kommen wohl mehrere, verschiedene Verbindungen in Frage, u. a. Lipopolysaccharide. Als Erkrankungssymptome treten u. a. Verdauungsbeschwerden, Brechdurchfall und Kreislaufstörungen auf. Für die Erkrankungen durch Salmonellen sind weniger die von den Bakterien an die Nahrungsmittel abgegebenen Giftstoffe verantwortlich. Das Hauptproblem der Salmonellenvergiftungen besteht vielmehr darin, daß sich die Bakterien im Menschen weiter vermehren und auf diese Weise im Laufe der Zeit große Giftstoffmengen erzeugen können.

Die häufigste Form bakterieller Lebensmittelvergiftungen geht auf Staphylococcus aureus zurück. Von ihnen werden wiederum alleine diejenigen Toxine wirksam, die die Bakterien an die Lebensmittel abgeben. Dabei handelt es sich um ein hochwirksames Protein, von dem 0.5 - 1 µg toxische Effekte verursachen, wie Leibschmerzen und Brechdurchfälle. Diese Erkrankungen treten deshalb so häufig auf, weil das Toxin recht hitzestabil ist, ganz im Gegensatz zum Botulinustoxin. Von Staphylococcus aureus werden vor allem Fleisch, Käse, Kartoffelsalat und Majonnaise befallen.

Die durch Staphylococcus aureus verursachten Erkrankungen verlaufen wesentlich leichter als die durch Salmonellen und Clostridium botulinum hervorgerufenen Vergiftungen.

Übelkeit und Durchfälle löst auch das Toxin aus Clostridium perfringens aus. Dieses Bakterium findet sich mitunter in Fleisch, Brot und Milch sowie in hygienisch nicht einwandfreiem Trinkwasser.

Eine interessante Wechselwirkung von Lebensmittelinhaltstoffen und Mikroorganismen ergibt sich beim Befall einiger Nahrungsmittel mit Lactobacillus casei. Gelangen solche Bacillen auf Lebensmittel, die reich an Histidin sind, wie Fisch und Käse, dann metabolisieren diese Mikroorganismen das Histidin zu Histamin. Besonders große Mengen von Histamin werden bei pH 5 und nicht zu niedrigen Temperaturen gebildet. Leichte Vergiftungen treten bereits bei einem Histamingehalt von 5 - 10 mg pro 100 g Nahrungsmittel auf. Bei 100 mg pro 100 g Lebensmittel treten bereits schwere Symptome auf, wie Leib- und Kopfschmerzen, Übelkeit und Schwindelgefühle. Die Vergiftungssymptome klingen jedoch nach wenigen Stunden wieder ab.

Bakterielle Lebensmittelvergiftungen sind heute deshalb so bedeutsam, weil ein ständig zunehmender Anteil der Bevölkerung einen Teil seiner Mahlzeiten in Kantinen, Gaststätten und Imbiß - Läden zu sich nimmt. Bei diesen Formen moderner Gemeinschaftsverpflegung verursachen gelegentlich auftretende Mängel in der Hygiene mehr oder minder ausgeprägte Massenvergiftungen wie sie bei strikter Familienernährung kaum möglich sind. Auch beim heute üblichen Einfrieren von Fleisch werden nicht alle Keime abgetötet, so daß sie sich nach dem Auftauen weiter vermehren können.

6.5 Natürlich vorkommende Toxine in pflanzlichen Nahrungsmitteln

Auf den Menschen giftig wirkende Substanzen werden nicht nur durch Mikroorganismen oder anthropogene Immissionen in Lebensmittel gebracht, vielmehr bilden eine Reihe von Nahrungsmittelpflanzen selber toxisch wirkende Stoffe. Hier sollen nicht Spurenstoffe aufgezählt werden, wie beispielsweise cyanogene Glucoside in verschiedenen Weizensorten, die auch bei üppigem Genuß von Weizenprodukten keine Vergiftungssymptome verursachen. Es sollen Pflanzeninhaltstoffe angesprochen werden, die bei sehr einseitiger Ernährung gesundheitsstörend wirken können.

Beispielsweise enthalten grüne Bohnen (Phaseolus vulgaris und coccineus) toxisch wirkende Proteine, die blutige Durchfälle und Krämpfe verursachen. Die dabei gelegentlich auftretende Hypokaliämie hat Veränderungen des Elektroencephalogramms zur Folge.

Häufig enthalten Hülsenfrüchte Lectine (= Phytohämagglutinine), die Erythrocyten agglutinieren lassen. Die höchste Toxizität geht wohl von den Lectinen der Ricinusbohnen aus. Stets verursachen Lectine auch eine fettige Degeneration der Leberparenchymzellen.

In Hülsenfrüchten, Süßkartoffeln (Ipomoea batatas), Kartoffeln (Solanum tuberosum) und in Roten Rüben (Beta vulgaris ssp. rapacea var. conditiva) kommen Proteaseinhibitoren vor, die den Abbau von Proteinen hemmen. Häufig kommen beispielsweise Trypsinhemmstoffe vor. Durch die Hemmung des Proteinabbaus wird die Bereitstellung von Aminosäuren für die körpereigene Proteinsynthese reduziert.

Lectine und Proteaseinhibitoren sind Proteine bzw. sie enthalten Proteinkomponenten. Sie lassen sich deshalb durch Erhitzen biologisch unwirksam machen oder in ihrer Aktivität stark hemmen. Das bedeutet, daß die hier aufgezählten Pflanzenarten beim Kochen ihre toxische Wirkung weitgehend einbüßen.

In Zuckerrüben (Beta vulgaris ssp. rapacea var. altissima), Spargel (Asparagus officinalis), Spinat (Spinacia oleracea) und Roten Rüben sind Saponine enthalten. Saponine sind N - freie Glucoside, die in wäßriger Lösung zur Schaumbildung neigen. Sie werden normalerweise aus dem Darm kaum resorbiert. Ist der Darm entzündet oder stark gereizt, beispielsweise infolge zu häufigen Abführmittelgebrauchs, dann kann die Resorptionsrate erheblich zunehmen. Die dann in die Blutbahn gelangenden Saponine reagieren mit den Erythrocytenmembranen und machen sie für den roten Blutfarbstoff durchlässig. Diesen Vorgang bezeichnet man als Hämolyse. Als Folge davon wird Hämoglobin über den Urin ausgeschieden, es können sich auch Gelbsucht und Kreislaufschwäche einstellen.

Praktisch alle Kohlarten (Brassica spec.) enthalten Thioglucoside, besonders Glucobrassicin, eine biologisch inaktive Speichersubstanz des Phytohormons Indol-3-essigsäure:

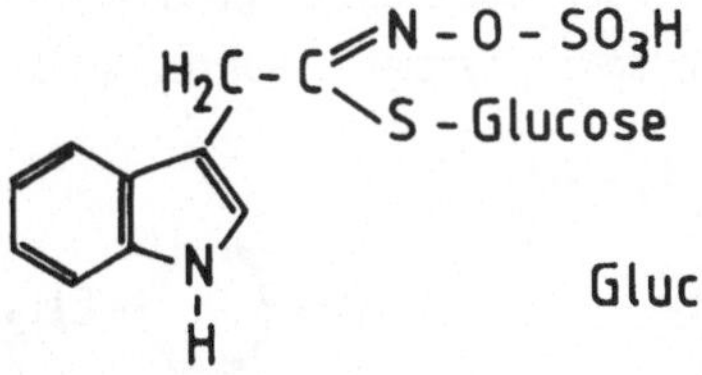

$H_2C - C(=N - O - SO_3H)(S - Glucose)$ (an Indol-3-yl; N-H)

Glucobrassicin

Allen diesen Stoffen ist gemeinsam, daß sie durch enzymatische Spaltung Thiocyanate freisetzen:

$$R - S - C \equiv N$$

Diese Verbindungen hemmen die Bildung des Schilddrüsenhormons Thyroxin, indem sie die I - Anlagerung an den Hormongrundkörper kompetitiv hemmen. Dadurch wird langfristig Kropfbildung gefördert, wie es früher in den Kohlanbaugebieten Frankens häufig zu beobachten war. Einige andere Pflanzeninhaltstoffe können in der Schilddrüse selber iodiert werden und reduzieren damit das I - Angebot für die Thyroxinbildung. Dazu gehören Stoffe aus der roten Haut der Erdnüsse (Arachis hypogaea), aus der Gartenkresse (Lepidium sativum) und vermutlich auch Substanzen aus der Küchenzwiebel (Allium cepa) und der Walnuß (Juglans regia). Durch gesteigerte Iodzufuhr, beispielsweise mit Hilfe von iodiertem Speisesalz, kann die kropfbildende Wirksamkeit dieser Pflanzen kompensiert werden.

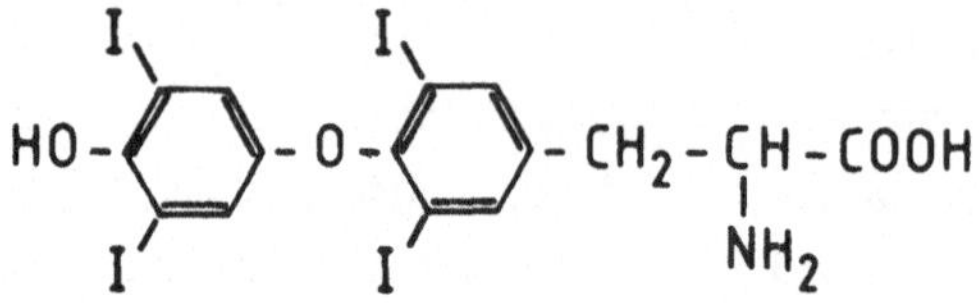

Thyroxin

Rhabarber (Rheum spec.), Spinat (Spinacia oleracea), Sellerie (Apium graveolens ssp. dulce) und Rote Rüben (Beta vulgaris ssp.rapacea var. conditiva) enthalten Oxalsäure und Anthrachinone. Diese Stoffe können bei exzessivem Verzehr solcher Pflanzen zu Nierenschädigungen und Kreislaufkollaps führen.

In vielen Nahrungsmitteln sind biogene Amine enthalten, d. h. Amine, die die Reizleitung an den Synapsen der Nervenzellen durchführen (vgl. Abb. 6.4). Zu diesen Substanzen gehören Serotonin aus Bananen, Walnüssen und Tomaten sowie Tyramin, das u. a. im Käse in größeren

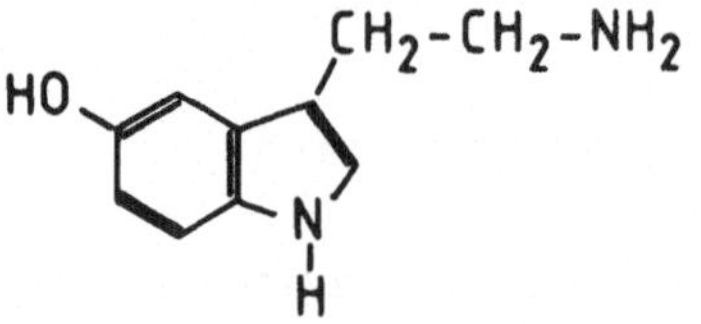

Serotonin

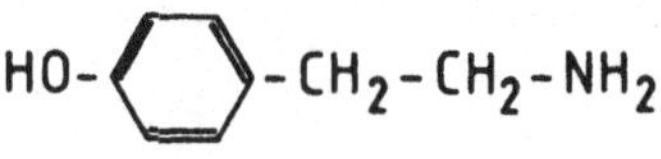

Tyramin

Mengen vorkommt. Ein wichtiger physiologischer Effekt dieser Amine besteht darin, den Blutdruck zu steigern. Bei gesunden Menschen bleibt diese Wirkung praktisch ohne Bedeutung, bei Patienten mit Bluthochdruck können sich die biogenen Amine negativ auswirken, z. B. können sie eine Therapie gegen Bluthochdruck antagonisieren. Bereits 20 g eines tyraminreichen Käses können den Blutdruck meßbar erhöhen. Tyramin ist auch im Wein enthalten und zwar in größerer Menge im Chianti, in geringerem Umfang im Weißwein sowie in Hefeextrakten.

Einige Pflanzeninhaltstoffe üben cancerogene oder cocancerogene Wirkungen aus. Beispielsweise fördert das etherische Öl tri- und tetraploider Kalmusvarietäten (Acorus calamus) im Tierversuch die Carcinogenese. Verantwortlich für diesen Effekt ist das ß-Asaron, das nur in diploiden Varietäten fehlt. Nur sie sollten zur Herstellung einer

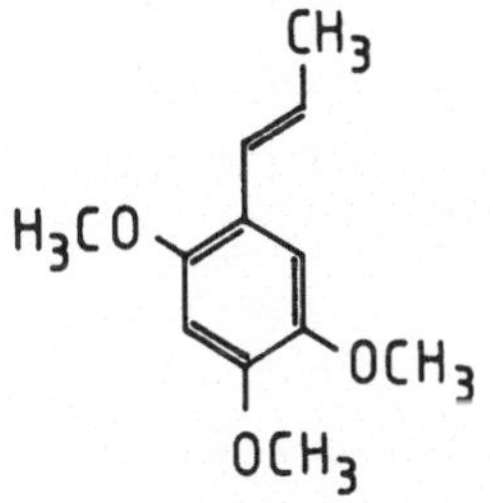

ß-Asaron

Kalmustinktur als Magenmittel oder Geschmackskorrigens benutzt werden.

Leicht hepatocarcinogen wirkt Safrol. Dieser Stoff ist besonders im Fenchelholzbaum (Sassafras albidum), in äußerst geringer Menge auch im Anis-, Kampfer- und Zimtöl, sowie in der Muskatnuß (Myristica fragans) enthalten. Die wegen ihres fenchelartigen Geruchs früher häu-

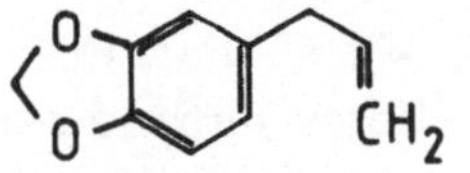

Safrol

fig als Aromamittel verwendete Substanz ist nicht mehr zugelassen.

Das etherische Öl aus Schalen von Zitronen (Citrus limon) und Apfelsinen (Citrus sinensis) kann Kopfschmerzen, Benommensein und Hautentzündungen verursachen. Außerdem sieht man das etherische Öl als cocancerogen an. Deshalb empfiehlt es sich, das Öl sehr sparsam als Geschmackskorrigens und als Verdauungsregulans einzusetzen. Die höchstzulässige Tagesdosis liegt bei 1 g.

Sogar Pfefferminzöl mit seiner Hauptkomponente Menthol kann

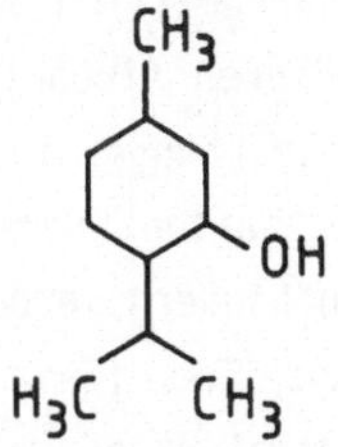

Menthol

in großen Mengen rauschartige Zustände, Kälteempfinden und Vorhofflimmern des Herzens verursachen.

Ein wesentlich charakteristischeres Toxin enthält die Muskatnuß. Ihr wichtigster Wirkstoff ist das Myristicin, das halluzinogen

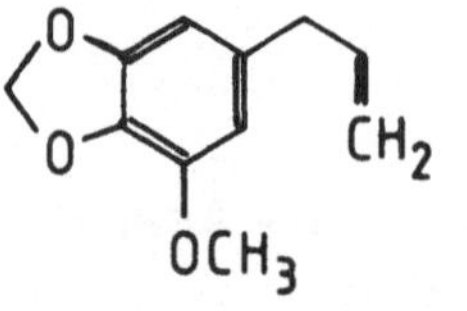

Myristicin

wirkt, daneben auch Herzrasen, Blutdruckschwankungen und andere Symptome auslöst. Wegen ihrer euphorisierenden Wirkung wird Muskatnuß gelegentlich als Rauschmittelersatz verwendet. Die Toxizität der Muskatnuß ist jedoch recht groß: bereits eine halbe Nuß kann Vergiftungssymptome hervorrufen. Muskatnuß sollte deshalb schwach dosiert angewendet werden. Im Vordergrund steht der Einsatz als Küchengewürz, daneben wird es gegen Koliken eingesetzt, wobei 0.3 g als Einzelgabe nicht überschritten werden sollten.

Wermut (Artemisia absinthium) enthält im etherischen Öl Thujon. In größeren Mengen verursacht dieses Terpen zentralnervöse Störungen, epilepsieartige Anfälle und schließlich Bewußtlosigkeit und Tod.

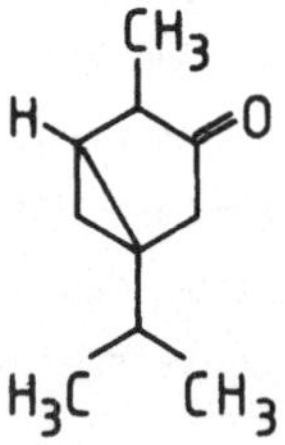

ß-Thujon

Im Wermutwein sind ca. 0.015 - 0.97 mg/l Thujon enthalten. In dieser Konzentration gilt Thujon noch als gesundheitlich unbedenklich. Bei der Herstellung des Absinths mit seinem höheren Alkoholgehalt geht das gut in Ethanol lösliche Thujon weitgehend in Lösung. Thujon ist zu 3 - 12 % im etherischen Öl der Wermutpflanze enthalten. Herstellung und Verkauf von Absinth ist deshalb in den meisten Ländern verboten.

Theophyllin und Coffein aus Tee (Camellia sinensis) und Kaffee (Coffea arabica) regen das Zentralnervensystem an und erzeugen einen leicht euphorisierenden Effekt. Bei der Mehrzahl der Menschen wirkt Kaffee stärker als Tee. In geringen Konzentrationen regt Coffein

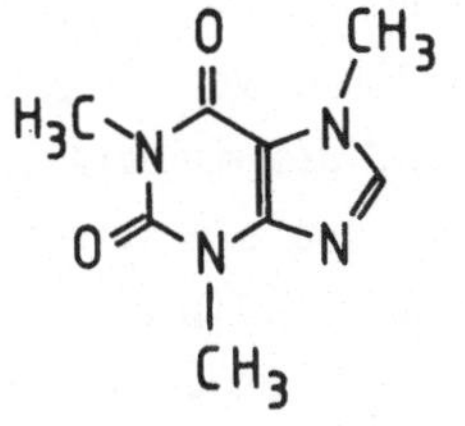

Coffein 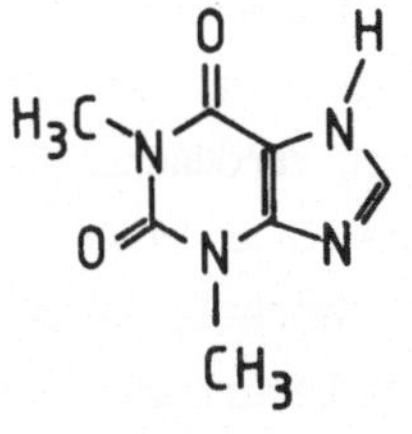　　　　Theophyllin

Kreislauftätigkeit und geistige Vorgänge an. In hohen Dosen können sich Erregung, Schlaflosigkeit und Herzklopfen einstellen, gegebenenfalls auch eine gewisse Arhythmie der Herztätigkeit. Coffein als Reinsubstanz wird in Dosen von ca. 100 mg (entspricht etwa einer Tasse Kaffee) zur Therapie von Kopfschmerzen und Migräne angewendet. Von überhöhten Dosen spricht man bei 1 g Coffein und mehr. Die Letalitätsgrenze liegt bei etwa 10 g.

Die hier zusammengestellten Beispiele natürlich vorkommender Giftstoffe in Pflanzen, die als Nahrungs- oder Genußmittel verwendet werden zeigt, daß es darauf ankommt, eine möglichst vielseitige Kost zu sich zu nehmen um gewisse Gesundheitsgefährdungen durch einseitige Ernährung möglichst auszuschließen. Das Beispiel der Giftstoffe in verschiedenen Nahrungsmittelpflanzen weist außerdem erneut darauf hin, daß auch in der vom Menschen nicht beeinflußten Natur Toxine auftreten, die besonderer Beachtung bedürfen, nachdem gegenwärtig eine Vielzahl anthropogener Schadstoffe zusätzlich auf den Menschen einwirken.

7 Gebrauchsartikel

Viele Alltagsprodukte des Menschen können toxische Wirkungen hervorrufen oder sie sind mit Spuren toxisch wirkender Stoffe vergesellschaftet. Viele Produkte belasten die Umwelt indirekt dadurch, daß bei deren Herstellung humantoxische oder ökotoxische Nebenprodukte anfallen, die nur schwer zu entsorgen sind und für den Endverbraucher meist nicht sichtbar werden. Für jedes Endprodukt sollte ein "Entstehungsstammbaum" erstellt werden, damit der Endverbraucher das Belastungspotential jedes Artikels bewerten kann. Als Beispiel sei auf das Titandioxid hingewiesen, das als Weißmacher in Zahnpasten und anderen Produkten enthalten ist. Bei der Herstellung von Titandioxid fallen größere Mengen verdünnter Schwefelsäure an, die man als sog. Dünnsäure in der Nordsee und im Atlantik verklappte, wo sie störend in den Lebensraum der Meereslebewesen einwirkte (vgl dazu Abschn. 3.3.3).

Zur Beseitigung konkurrierender Lebewesen, die man anthropozentrisch betrachtet, als Schädlinge bezeichnet, stellt man eigens Giftstoffe her, die meist nicht so hoch spezifisch wirken, daß sie ausschließlich die unerwünschten Lebewesen beseitigen. Diese Schädlingsbekämpfungsmittel oder Pestizide werden vorzugsweise in Verbindung mit der Nahrungsmittelgewinnung und mit der Nahrungsmittellagerung eingesetzt. Deshalb gestaltet sich der Umgang mit diesen Stoffen besonders problematisch.

7.1 Schädlingsbekämpfungsmittel

7.1.1 Chemische Klassifizierung

Pflanzenschutz- und Schädlingsbekämpfungsmittel gehören sehr unterschiedlichen, chemischen Stoffklassen an. Sogar innerhalb einer Wirkgruppe finden sich verschiedene Stoffklassen. Meist gliedert man die Schädlingsbekämpfungsmittel in folgende Wirkgruppen: Akarizide (gegen Milben), Bakterizide (gegen Bakterien), Fungizide (gegen parasitische Pilze und Schimmelbildner), Herbizide (gegen Pflanzen), Insektizide (gegen Insekten), Molluskizide (gegen Schnecken), Nematizide (gegen Fadenwürmer), Rodentizide (gegen Nagetiere). Häufig werden in diesem Zusammenhang auch Wachstumsregulatoren genannt, die in der Regel das Längenwachstum pflanzlicher Sproßachsen hemmen. Zur Veranschaulichung der chemischen Heterogenität der Pestizide seien einige Beispiele aus den drei wichtigsten Wirkgruppen angeführt, den Herbiziden, den Fungiziden und den Insektiziden (Tab. 7.1). Die große Zahl unterschiedlicher organischer Substanzen wird verständlich, wenn man berücksichtigt, daß mit den Schädlingsbekämpfungsmitteln in ganz verschiedene Stoffwechselwege der zu bekämpfenden Organismen eingegriffen werden soll.

Tab. 7.1 Chemische Klassifizierung einiger Schädlingsbekämpfungsmittel

Wirkgruppe	Beispiel	Stoffklasse
Herbizide	2,4,5-T	Chlorphenoxicarbonsäuren
	DNOC	Nitrophenole
	Betanal	Carbamate, Thiocarbamate
	Diuron	Harnstoffderivate
	Pyramin	Pyridazinone
	Atrazin	Triazine
	Deiquat	Dipyridyle
Fungizide	Dithane	Dithiocarbamate
	Orthocid	Thiophthalamide
	Quintozen	Chlorbenzole
Insektizide	Aldrin	chlorierte Naphthaline
	Chlordan	chlorierte Indane
	DDT	chlorierte Diphenyle
	Lindan	chlorierte Cyclohexane
	Thiodan	chloriertes Dicycloheptensulfit
	Parathion	Thionophosphorsäureester

7.1.2 Beispiele für abiotischen und biotischen Abbau

Die in die Umwelt gelangten Pestizide können sowohl abiotisch als auch biotisch abgebaut werden. Bei den abiotischen Umwandlungsprozessen spielen photochemische Reaktionen, Redoxreaktionen und Hydrolysen die wichtigste Rolle. Bei den biotischen oder enzymatischen Umwandlungen sind besonders Oxidationen, Reduktionen, Hydrolysen, Konjugationen und C - Kettenspaltungen, beispielsweise durch ß-Oxidation bedeutsam. Die genannten Reaktionstypen sollen wenigstens vom Prinzip her kurz vorgestellt werden.

Bei photochemischen Reaktionen spielen besonders die energiereichen UV-Strahlen die wichtigste Rolle. Wenn eine Substanz Ultraviolett absorbiert, dann scheint häufig die homolytische Spaltung einer C - Cl Bindung die weiteren Reaktionen einzuleiten. Die dabei entstehenden Radikale können mit Halogenen, Wasser oder anderen Protonendonatoren weiter reagieren, wie das Beispiel DDT zeigt:

$$(7.1)\quad \underset{\text{DDT}}{H-\overset{R}{\underset{R}{C}}-CCl_3} \xrightarrow{h\nu} H-\overset{R}{\underset{R}{C}}-\dot{C}Cl_2 + Cl^{\bullet} \xrightarrow[-HCl]{} \underset{\text{DDE}}{\overset{R}{\underset{R}{C}}=CCl_2}$$

Dieser Reaktionstyp läuft in Erdbodennähe allerdings äußerst spärlich ab, weil dazu UV - Strahlen der Wellenlänge > 290 nm erforderlich sind. Diese UV - Spezies ist in Erdbodennähe in sehr geringer Intensität vorhanden. Treten allerdings Schädlingsbekämpfungsmittel mit aromatischen Komponenten in elektronische Wechselwirkung mit geeigneten Feststoffen oder Lösemitteln, dann kann dadurch der Absorptionsbereich im UV bathochrom (= langwellig) verschoben werden, so daß nunmehr das in Erdbodennähe in höherer Intensität vorhandene, längerwellige Ultraviolett wirksam wird.

Unter den Redoxreaktionen spielen Oxidationen die größte Rolle, besonders wenn sie durch heute weit verbreitete Schwermetallionen katalysiert werden. Dabei bilden sich Radikale der organischen Substanz, die sodann zu vielfältigen weiteren Reaktionen befähigt sind:

$$(7.2)\quad ROOH + Me^{+} \longrightarrow RO^{\bullet} + Me^{+} + {}^{\bullet}OH$$

$$(7.3)\quad ROOH + Me^{2+} \longrightarrow ROO^{\bullet} + H^{+} + Me^{+}$$

Zu hydrolytischem Abbau neigen vor allem Carbonsäureester und Phosphorsäureester. Unter den Schädlingsbekämpfungsmitteln nehmen Phosphorsäureester gegenwärtig eine immer bedeutsamere Stellung ein. Meist handelt es sich um Phosphorsäuretriester. In Gegenwart von OH^- - Ionen werden die Triester leicht in Diester überführt:

$$(7.4)\quad (RO)_2P(=O)OR + H_2O \xrightarrow{OH^-} (RO)_2P(=O)OH$$

Die Diester können weiterhin sauer hydrolysiert werden. Deutlich verzögert läuft dagegen die Hydrolyse bei Thionophosphaten ab, wie beispielsweise bei Parathion, Systox oder Malathion. Diese verzögerte Hy-

$$(H_5C_2-O)_2P(=S)-O-C_6H_4-NO_2$$ Parathion

drolyse gilt jedoch nicht für Thiolester. Da die Thionophosphate viel häufiger als Schädlingsbekämpfungsmittel verwendet werden als die leichter verseifbaren Thiolester, muß man davon ausgehen, daß die abiotischen Abbauprozesse bei Pestiziden zögernd ablaufen und eine Umweltdekontamination auf diesem Wege in der Regel langsam vonstatten geht.

Die biotischen Abbauprozesse verlaufen häufig rascher als der abiotische Abbau, wie bereits in Abschn. 4.3 berichtet wurde. Stets ist natürlich die Umwandlungsgeschwindigkeit von der Enzymkonzentration abhängig, d. h. von der Anzahl der zur Verfügung stehenden Mikroorganismen. In der Regel läuft die Metabolisierung im Organismus von Warmblütern rascher ab als in Organismen ohne eigenes Thermoregulationsvermögen.

Weitaus die größte Bedeutung dürfte Oxidationsprozessen zukommen. Sie werden durch wenig spezifisch wirkende Mischoxigenasen und Dehydrogenasen katalysiert. Bei solchen Reaktionen können nicht nur Alkoholgruppen in Kohlenwasserstoffe eingeführt werden, z. B. nach dem Schema:

$$R-H + O_2 + NADPH + H^+ \longrightarrow ROH + H_2O + NADP^+ \qquad (7.5)$$

es können auch Alkohole zu Aldehyden und Aldehyde zu Carbonsäuren oxidiert werden. Läuft die Oxidation an einer C = C Doppelbindung ab, dann entsteht ein Epoxid (Gl. 6.8). Sofern Aromaten hydrolysiert werden, kann es dabei zur Verschiebung bereits vorhandener Substituenten kommen, wie das Beispiel der 2,4-Dichlorphenoxiessigsäure (2,4-D), zeigt (Gl. 7.6).

Im Zuge von Reduktionsreaktionen können Ketone in sekundäre Alkohole übergeführt werden oder auch Nitroverbindungen in Amine.

Biologisch von besonderer Bedeutung sind Oxidations- und Reduktionsreaktionen, die zur Bildung von Stoffen mit verbesserter Wasserlöslichkeit führen, wie Hydroxyverbindungen usw. Durch die verbesserte Wasserlöslichkeit können besonders Vielzeller mit spezifischen

(7.6)

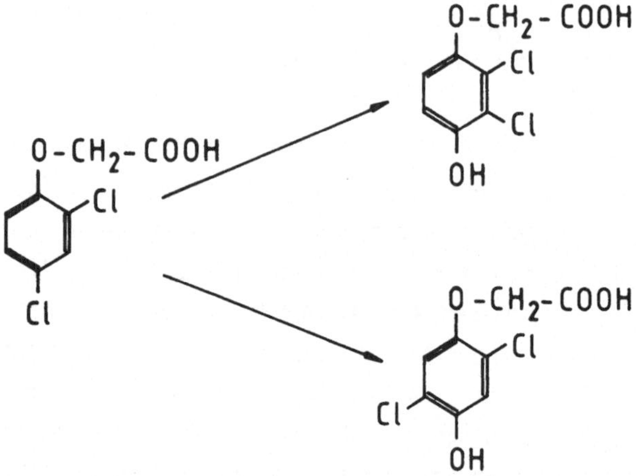

Exkretionsorganen, also auch der Mensch, diese Metaboliten leichter ausscheiden und damit aus dem Körperstoffwechsel eliminieren. Damit ist eine wirksame Entgiftung des Körpers möglich, auch wenn die entstandenen Metaboliten noch immer toxische Eigenschaften besitzen.

Durch enzymatische Hydrolysen werden Ester in gleicher Weise gespalten wie bei abiotischen Hydrolysen (Gl. 7.4). Die die Esterbindung spaltenden Enzyme beschleunigen lediglich den Vorgang.

Unter Konjugationen versteht man Reaktionen primärer Metabolite inkorporierter Substanzen mit körpereigenen Stoffwechselprodukten. Solche Konjugationen finden meist in der Leber der Tiere und des Menschen statt. Auch diese Reaktionen tragen in der Regel dazu bei, die betreffenden Stoffe leichter ausscheidbar zu machen. Als körpereigene Reaktionspartner treten Acetat, Aminosäuren und Zucker, sowie Zuckersäuren auf. Konjugationen werden durch Transferasen katalysiert.

7.1.3 Toxizität

Damit ein Schädlingsbekämpfungsmittel oder ein anderes Xenobiotikum toxisch wirken kann, muß es einige Bedingungen erfüllen.

Zunächst muß der Stoff in die Zellen eines Organismus aufgenommen werden und dort eine so hohe Konzentration erreichen, daß die Schädigungsgrenze überschritten wird. Bei einer Verteilung im ganzen körper kann diese Grenze durch das Verhältnis von resorbierter Stoffmenge zum Körpergewicht, ausgedrückt als mg/kg, abgeschätzt werden. Die Konzentration innerhalb der Zellen ergibt sich aus der Konzentration des Xenobiotikums in der Umwelt, der Resorptionsgeschwindigkeit, der Metabolisierbarkeit und der Ausscheidungsgeschwindigkeit der aufgenommenen Substanz. Neben diesen Größen ist weiterhin zu berücksichtigen, ob ein Fremdstoff im Körper ohne Metabolisierung physiologisch neutralisiert werden kann, beispielsweise durch Deponie im Körperfett. Solche biologisch inaktiven Depots können beim Abbau des Körperfettes wieder mobilisiert werden und dann die wirksame Konzentration des Fremdstoffes im Körper kurzfristig erhöhen.

Man geht davon aus, daß ein inkorporierter Fremdstoff in der Regel erst dann physiologisch wirksam wird, wenn er zuvor an einen Rezeptor gebunden wurde (ausgenommen osmotisch wirksame Substanzen). Als Rezeptoren können Membranproteine, Enzyme oder andere Proteine mit biologischer Funktion dienen, wie z. B. Tubulin, Actin, oder Myosin.

Wendet man die aufgeführten Kriterien für Pflanzenschutzmittel an, dann stellt sich zunächst die Frage nach der Inkorporationsrate. Dafür stellt man die üblicherweise mit der Nahrung aufgenommene Menge in Rechnung. Welche Quantitäten dem Menschen darüber hinaus über Luft, Trinkwasser und andere Quellen zugeführt werden, ist kaum bekannt.

Das Abbauverhalten im Körper ist in sehr vielen Fällen nur unvollständig bekannt. Eine Reihe von Stichprobenuntersuchungen liegen jedoch über die Speicherung im Körperfett und in der Muttermilch vor.

Über die Rezeptoren in den Zellen liegen meist keine gesicherten Erkenntnisse vor. Oftmals scheinen verschiedene Rezeptoren ein und dieselbe Substanz binden zu können, denn von Herbiziden weiß man beispielsweise, daß sie in dem zu bekämpfenden Organismus ganz andere physiologische Wirkungen zeigen als beispielsweise beim Menschen. Dagegen wirken viele Insektizide beim Menschen und bei Insekten prinzipiell gleich.

Chlorkohlenwasserstoffinsektizide werden vom Menschen über den Darmtrakt und die Außenhaut resorbiert, wenn sie in gelöster Form vorliegen. Man nimmt an, daß sie sich in die Membranen der Nervenzellen so einlagern, daß die für den Na^+ - Einstrom vorhandenen Öffnungen nicht mehr verschlossen werden können. Deshalb wird unter dem Einfluß solcher Substanzen nach einer Erregung das ursprüngliche Ruhepotential nicht oder nur unvollständig wieder hergestellt. Chlorkohlenwasserstoffe steigern somit die Erregbarkeit der Nervenzellen. Zuerst werden von diesem Effekt die motorischen Nervenbahnen betroffen, doch mit steigender Konzentration werden auch die sensorischen Neuronen mit einbezogen. Solche Schädigungen treten beim Menschen jedoch nicht nach Aufnahme von Pestizidresten in Nahrungsmitteln auf, sondern erst in wesentlich grösseren Mengen. Dennoch bewertet man die Aufnahme von Spuren der Chlorkohlenwasserstoffe kritisch, weil sie im Körper des Menschen akkumuliert werden und weil sie in Wechselwirkung mit anderen Fremdstoffen treten können.

Alkylphosphorsäureester haben sich als wirksame Inhibitoren der Acetylcholinesterase (vgl. Abb. 6.4) erwiesen. Damit wird die Erregungsleitung in Nervenbahnen mit Acetylcholin - Rezeptoren beeinträchtigt, wie beispielsweise im Parasympathicus und an motorischen Endplatten. Durch Hemmung des Enzyms reichert sich Acetylcholin an, was zu folgenden Krankheitssymptomen führt: Speichelfluß, Lungenödeme, Koliken, Durchfälle, Erbrechen, Sehstörungen, Blutdrucksenkung, Muskelzukkungen und Krämpfe, Sprachstörungen, Atemlähmung u. a. Auch organische Phosphorsäureester und Carbamate können bei versehentlicher oder absichtlicher Überdosierung zu ähnlichen Krankheitsbildern Anlaß geben.

Herbizide üben auf den Menschen ganz andere physiologische Wirkungen aus als auf Pflanzen. Bei 2,4-Dichlorphenoxiessigsäure (2,4-D) und 2,4,5-Trichlorphenoxiessigsäure (2,4,5-T) sind es weniger die Herbizide selbst als vielmehr die Verunreinigungen mit TCDD (Abschn. 5), die toxisch wirken. Da dieser Spurenstoff etwa 500 000 mal stärker toxisch wirkt als die Herbizide selber, wurde dessen Konzentration im Herbizid auf maximal 0.005 mg/kg festgesetzt, wobei selbst diese kleine Menge noch nicht völlig harmlos erscheint, weil sich TCDD als äußerst persistent in der Umwelt erwies.

Dipyridyle, wie z. B. Paraquat verursachen schon nach äußerlichem Kontakt Blasen und Geschwüre. Nach Inkorporation stellen sich Nieren- und Leberschäden ein, später dann fibröse Lungenveränderungen, die zum Tod führen. Wegen der hohen Toxizität muß mit Dipyridylen besonders sorgfältig umgegangen werden.

7.1.4 Ermittlung von Grenzkonzentrationen

Bei allen auf Menschen toxisch wirkenden Pestiziden stellt sich die Frage nach einer zahlenmäßigen Bewertung, d. h. nach dem Grad der Giftigkeit. Die einfachste Bewertungsgrundlage liefert der LD_{50} - Wert. Er drückt aus, bei welcher Konzentration, angegeben in mg Substanz pro kg Körpergewicht, die Hälfte der behandelten Versuchstiere stirbt. Streng genommen gilt dieser Wert nur für die untersuchte Tierart. Er läßt jedoch einen relativen Vergleich verschiedener Giftstoffe untereinander zu.

Zur Bewertung der Toxizität von Pestizidrückständen in Lebensmitteln eignet sich die "duldbare tägliche Aufnahme" (= acceptable daily intake oder ADI) weitaus besser. Sie wird in mg/kg ausgedrückt und bezeichnet diejenige Stoffmenge, die täglich aufgenommen werden kann, ohne daß im Laufe des Lebens Krankheitssymptome zu erwarten sind. Die ADI - Werte ermittelt man durch Fütterungsversuche mit zwei Tierarten über deren gesamte Lebensdauer und mit zwei Folgegenerationen. Die höchste Dosis, die bei diesen Versuchen noch keine Erkrankungen erkennen läßt, nennt man "no effect level". Diesen Wert kann man nicht unmittelbar auf den Menschen anwenden, weil die Versuchstiere, auch wenn es sich um Säugetiere handelt, stoffwechselphysiologische Unterschiede zum Menschen aufweisen. Um für diese, nicht genau bezifferbaren Unterschiede eine Sicherheitsspanne zu erhalten, dividiert man den experimentell gewonnenen "no effect level" durch den Faktor 100. Damit ergibt sich für den Menschen als duldbare Tagesdosis (ADI):

$$ADI = \frac{\text{no effect level}}{100}$$

Zur Ermittlung der in den verschiedenen Nahrungsmitteln enthaltenen, maximal zulässigen Pestizidkonzentrationen muß man wissen, in welchen Mengen die verschiedenen Nahrungsmittel durchschnittlich pro Tag verzehrt werden. Ferner muß das Körpergewicht des Konsumenten mit in die

Berechnung eingehen. Für die tägliche, noch tolerierbare Pestizidhöchstmenge in Nahrungsmitteln (= "permissible level" oder PL) ergibt sich, ausgedrückt in mg/kg:

$$PL = \frac{\text{ADI} \cdot \text{Körpergewicht}}{\text{Tagesverbrauch des Lebensmittels (kg)}}$$

Da der PL - Wert die typischen Eßgewohnheiten der Menschen berücksichtigt, kann diese Maßzahl nicht undifferenziert, weltweit angewandt werden. Für einen Eskimo mit seiner überwiegenden Fischnahrung müßten andere PL - Werte erstellt werden, als für Chinesen mit ihrer überwiegend pflanzlichen Ernährungsweise. Einige Beispiele für höchstzulässige Werte von Pflanzenschutzmitteln in einigen Nahrungsmitteln gibt Tab. 7.2.

Soweit die höchstzulässigen Werte nicht überschritten werden, sollte der Mensch optimal vor Pestiziden geschützt sein und allzu große Pestizidangst scheint somit absolut unberechtigt. Dennoch werden einige Aspekte im Zusammenhang mit Pflanzenschutzmitteln mit Sorge betrachtet. Diese Aspekte betreffen beispielsweise die Ausscheidungswege der Pestizide. Die Eigenschaft, über Gonaden z. T. ausgeschieden zu werden, ist mit der Ungewißheit behaftet, zu wenig über die physiologische Wirkung dieser Stoffe in den Gonaden zu wissen. Auch die Ausscheidung über Milchdrüsen wird mit Unruhe registriert, weil nach Stichprobenuntersuchungen in mehr als 50 % der Fälle Höchstmengenüberschreitungen in der Muttermilch nachgewiesen wurden. Ob diese Höchstmengenüberschreitungen ein gesundheitliches Risiko für den Säugling bedeuten, ist nicht sicher zu beantworten, weil die nur für Erwachsene geltenden Grenzwerte nicht unbedingt für Säuglinge relevant sein müssen, denn Säuglinge und Erwachsene weisen durchaus stoffwechselphysiologische Unterschiede auf. Auf jeden Fall muß es bedenklich stimmen, wenn man Säuglingen eine biologisch für sie besonders wichtige Nahrung anbieten muß, die für Erwachsene nicht mehr zugelassen werden dürfte.

Zweifellos die größte Gefahr geht von Pestiziden auf das Ökosystem aus, in dem sie angewendet werden. Mit Sicherheit werden mit jeder Pestizidanwendung im Freiland Populationen verschiedener Arten von Tieren, Pflanzen und Mikroorganismen beeinträchtigt. Außerdem führt die Pestizidanwendung vielfach zur Resistenzbildung der Schädlinge, womit

Tab. 7.2 Höchstmengen einiger Pflanzenschutzmittel in Nahrungsmitteln

Pflanzenschutzmittel	pflanzl. Nahrungsmittel		tierische Nahrungsmittel	
	Höchstmenge mg/kg	Nahrungsmittel	Höchstmenge mg/kg	Nahrungsmittel
Aldrin und Dieldrin	0.1	Tee	0.2*	Fleisch, Fett
	0.01	andere pflanzl. Nahrungsmittel	1.0*	Aal, Lachs, Stör
			0.5*	sonst. Fische, Krusten- u. Weichtiere
			0.1*	Milch
			0.1	Eier
Toxaphen	0.4	Gemüse, Obst	0.4*	Fisch, Fett, Milch
	0.1	andere pflanzl. Nahrungsmittel		
Chlordan	0.05	Tee	0.05*	Fleisch, Fett, Milch
	0.01	andere pflanzl. Nahrungsmittel	0.02	Eier
			0.01	andere tier. Nahrungsmittel
Lindan	2.0	Blatt- u. Sproßgemüse	2.0*	Fleisch, Fett, Fisch
			0.7*	Geflügel, Wild
	1.5	Obst, Frucht- u. Wurzelgemüse außer Karotten	0.2*	Milch
			0.1	Eier
	0.5	Tee		
	0.1	Getreide, Kartoffeln, Hülsenfr. u. a.		
Methoxychlor	10.0	Gemüse, Obst	3.0	Fleisch, Fett
	2.0	Getreide, Raps		
Parathion u. Paraoxon	0.5	Gemüse, Obst		
	0.1	andere pflanzl. Nahrungsmittel		

Werte mit * sind auf den Fettgehalt bezogen

das Ausbringen höherer Pestizidmengen provoziert wird, um noch erfolgreich Schädlinge bekämpfen zu können.

7.2 Putz-, Wasch- und Reinigungsmittel

Mit toxischen Nebenwirkungen muß man nicht nur bei Pestiziden sondern auch bei einer Reihe von Haushaltsprodukten rechnen. Zum Entfernen alter Farbanstriche werden sog. Abbeizmittel verwendet. Sie enthalten neben Dichlormethan häufig Phenole und Laugen oder Ameisensäure. Laugen und Ameisensäure können die Haut verätzen. Auch Phenol kann auf der Haut schwer heilende Wunden verursachen. Nach wiederholter Inkorporation kann Phenol zu Nieren- und Leberschäden führen. Der MAK - Wert für Phenol liegt bei 5 ppm (Volumina), der MIK_D - Wert bei 0.05 ppm (Volumina). Mindestens ebenso kritisch ist Dichlormethan zu bewerten, das zumindest bei Mikroorganismen mutagen wirkt. Bei länger anhaltender Inhalation können sich degenerative Veränderungen des Nervensystems einstellen. Dennoch liegt der MAK - Wert mit 100 ppm (Vol) erstaunlich hoch, wogegen der MIK_D - Wert auf 5 ppm (Vol) angesetzt wurde. Dichlormethan ist nicht zuletzt wegen seiner Oxidierbarkeit zu Phosgen ($COCl_2$) besonders gefährlich. Diese Umwandlung erfolgt besonders unter dem Einfluß einer offenen Flamme. Phosgen gehört zu den am stärksten wirksamen, Lungenödeme erzeugenden Giftgasen. Abbeizer sollten wegen der vielfältigen Vergiftungsmöglichkeiten, wenn überhaupt, dann nur bei besonders guter Belüftung angewendet werden.

Unter den chemischen Backofenreinigern sind vor allem diejenigen recht gefährlich, die Natriumhydroxid enthalten. Gelangen Spritzer auf die Haut, dann können schwer heilende Verätzungen entstehen.

NaOH enthalten auch Abflußreiniger zu einem hohen Prozentsatz. Daneben können Abflußreiniger bis zu 30 % $NaNO_2$ enthalten. Im sauren Milieu, nach Inkorporation beispielsweise im Magensaft, entsteht die stark mutagen wirkende salpetrige Säure, die Nucleinsäurebasen desaminiert:

$$NaNO_2 + HCl \longrightarrow HNO_2 + NaCl \qquad (7.7)$$

Die durch Desaminierung veränderten Basen zeigen bei der Nucleinsäuresynthese verändertes Paarungsverhalten (Abb. 2.11). Zum Beispiel würde Cytosin mit Guanin paaren, während das durch Desaminierung gebildete Uracil mit Adenin paart.

In WC - Reinigern sind vor allem starke Säuren enthalten, die den Reinigungseffekt bewirken. Meist verwendet man Salzsäure oder Sulfaminsäure (H_2NSO_2OH). Beide Säuren wirken stark ätzend auf Außenhaut und Schleimhäute.

Ähnlich den WC - Reinigern enthalten auch Entkalkungsmittel als wichtigste Komponente Säuren wie Salzsäure, Sulfaminsäure oder Ameisensäure. Bei unvorsichtiger Handhabung können deshalb Hautverätzungen auftreten. Wesentlich geringer sind die Gefährdungen bei Verwendung von Wein- oder Zitronensäure. Dazu kommt, daß die beiden letztgenannten Säuren kaum ökotoxisch wirksam werden können, weil sie im Abwasser mikrobiell schnell und vollständig abgebaut werden.

Ganz andere Gefährdungen gehen von einigen Bodenpflegemitteln aus, die als wichtige Komponente Testbenzin enthalten. Als Testbenzin bezeichnet man eine Erdölfraktion, die zwischen 150 und 180 °C siedet. Solche Kohlenwasserstoffdestillate reizen Haut und Schleimhäute, sie können auch zum Erbrechen führen. Weiterhin gehören zu den unerwünschten Nebenwirkungen Lungenentzündung und Schädigung des Zentralnervensystems. Während die gesundheitsrelevanten Effekte außer Zweifel stehen, ist man sich nicht darüber im Klaren, ob die Vergiftungssymptome bereits beim Einatmen oder erst beim Ausscheiden resorbierten Testbenzins durch die Lunge zustande kommen.

Schuh- und Lederimprägnierungssprays enthalten neben verschiedenen organischen Lösemitteln und einem Treibgas als Wirkstoffe Wachse und Silikonöl. Nach längerem Einatmen der Sprühnebel können sich Atemnot, Erbrechen, Schwindelgefühl und vorübergehende Bewußtseinstrübung einstellen. In Einzelfällen beobachtete man Blaufärbung der Lippen und Lungenödeme. Ob das Silikonöl für die Gesundheitsschäden alleine verantwortlich ist, konnte noch nicht endgültig geklärt werden.

In Waschmitteln ist als sauerstofffreisetzendes Oxidationsmittel meist Perborat (NaH_2BO_4) enthalten. Gelangt diese Substanz versehentlich in den Verdauungstrakt, dann wird sie gut resorbiert. Als physiologische Folgeerscheinungen treten dann Kreislaufversagen, Nierenschäden und Erregung des Zentralnervensystems auf.

Als optische Aufheller, d. h. Stoffe, die UV - Strahlen zu Blau transformieren und damit im reflektierten Licht den Blauanteil verstärken, damit ein Gelbstich überblendet wird, dienen häufig Pyrazolderivate. Von einigen dieser Verbindungen ist bekannt, daß sie

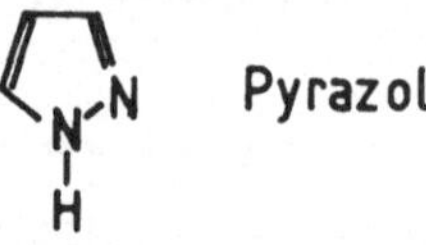

langfristig das blutbildende System schädigen und in höheren Konzentrationen auch Krämpfe und Atemlähmungen auslösen.

Die mitunter nach der Wäsche verwendeten Bleichmittel können toxische Effekte auslösen, wenn sie Natriumhypochlorit (NaOCl) enthalten. Dieser Stoff kann vor allem auf der Haut lokale Verätzungen hervorrufen. Für Perborat - haltige Bleichmittel gelten die gleichen gesundheitlichen Gefährdungen wie bei Perborat - haltigen Waschmitteln.

7.3 Chemische Reinigung, Farben, Lacke

Bei der gewerblich durchgeführten, chemischen Reinigung werden die Textilien mit organischen Lösemitteln behandelt. Neben Fluorchlorkohlenwasserstoffen verwendet man Tetrachlorethen (= Perchlorethylen), 1,1,1-Trichlorethan, Trichlorethylen und einige andere Lösemittel. Trotz ständiger Rückgewinnung der Lösemittel nach der Reinigung gelangen doch erhebliche Mengen in die Umwelt. Die durchweg lipophilen Substanzen neigen zur Akkumulation im Fett von Lebewesen.

Über FCKWs wurde bereits in Abschn. 2.2.9 berichtet. Die anderen Lösemittel können z. T. cancerogen wirken. Für Tetrachlorethylen liegen unterschiedliche Befunde an Ratten und Mäusen vor. Beim Menschen wurde keine Cancerogenität gefunden, doch wirkt die Substanz stark hepatotoxisch durch Radikalbildung im Leberparenchym, ähnlich wie Tetrachlorethan (Gl. 5.1, Abb. 5.2). Außerdem werden Nieren und Zentralnervensystem geschädigt. Tetrachlorethen wirkt auch toxisch auf Mikroorganismen und andere Lebewesen. Dieser Tatbestand sollte schon deshalb beachtet werden, weil die Halbwertzeit dieses Stoffes im Freiland unter aeroben Bedingungen mit 9 Monaten veranschlagt wird.

Unter Lacken und Farben beeinträchtigen besonders solche mit Toluol, Xylol oder anderen Alkylbenzolen das Wohlbefinden des Menschen.

Diese Stoffe können Übelsein, Erbrechen und Kopfschmerzen verursachen. Im Unterschied zu Benzol wirken sie jedoch nicht cancerogen. Im Körper werden sie rasch hydroxyliert, an Schwefel oder Glucuronsäure gekoppelt und dann über die Niere ausgeschieden. Die ernsteste Gefahr solcher Lösemittel geht von Verunreinigungen durch Benzol aus. In großen Mengen gelangen verschiedenartige organische Lösemittel beispielsweise bei Markierungsarbeiten an Straßendecken in die Umwelt. Die zunächst in die Luft abdampfenden organischen Stoffe treten später trotz schlechter Wasserlöslichkeit im Regen und Nebel auf und so werden sie schließlich in Gewässer und Böden eingetragen.

Stark toxisch wirkende Stoffe sind häufig in Holzschutzmitteln enthalten. Dazu gehören u. a. Fungizide und Insektizide. Unter den Lösemitteln dominieren bei Holzschutzpräparaten Xylol und Testbenzin, deren Wirksamkeit bereits erwähnt wurde. In wasserlöslichen Holzschutzprodukten spielt Dinitrophenol eine wichtige Rolle. Diese gut resorbierbare Substanz entkoppelt die oxidative Phosphorylierung, d. h. bei der Atmung wird kein ATP gebildet. Neben diesem Effekt, der auch in der experimentellen Physiologie vielfach genutzt wird, kommt es zu Leber- und Nierenschäden, die sogar letal verlaufen können. Auch Beeinträchtigungen des Zentralnervensystems wurden bekannt. Zum Teil enthalten Holzschutzmittel Pentachlorphenol, das in Abschn. 5 besprochen wurde.

7.4 Kosmetika und Körperpflegemittel

Im Bereich der Kosmetik- und Körperpflegemittel werden naturgemäß weniger stark toxisch wirkende Substanzen eingesetzt als bei Haushaltsreinigungsmitteln. Dennoch kommen auch hier einige Stoffe vor, die vorsichtig gehandhabt werden sollten. Neben einigen Schäumungs- und Konservierungsmitteln, sowie einigen anderen, speziellen Zusätzen, die eine gewisse Toxizität entfalten können, sollen beispielhaft einige bestimmte Körperpflegemittel erwähnt werden.

In Badezusätzen, Schaumbädern und einigen kosmetischen Reinigungsmitteln können synthetische Seifen enthalten sein, wie Ethanolamin ($HOCH_2CH_2NH_2$). Beim Einatmen kann diese ammoniakähnlich riechende Substanz Atemwege und Augen reizen. Bei mehr als einstündigem Einwirken rötet sich die Haut. Dabei soll eine gewisse Resorption stattfinden. Deutlichere Reizungen treten nach oraler Aufnahme an Mund- und Rachenschleimhäuten auf, gegebenenfalls sogar im Magen.

Unter Parfümierungsmitteln von Badewasser wurden mehrfach Intoxikationen mit Fichtennadelöl beobachtet. Im Fichtennadelextrakt dominieren als charakteristische Komponenten Monoterpene, besonders α-Pinen. Dieses Terpen reizt die Haut bei direktem Kontakt. Bei chronischer Berührung können sich "gutartige" Tumore bilden. Nach Einatmen

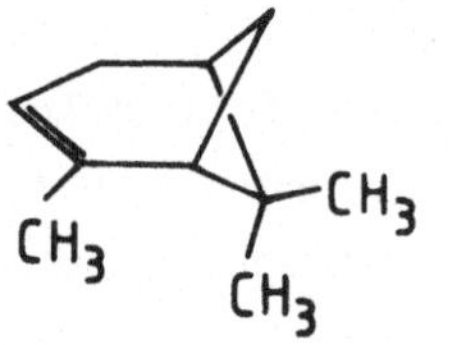

CH_3 CH_3 CH_3

α-Pinen

oder nach Ingestion verursacht es Übelkeit, Nervosität, Herzklopfen und in schweren Fällen Nierenreizung und Lungenentzündung.

Zur Herstellung von Dauerwellen verwendet man Mercaptoverbindungen, um die Disulfidbrücken im Haar zu spalten. Häufig verwendet man Ammoniumthioglycolat ($HSCH_2COONH_4$). Schon in geringen Konzentrationen von ca. 0.04 % können sich Hautreizungen einstellen. Ernsthafte Gesundheitsschäden wurden jedoch nicht beobachtet. Das im Dauerwellenwasser und in Haarfärbemitteln oftmals enthaltene Wasserstoffperoxid kann ebenfalls Hautentzündungen, bei Spritzern in die Augen auch Reizungen der Bindehaut verursachen. Die mutagene Wirkung von H_2O_2 wird kaum zum Tragen kommen, da in die Zellen eingedrungenes Wasserstoffperoxid durch das Enzym Katalase gespalten wird.

Gefährlicher sind sicher Nagellackentferner, die als Hauptkomponenten Ethylacetat ($CH_3COOC_2H_5$) oder in seltenen Fällen Aceton (CH_3COCH_3) enthalten. Ethylacetat wird gut resorbiert und wirkt dann narkotisch. Größere Mengen (bei einem Kind ein bis zwei Schluck) können bereits letal wirken. Während Ethylacetat im Körper nach vorheriger Hydrolyse in der Leber zu CO_2 und H_2O abgebaut wird, werden von inkorporiertem Aceton etwa 50 % mit dem Urin ausgeschieden. Der Rest wird zu Formiat und Acetat metabolisiert.

Bei Pudern mit Talkumgrundlage ($Mg_3(OH)_2(Si_2O_5)_2$) können nach oraler Aufnahme Atemnot mit Blausucht (Cyanose) eintreten, verbunden mit Herzrasen und Hustenanfällen. Als besonders gefährlich erweist sich chronisches Einatmen von Talkumstaub, weil er im Laufe von Jahren oder Jahrzehnten Lungenfibrose, eine bindegewebige Degeneration, auslöst. Derartige Schäden werden eher bei beruflichem Umgang mit Talkumstaub auftreten als beim Umgang mit Puder in Privathaushalten.

Bei Deodorantien, die verhindern sollen, daß Mikroorganismen unangenehm riechende Abbauprodukte aus Schweißbestandteilen freisetzen, werden Bakterizide zugesetzt. Das häufig verwendete Hexachlorophen ist

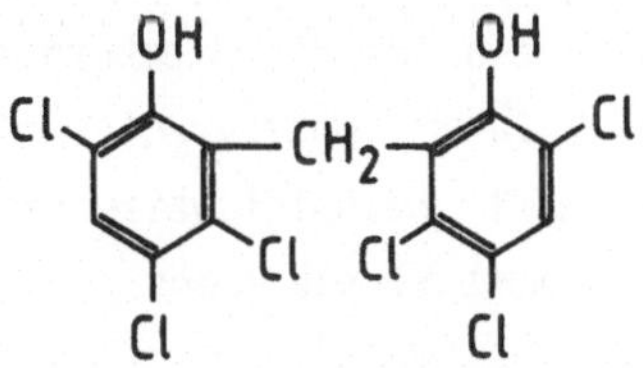

Hexachlorophen

gut hautverträglich, doch kann bei der Synthese dieses Stoffes gegebenenfalls hochgiftiges TCDD (Abschn. 5) entstehen. Somit ist diese Substanz als potentielles Umweltgift anzusehen.

8 Radioaktivität

Als im Jahr 1896 H. Becquerel die Radioaktivität bei Uranmineralien entdeckte, ahnte man noch nichts von deren Gefährlichkeit. Erst ein halbes Jahrhundert später, als die ersten "Atombomben" fielen, wurde allen Menschen die Wirksamkeit dieser Strahlen vor Augen geführt. Bevor diese Wirkungen näher besprochen werden, soll die Natur der Radioaktivität kurz dargestellt werden.

8.1 Was ist Radioaktivität?

Natürliche Radioaktivität tritt fast nur bei Elementen mit Kernladungszahlen > 83 auf. Die Häufung positiver Ladungen im Atomkern lassen diesen so instabil werden, daß er Heliumkerne (= 2 Protonen und 2 Neutronen) oder ß - Teilchen emittiert. Dabei werden die Atomkerne in so stark angeregte Zustände versetzt, daß sie zum Abbau dieser Energiezustände Röntgen- oder γ-Strahlen aussenden.

Durch die Abgabe von Heliumkernen (=α-Strahlen) entsteht ein neues Element, dessen Kernladung um 2 und dessen Kernmasse um 4 Einheiten vermindert ist. Beispielsweise geht das Element Radium in das Edelgas Radon über:

$$(8.1) \qquad {}^{226}_{88}Ra - {}^{4}_{2}He^{2+} \longrightarrow {}^{222}_{86}Rn^{2-} + \text{Energie}$$

Das so entstandene Radon weist nun einen Überschuß von 2 Elektronen in der Atomhülle auf.

Bei der Abgabe von ß-Teilchen aus dem Atomkern entsteht jeweils ein Element mit einer zusätzlichen, positiven Kernladung, ohne daß sich dabei die Kernmasse verändert. Beispielsweise geht das Bleiisotop ${}^{214}_{82}Pb$ (= Radium B) in das Element Bismut über:

$$(8.2) \qquad {}^{214}_{82}Pb - e^{-} \longrightarrow {}^{214}_{83}Bi^{+} + \text{Energie}$$

Die beim α- und ß - Zerfall zunächst entstehenden Ionen gehen durch entsprechende Aufnahme oder Abgabe von Elektronen der Atomhülle rasch in eine elektrisch neutrale Form über. Als Folge des α- und ß - Zerfalls entstehen häufig zunächst instabile Elemente, die durch weiteren Kernzerfall neue Elemente bilden, bis ein stabiles Element entsteht.

Kernstrahlen besitzen einen hohen Energiegehalt. Für α-Strahlen liegt er in der Regel bei 4 - 9 Mio. Elektronenvolt (= MeV), bei ß-Strahlen beträgt er meist 0.5 - 2 MeV und bei γ-Strahlen ca. 0.1 bis 2 MeV. Die Höhe dieser Beträge wird deutlicher, wenn man sie beispielsweise mit der bei der Knallgasreaktion freiwerdenden Energie vergleicht: pro Molekül Wasser werden knapp 3 eV freigesetzt.

Der hohe Energiegehalt der Kernstrahlen geht beim Passieren von Luft, Wasser oder anderen Medien sukzessive verloren, weil während dieser Passage ständig Kollisionen mit Materieteilchen erfolgen. Bei jedem Zusammenstoß wird ein Atom angeregt oder ionisiert. Beim Anregen wird ein Elektron des getroffenen Atoms vorübergehend auf ein höheres Energieniveau angehoben, von dem es unter Abgabe der Anregungsenergie wieder auf sein Ursprungsniveau zurückfällt. Diese Energie kann zu chemischen Reaktionen genutzt werden, oder sie verursacht einen Lichtblitz, den man beispielsweise im Szintillationszähler ausgewertet.

Während Anregung und Ionenpaarbildung häufige Ereignisse darstellen, werden Atomkerne nur sehr selten umgewandelt, weil hierzu die im Vergleich zum Gesamtatom sehr kleinen Atomkerne getroffen werden müssen. Unter natürlichen Bedingungen sind zu Kernumwandlungen besonders Neutronen und Heliumkerne befähigt.

Je größer die Partikel der Kernstrahlen sind, desto häufiger werden sie auf ihrem Weg mit Molekülen zusammenstoßen und desto rascher werden sie ihre Energie verlieren. Damit muß auch die Reichweite der Strahlung abnehmen. Die Photonen der γ- Strahlen weisen bei geringerer Ionisationsdichte eine größere Reichweite auf, als Heliumkerne. ß - Strahlen liegen in ihrer Ionisationsdichte und Reichweite zwischen den Extrema, die α- und γ - Strahlen markieren. In Luft beträgt die Reichweite von γ- Strahlen je nach Energiegehalt mehrere bis viele Meter. Weiche Gewebe von Organismen werden völlig durchdrungen. Ähnliches gilt für freigesetzte Neutronen. ß - Strahlen legen in Luft etwa 150 - 850 cm zurück. In weiche Gewebe von Tieren und Pflanzen dringen sie höchstens wenige cm tief ein. Die Reichweite von Heliumkernen in Luft liegt bei 2.5 - 9 cm. In die Gewebe von Organismen dringen sie nur Bruchteile eines Millimeters tief ein. α - und ß - Strahlen setzen also ihre gesamte Energie auf ihrer kurzen Wanderungsstrecke im Körpergewebe frei. Das bedeutet, daß in der Umgebung eines Einbauortes von α- und ß - Strahlern in den Zellen schwerste Zerstörungen auftreten.

Radioaktive Elemente wirken auch um so gefährlicher auf Körpergewebe, je häufiger sich Kernzerfälle ereignen. Deshalb bestimmt man die Zahl von Zerfällen in einer definierten Nahrungsmittelmenge. Als Maß gilt das Becquerel. 1 Becquerel (Bq) bedeutet 1 Zerfall pro Sekunde.

Die Strahlenmenge oder Strahlendosis mißt man an Hand der erzeugten Ionenpaare. Die Einheit dafür bildet das Röntgen (R). 1 R ist diejenige Strahlenmenge, die in 1 cm^3 Luft 2.082 Mrd. Ionenpaare erzeugt.

Die vom Körpergewebe absorbierte Strahlendosis, die für die biologische Wirksamkeit verantwortlich ist, mißt man als "radiation absorbed dose" (rad), d. h. als Strahlendosis, die von einer definierten Masse bestrahlten Materials absorbiert wird. 1 rad ist definiert als 0.01 J/kg. Das rad wird heute in der Regel durch das Gray (Gy) ersetzt, wobei die Beziehung gilt: 1 Gy = 1J/kg = 100 rad.

Da die Bestrahlung lebender Gewebe mit verschiedenen Strahlenarten erfolgen kann, die sich u. a. durch unterschiedliche Ionisationsdichte auszeichnen, muß man zur Bewertung der biologischen Wirksamkeit die unterschiedliche Energieübertragung der verschiedenen Strahlenarten auf das Gewebe berücksichtigen. Deshalb hat man für jede Strahlenart experimentell deren biologische Wirksamkeit ermittelt, bezogen auf Photonen der Energie 100 - 200 KeV. Diesen Faktor multipliziert man mit der Strahlendosis. Das so ermittelte Maß für die Strahlenwirkung wird in Sievert (Sv) angegeben, wobei die Beziehung gilt: 1 Sv = 1 Gy. Früher verwendete man die Größe "radiation equivalent man" (= rem). Zwischen rem und Sv gilt die Beziehung: 1 rem = 0.01 Sv oder 1 Sv = 100 rem.

Diese kurzen Überlegungen verdeutlichen, daß man wegen der unterschiedlichen Strahleneigenschaften das Bq nicht in eine einfach zu überblickende Beziehung zur absorbierten Dosis Gy oder zur Äquivalentdosis Sv setzen kann. Die Verhältnisse werden noch schwieriger, wenn man bedenkt, daß die Äquivalentdosis nur für weiche Gewebe gilt. Inkorporierte radioaktive Elemente sind in allen ihren physiologischen Konsequenzen nur sehr schwer zu erfassen. Das, was in der Folge über radioaktive Elemente gesagt wird, stellt nur eine grobe Vereinfachung der tatsächlich im Körper ablaufenden Reaktionen dar.

8.2 Physikalische und biologische Halbwertzeit von Radionukliden

Die pro Zeiteinheit zerfallende Menge eines radioaktiven Elements ist in jedem Augenblick der noch vorhandenen Menge proportional, d. h. die Zerfallsrate (dN/dt) nimmt immer mehr ab, so daß sie sich asymptotisch dem Wert Null nähert. Die Mengenabnahme der Radioaktivität läßt sich somit durch eine Differentialgleichung beschreiben.

Jedem Element ist jedoch eine spezifische Zerfallskonstante zu eigen, so daß sich für die radioaktiven Elemente unterschiedliche Zerfallszeiten ergeben. Für praktische Zwecke rechnet man mit der Zeit, in der die Zahl der radioaktiven Atome eines Nuclides auf die Hälfte gesunken ist. Diese Zeit nennt man Halbwertzeit. Will man abschätzen, wann ein radioaktives Element so weit zerfallen ist, daß es nicht mehr wesentlich gefährlicher ist, als natürlich vorkommende, radionuklidhaltige Mineralien, dann rechnete man früher als Faustregel mit der zehnfachen Halbwertzeit. Nach dieser Zeitspanne ist noch etwa ein Tausendstel der Ursprungsaktivität (genauer: $(1/2)^{10} = 1/1024$) vorhanden. Heute differenziert man meist genauer nach Anreicherungsgrad und biologischer Relevanz des in der Diskussion stehenden Radionuklides.

Für die Beurteilung der Frage, wie lange ein radioaktives Element nach der Inkorporation den Körper belastet, interessiert die biologische Halbwertzeit, d. h. die Zeitspanne, während der die Hälfte der aufgenommenen Substanzmenge aus dem Körper ausgeschieden wurde, denn ein biologischer Abbau von Radionukliden im Körper ist nicht möglich.

Aus der biologischen Halbwertzeit T_b und der physikalischen Halbwertzeit T_p kann für den Gesamtorganismus oder für ein bestimmtes Organ die effektive Halbwertzeit T_{eff} errechnet werden, die angibt, wie lange der Organismus oder das Gewebe der Strahlung eines inkorporierten Radionuklides ausgesetzt ist.

$$T_{eff} = \frac{T_b \cdot T_p}{T_b + T_p}$$

Für einige radioaktive Elemente sind physikalische, biologische und effektive Halbwertzeiten in Tabelle 8.1 zusammengestellt.

8.3 Strahleninduzierte Reaktionen im Gewebe

Vom Gewebe absorbierte Kernstrahlen lösen zunächst Ionisierungen und Radikalbildungsprozesse aus. In weichen Geweben stellt Wasser den Hauptbestandteil dar und deshalb stehen Wassermoleküle an er-

Tab. 8.1 Physikalische, biologische und effektive Halbwertzeit einiger wichtiger Radionuklide. Für Plutonium gilt die biologische Halbwertzeit für Knochen. In der Lunge beträgt sie (als wasserunlösliche Verbindung) ein Jahr.

Element	Halbwertzeiten						Strahlenart
	physikalisch		biologisch		effektiv		
Tritium H-3	12.26	Jahre	19	Tage	19	Tage	β^-
Kohlenstoff C-14	5730	Jahre	35	Tage	35	Tage	β^-
Phosphor P-32	14.3	Tage	10	Jahre	14.1	Tage	β^-
Kalium K-40	$1.28\ 10^9$	Jahre	37	Tage	37	Tage	β^-, β^+
Calcium Ca-45	165	Tage	50	Jahre	163.5	Tage	β^-, γ
Strontium Sr-90	28.1	Jahre	11	Jahre	7.9	Jahre	β^-
Iod I-131	8.07	Tage	138	Tage	7.6	Tage	β^-, γ
Cäsium Cs-137	30.23	Jahre	70	Tage	69.6	Tage	β^-, γ
Barium Ba-140	12.8	Tage	200	Tage	12	Tage	β^-, γ
Radon Rn-222	3.824	Tage	-		-		α
Radium Ra-226	1600	Jahre	55	Jahre	53.2	Jahre	α, γ
Uran U-233	$1.62\ 10^5$	Jahre	300	Tage	300	Tage	α, γ
Plutonium Pu-239	$2.44\ 10^4$	Jahre	120	Jahre	120	Jahre	α, γ
			(in Knochen; s. Legende)				

ster Stelle der strahleninduzierten Reaktionen. Zunächst setzen Wassermoleküle solvatisierte Elektronen (e^-_{aq}) frei, d. h. Elektronen, die sich mit einer Solvathülle umgeben. Dabei entstehen 2 Radikale:

$$H_2O \xrightarrow[e^-_{aq}]{\text{Radiolyse}} H^\bullet + OH^\bullet \tag{8.3}$$

Da diese Zerfallsprodukte nur für etwa 1 ms beständig sind, bilden sich in der Folge unter den in der Regel oxidierenden Bedingungen in lebenden Zellen weitere Radikale und Wasserstoffperoxid:

(8.4) $O_2 + H^\bullet \longrightarrow HO_2^\bullet$

(8.5) $O_2 + e^-_{aq} \longrightarrow O_2^{\bullet -}$

(8.6) $O_2^{\bullet -} + HO_2^\bullet + H^+ \longrightarrow H_2O_2 + O_2$

(8.7) $H_2O_2 + O_2^{\bullet -} \xrightarrow{\text{Metallkatalyse}} OH^- + OH^\bullet + O_2$

Neben diesen Reaktionen können die primären Reaktionsprodukte des Wassers erneut zu Wassermolekülen zusammentreten oder zu H_2 und H_2O_2. Die strahleninduzierte Radikalbildung führt zu einer Vielzahl von Folgereaktionen, die die Funktionsfähigkeit der betroffenen Gewebe beeinträchtigen. Die starke Blutungsneigung nach Bestrahlung mit höheren Dosen, z. B. mit 400 R läßt darauf schließen, daß Membranen geschädigt wurden. Solche Reaktionsabläufe sind gut vorstellbar, nachdem man weiß, daß eine Reihe von Radikalen Membranbausteine abbauen können (Abb. 5.2). Weiterhin führen Reaktionen mit Enzymen zu erheblichen Aktivitätsminderungen, wobei die Zahl der Destruktionen mit steigendem Wassergehalt der Gewebe zunimmt. Beispielsweise sind lufttrockene Pflanzensamen wesentlich strahlenresistenter als frisches Blattgewebe.

Von besonderer Bedeutung sind Reaktionen der strahlungsinduzierten Radikale mit Nucleinsäuren. $H^\bullet$ und e^-_{aq} reagieren besonders mit Nucleinsäurebasen. Dabei können verschiedenartige Radikale entstehen. Zum Teil paaren die veränderten Basen bei der Nucleinsäuresynthese mit falschen Nucleotiden und erzeugen so Mutationen (Abb. 8.1). $OH^\bullet$ - Radikale reagieren nicht nur mit Basen sondern auch mit Zucker - Phosphat - Bindungen, sowie mit Zucker - Basen - Bindungen der Nucleinsäuren. So werden neben Veränderungen der Basenpaarung bei der Nucleinsäuresynthese auch Basenverluste und DNA - Strangbrüche induziert. Während Einzelstrangbrüche durch ein Reparatursystem wieder ausgebessert werden können, gehen bei gehäuft auftretenden DNA -

Strangbrüchen ganze DNA - Segmente verloren. Nach Bestrahlung mit höheren Strahlendosen, aber auch nach Zufuhr bestimmter, mutagen wirkender Substanzen können im mikroskopischen Bild völlig zerstückelte Chromosomen sichtbar gemacht werden.

Neben den indirekten Strahlenschäden durch Radikale und einem nicht mehr durch Katalase abbaubaren Überschuß an H_2O_2 können Kernstrahlen die Nucleinsäuren auch direkt verändern, indem sie Basen desaminieren oder ionisieren. Erfolgen Ionisierungen an Positionen, die für die Basenpaarung bei der Nucleinsäuresynthese von Bedeutung sind, dann stellen sich Fehlpaarungen ein (Tab. 8.2 und Abb. 8.1). Bis ins Detail sind die chemischen Veränderungen in einer Zelle nach einer Bestrahlung noch heute nicht bekannt, denn es scheinen eine Reihe von Derivaten zu entstehen, die ihrerseits wiederum mutagen wirken. Beispielsweise sollen nach Bestrahlung von Thymin Peroxide dieser Base entstehen, und nach Bestrahlung der 2-Desoxi-D-ribose sollen sich Carbonylverbindungen bilden, die ebenfalls mutagen wirken, wie Experimente an Mikroorganismen erkennen ließen. Bei diesen Reaktionsabläufen scheint der in der Zelle vorhandene Sauerstoff in Abhängigkeit von der Strahlenart eine unterschiedliche Rolle zu spielen. Man glaubt, daß der mutagene Effekt von Röntgen- und Gammastrahlen durch O_2 verdoppelt bis verdreifacht wird, derjenige von Neutronenstrahlen jedoch nur um den Faktor 1.5 zunimmt.

Tab. 8.2 Paarungsverhalten desaminierter und ionisierter Nucleinsäurebasen. Die Paarungspartner stehen in Klammern (Fel 77).

Paarungsverhalten bei Desaminierung	
Ursprungsbase (Paarungspartner)	desaminierte Base (Paarungspartner)
Adenin (Thymin bzw. Uracil)	Hypoxanthin (Guanin)
Guanin (Cytosin)	Xanthin (Cytosin)
Cytosin (Guanin)	Uracil (Adenin)
Paarungsverhalten bei Ionisierung	
Ursprungsbase (Paarungspartner)	ionisierte Base (Paarungspartner)
Thymin (Adenin)	Thymin-Ion (Guanin)
Guanin (Cytosin)	Guanin-Ion (Thymin bzw. Uracil)

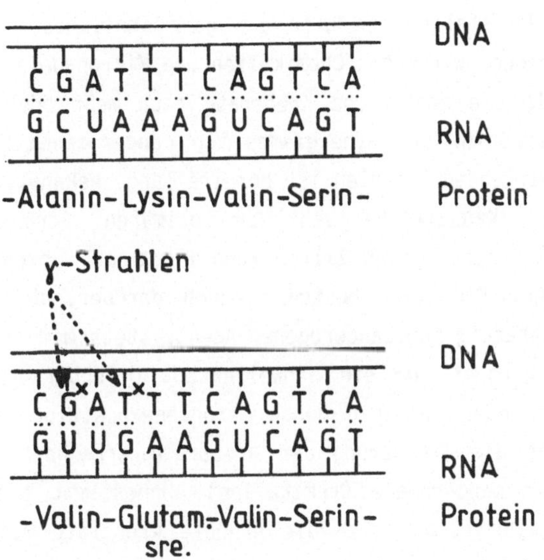

Abb. 8.1 Oben: Ausschnitt des genetischen Codes eines Proteins. Unten: Auswirkungen der Ionisierung zweier DNA - Basen auf den gleichen genetischen Code (Fel 77).

Die in jedem Fall zu beobachtende Bildung reaktiver Sauerstoffspezies macht es verständlich, daß sog. Strahlenschutzstoffe effektiv die Mutationsrate vermindern können. Bei den Strahlenschutzstoffen handelt es sich meist um thiolgruppenhaltige Reduktionsmittel. Dazu gehören u. a. Glutathion und Cystein. Direkte Strahlenwirkungen kann man mit solchen Antoxidantien nicht verhindern. Strahlenschutzstoffe können nur dann die Mutationsrate senken, wenn sie vor dem Einwirken energiereicher Strahlen genommen werden. Neben Strahlenschutzstoffen gibt es auch Substanzen, die die Strahlenwirkung verstärken. Dazu gehört Coffein, das vermutlich das DNA - Reparatursystem hemmt und dadurch die Mutationsrate steigen läßt. Als Folge der Primärwirkungen von Kernstrahlen kann man beim Menschen 3 Kategorien von Gesundheitsschäden unterscheiden: Krebsentstehung, akutes Strahlensyndrom und genetische Schäden bei Nachkommen.

Bereits geringe Strahlendosen können carcinogen wirken, wobei meist eine Latenzzeit von Jahren oder Jahrzehnten in Rechnung gestellt werden muß. Es stellt sich hier ein ganz ähnliches Problem, wie bei vielen cancerogen wirkenden Chemikalien und Mikronadeln (z. B. Asbest), die ebenfalls die natürliche Krebsrate nach mehr oder minder langer Latenzzeit erhöhen. Der Synergismus von cancerogenen Chemikalien und cancerogen wirkenden Strahlen ist bereits lange bekannt.

Die Kausalkette von der primären Strahlenwirkung bis zur malignen Entartung von Zellen kann heute noch nicht völlig überblickt werden. Einigkeit besteht jedoch darüber, daß die Krebsentstehung, unabhängig vom cancerogenen Agens, stets mit einer DNA - Veränderung einhergeht. Da ein Schwellenwert offenbar nicht existiert, kann man aus jeder beliebig hohen Strahlenexposition für eine größere Population die Steigerung der Krebsrate errechnen (gleiches gilt sinngemäß für cancerogene Chemikalien). Unbestimmt bleibt dabei die Zeitspanne, während der sich die erhöhte Krebsrate manifestiert. Für die Berechnung des Krebsrisikos K_B nach einer Bestrahlung gilt:

$$K_B = K_0 \cdot (1 + B/D)$$

wobei K_0 die spontane Krebsrate, B die Bestrahlungsdosis und D die Verdoppelungsdosis bedeuten. Wie hoch die Verdoppelungsdosis anzusetzen ist, bleibt eine unbefriedigend geklärte Frage, zumal sie u. a. von der Krebsart abhängt. Häufig nimmt man an, daß sie bei 0.5 - 1 Gy (= 50 bis 100 rad) liegt. Die mitunter geäußerte Annahme, daß geringe Strahlendosen die Krebsrate nicht erhöhen, beruht vor allem darauf, daß sehr geringe Steigerungsraten in epidemiologischen Untersuchungen oft schwer zu erfassen sind. Die Steigerung der Krebsrate bei einer Bestrahlung mit 0.01 Gy (= 1 rad) wird mit 0.1 - 2 % angegeben. Legt man einen mittleren Wert von 0.5 % bei 0.01 Gy zugrunde, dann bedeutet das, daß die natürliche Krebsrate von jährlich 200 Fällen pro 100 000 Personen pro Jahr auf etwa 201 Fälle zunimmt. Diese jährliche Krebsentstehungsrate darf nicht mit der Gesamt-Krebssterberate einer Bevölkerung verwechselt werden.

Während die Krebsentstehung in der Regel als Spätfolge zu betrachten ist, können bei höheren Strahlenbelastungen, etwa ab 0.25 Gy (= 25 rad) akute Krankheitssymptome auftreten, die man als Strahlenkater bezeichnet. Von den grippeähnlichen Krankheitssymptomen erholt sich die betroffene Person relativ rasch, doch ist damit das Risiko, Spätschäden zu erleiden, erheblich gestiegen. Die LD_{50} - Dosis für den Menschen, d. h. diejenige Dosis, die bei 50 % der Menschen letal wirkt, liegt bei 4 Gy (= 400 rad) und die LD_{100} - Dosis, die bei 100 % der bestrahlten Individuen tödlich wirkt, liegt bei 7 Gy (= 700 rad). Zwar überlebten einzelne Personen bereits wesentlich höhere Strahlendosen, beispielsweise, weil man ihnen rechtzeitig durch Knochenmarkstransplantationen helfen konnte, doch bleibt deren Vitalität eingeschränkt und die Wahrscheinlichkeit an späten Strahlenfolgen oder an Immunschwäche vorzeitig zu sterben, ist groß. Dafür bieten die Strahlenopfer von Hiroshima und Nagasaki dramatische Beispiele. Das akute Strahlensyndrom umfaßt Symptome wie Unwohlsein, Übelkeit, Mattigkeit, kleinere oder größere Blutungen, Kräfteverfall, Haarausfall und mitunter Fieber. Je früher solche Erscheinungen nach einer Bestrahlung eintreten, desto größer war die Strahlendosis und desto ungünstiger sind die Prognosen für die Wiederherstellung der Gesundheit.

Am unübersichtlichsten verhalten sich genetische Schäden bei den Nachkommen strahlenexponierter Personen. Das liegt nicht zuletzt daran, daß die meisten Mutationen rezessiver Natur sind, d. h. sie manifestieren sich erst dann, wenn zwei gleichartige Mutationen in einem Organismus zusammentreffen (= Homozygotie). Deshalb werden solche Mutationen häufig zunächst unbemerkt, d. h. verdeckt weitergegeben. So wird die Population des Menschen Mutationen anreichern, was deshalb zur Sorge Anlaß gibt, weil die meisten Mutationen vitalitätsmindernd wirken.

Es stellt sich nun die Frage, ob die Sorge um die Mutationsanreicherungen in der Population des Menschen wirklich gerechtfertigt ist, weil man von gewissen Tierpopulationen (z. B. Drosophila) weiß, daß bei 85 % ihrer Individuen rezessive, im homozygoten Zustand letal wirkende Mutationen tragen. Trotzdem zeigt sich die Gesamtpopulation nicht in ihrer Vitalität geschwächt. Außerdem ist eine gewisse Strahlenbelastung und die dadurch ständig ausgelösten Mutationen eine der Triebfedern der Evolution. Außerdem war die natürliche Strahlenbelastung vor mehreren hundert Millionen Jahren noch wesentlich höher als das gegenwärtig der Fall ist.

Im Zusammenhang mit diesem Tatbestand muß man jedoch berücksichtigen, daß mit fortschreitender Evolution die Organismen einen zunehmend komplexer und komplizierter werdenden Aufbau erlangten. Doch je komplizierter ein Organismus aufgebaut ist, desto leichter wird er durch Kernstrahlen geschädigt und so spiegelt die Strahlenempfindlichkeit der Organismengruppen recht genau ihre Stellung in der Evolution der Lebewesen wider (Abb. 8.2). Auch bei ein und demselben Organismus ändert sich die Strahlenempfindlichkeit während seiner Individualentwicklung: jugendliche Entwicklungsstadien mit hoher Zellteilungsrate reagieren stets empfindlicher auf Bestrahlung als ausgewachsene Individuen mit ihrer stark reduzierten Zellteilungsaktivität.

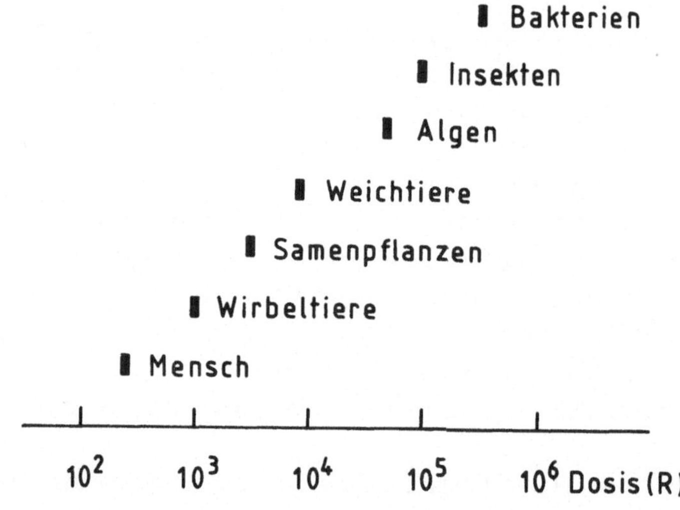

Abb. 8.2 Mittlere LD_{50} - Werte für einige Organismengruppen. Teilungsaktive Entwicklungsstadien können um den Faktor 10 - 10^3 empfindlicher reagieren.

Natürlich erträgt jede Organismengruppe eine gewisse Variationsbreite der Strahlenbelastung, doch steht ebenso sicher fest, daß, bezogen auf die gesamte Population, jede Erhöhung der Strahlenbelastung mit einem gewissen Verlust an Lebensjahren und einer Steigerung der Erkrankungsrate einhergeht.

8.4 Das Problem der Grenzwertabschätzung

Angesichts der gesundheitlichen Risiken, die von Kernstrahlen ausgehen, stellt sich ebenso wie bei Giftstoffen die Frage nach der höchstzulässigen Grenzdosis. Da es für Strahlenschäden keinen Schwellenwert gibt, wie am Beispiel der Krebsentstehung erwähnt wurde, ist man auf vage Schätzungen angewiesen, welche Strahlendosis man noch als vertretbares Risiko ansehen will.

In der Zeit nach dem 2. Weltkrieg verständigte man sich zunächst darauf, eine Verdoppelung der natürlichen Strahlenbelastung zu tolerieren. Das würde während der ersten 30 Lebensjahre, die man als Fortpflanzungsphase für besonders schutzwürdig ansah, eine zusätzliche Belastung von 0.06 Gy (= 6 rad) bedeuten. Etwas später empfahl die internationale Kommission für Strahlenschutz (ICRP) zusätzlich zur natürlichen Strahlenbelastung 0.05 Gy (= 5 rad) in 30 Jahren zuzulassen. Nach einer Reihe von Jahren sah man einen Jahresgrenzwert von 5 mSv als zulässige Höchstdosis an, das entspricht in grober Näherung einer Strahlendosis von 0.005 Gy jährlich oder 0.15 Gy (= 15 rad) in 30 Jahren. War man nach den oberirdischen Kernwaffentests in der Nachkriegszeit auf die Erstellung konkreter Grenzwerte bedacht, so versuchte man während der achtziger Jahre dem Grundsatz zu folgen, die künstliche Strahlenbelastung so niedrig, wie mit vernünftigem Aufwand erreichbar zu halten ("as low, as reasonably achievable"). Mit dem erhöhten fall out nach dem Reaktorunglück von Tschernobyl am 26. 4. 1986 wurde jedoch der Ruf nach konkreten Grenzwerten wieder akut, denn die erwünschte Reduktion anthropogener Strahlenbelastung war plötzlich nicht mehr einzuhalten. So griff eine gewisse Ratlosigkeit um sich, die am besten dadurch veranschaulicht wird, daß seither keine Einigung über höchstzulässige Grenzwerte auf europäischem Niveau erzielt werden konnte. Somit hat die Vergangenheit gelehrt, daß die Festlegung von Grenzwerten für anthropogene Strahlenbelastungen nicht ausschließlich von naturwissenschaftlichen Erkenntnissen abhängt, sondern auch von den jeweils herrschenden, praktischen Gegebenheiten. Dieser Zwiespalt relativiert die Schutzfunktion von Strahlengrenzwerten.

Die Schwierigkeiten bei der Erstellung höchstzulässiger Grenzwerte sind nicht nur im Bereich der Radioaktivität zu finden. Gegenwärtig erleben wir ähnlich gelagerte Komplikationen mit der cancerogen wirkenden Substanz Benzol, die als Klopfschutzmittel Otto - Kraftstoffen zugesetzt wird. Als cancerogen wirkende Substanz sollte Benzol weitgehend aus dem Lebensbereich der Menschen ferngehalten werden. Tatsächlich kann man in der Luft von Tiefgaragen und schlecht durchlüfteten Großstadtstraßen Konzentrationen im Bereich des TRK - Wertes (s. Abschn. 2.2.2) und darüber messen. Eine Einigung über höchstzulässige Benzol - Zusätze zum Otto-Kraftstoff wurde jedoch noch nicht erzielt.

Für Personen, die beruflich mit Radioaktivität konfrontiert werden, gelten andere Grenzwerte als für den Durchschnittsbürger. Das Erkrankungsrisiko muß bei diesen Berufsgruppen notwendigerweise zunehmen, sofern diese Grenzwerte voll ausgeschöpft werden. Da die Zahl beruflich exponierter Personen, verglichen mit der Gesamtbevölkerung klein ist, wird sich die zu erwartende Steigerung von Strahlenschäden kaum statistisch signifikant nachweisen lassen.

Tab. 8.3 Grenzwerte für berufliche Strahlenexposition (Enzyklopädie Naturwissenschaft und Technik 81).

Körperbereich	jährlicher Dosisgrenzwert
Ganzkörper, Gonaden, Knochenmark	0.05 Sv
Hände, Unterarme, Füße, Unterschenkel	0.6 Sv
Haut alleine	0.3 Sv
Knochen, Schilddrüse	0.3 Sv
andere Organe	0.15 Sv

8.5 Quellen künstlicher Radioaktivität in der Umwelt

Von den anthropogenen Strahlenquellen sollen nur diejenigen erwähnt werden, die für die Gesamtbevölkerung von Bedeutung sind. Hier ist besonders der medizinische Bereich mit diagnostisch und therapeutisch verwendeten Röntgenstrahlen zu nennen. Während der achtziger Jahre wurden viele ältere Bestrahlungsgeräte durch neuere, dosissparende Apparate ersetzt und damit die Strahlenbelastung vieler Patienten herabgesetzt. Auch die sorgfältigere Abschirmung nicht bestrahlter Körperpartien unterstützt die Strahlenentlastung. Die Effektivität dieser Maßnahmen hängt jedoch von der Sorgfalt des bestrahlenden Personals ab und davon, ob Befunde von Röntgenuntersuchungenstets weitergegeben werden, um wiederholte Untersuchungen zu vermeiden. Trotz aller Fortschritte steht der medizinische Bereich noch an der Spitze der künstlichen Strahlenbelastung der Bevölkerung.

Im Zusammenhang mit kleinen Strahlendosen muß erwähnt werden, daß in Fachartikeln mehrfach auf deren positive Wirkung bei Organismen hingewiesen wurde. Als Beispiel wird immer wieder die wachstumsfördernde Wirkung bei Pflanzen zitiert. Dieser Befund ist jedoch kein Beleg für die Harmlosigkeit kleiner Strahlendosen. Beispielsweise wachsen mangelhaft belichtete Pflanzen besonders rasch, ohne daß man darin einen Ausdruck gesteigerter Vitalität erblicken darf, vielmehr handelt es sich um eine pflanzenspezifische Reaktion auf diesen Störfaktor, der die Vitalität eindeutig vermindert. Ein anderes Beispiel bietet die Bakanae - Krankheit von Reispflanzen, die sich ebenfalls in verstärktem Wachstum äußert. Dabei handelt es sich jedoch um eine Pilzinfektion, die auch verzögerte Blütenbildung und verminderte Photosyntheseleistung zur Folge hat. Erhöhte Wachstumsleistung von Pflanzen ist lediglich Ausdruck eines erhöhten Gehaltes an bestimmten Phytohormonen. Die höchsten Gehalte wachstumsfördernder Phytohormone findet man beispielsweise in Pflanzentumoren.

Besonders intensiv diskutiert man die Nutzung der Radioaktivität in Kernkraftwerken. Zur Energiegewinnung setzt man U-233, U-235 oder Pu-239 ein, wobei eine bestimmte, kritische Masse des spaltbaren Materials überschritten werden muß, damit eine sich selber unterhaltende Kettenreaktion abläuft. Die erforderliche, kritische Masse ist für jedes der genannten Elemente verschieden. Bei der Kernspaltung entstehen Neutronen hoher Energie. Diese Neutronen müssen auf eine niedere Energie gebracht werden, d. h. sie müssen in Moderatoren abgebremst werden, wie beispielsweise in Wasser, schwerem Wasser oder Graphit. Bei der so gesteuerten Kettenreaktion werden aus schweren Elementen mittelschwere Elemente bei gleichzeitiger Neutronenfreisetzung gebildet, wie folgende drei Beispiele zeigen:

$$
{}^{235}_{92}U + n \longrightarrow \left[{}^{236}_{92}U\right] \begin{cases} \nearrow \; {}^{138}_{56}Ba + {}^{95}_{36}Kr + 3n + \gamma \\ \longrightarrow \; {}^{140}_{56}Ba + {}^{94}_{36}Kr + 2n + \gamma \\ \searrow \; {}^{144}_{56}Ba + {}^{89}_{36}Kr + 3n + \gamma \end{cases} \tag{8.8}
$$

Die bei der Kettenreaktion freiwerdende Energie nutzt man zur Erwärmung eines geeigneten Arbeitsmittels, wie z. B. Wasser.

Die heute häufig verwendeten Druckwasserreaktoren arbeiten etwa nach folgendem Prinzip: Die Brennelemente aus Uranoxid (mit 3 % des zu spaltenden Isotops U-235) werden in extrem resistente Stahlrohre aus Zirkallog eingeschweißt. Diese Stahlrohre werden derart gebündelt, daß zwischen ihnen etwa einige cm Abstand erhalten bleiben, so daß Wasser zwischen den Rohren zirkulieren kann. Dieses Wasser dient sowohl der Moderierung freigesetzter Neutronen als auch dem Wärmetransport. Die Stahlrohre einschließlich des sie umgebenden Primärwassers befinden sich in einem sehr dickwandigen "Reaktorkessel", denn man arbeitet bei einer Temperatur von ca. 300 °C und einem Druck von etwa 60 bar. Das Primärwasser erhitzt sekundärseitiges Wasser zu Wasserdampf, welches Elektrogeneratoren antreibt. Zum Schutz vor Schäden ist der Reaktorkessel in eine meterdicke Betonhülle eingebaut. Das gesamte Primärkreislaufsystem wird von einer Stahlkugel umschlossen. Die Stahlkugel wird letztendlich von einer äußeren Betonhülle umgeben, die das bekannte "Atomei" darstellt. Die Sicherheitsanlagen sind, entsprechend der Gefährlichkeit des Brennstoffes, außerordentlich aufwendig.

Das ausgefeilte, technische Sicherheitssystem der Kernreaktoren, die in Zukunft drohende Verknappung fossiler Brennstoffe und nicht zuletzt das CO_2 - Problem der Atmosphäre (Abschn. 2.2.4.2) stellen sehr handfeste Argumente dafür dar, künftig auf die Energiegewinnung durch Kernspaltung nicht mehr zu verzichten. Dennoch ist gerade diese Form der Energiegewinnung heftig umstritten und es gilt, zumindest in Ansätzen zu prüfen, worauf sich diese Kritik stützt.

Die Einwände gegenüber Kernkraftwerken betreffen weniger die beim Normalbetrieb freigesetzten Radionuklide als vielmehr einige Folgen, die sich aus dem Betrieb von Kernkraftwerken ergeben. Ein Kritikpunkt betrifft das Risiko des Durchschmelzens eines Reaktors, so daß radioaktives Material aus den Brennstäben freigesetzt wird (= Super GAU). Dieses Risiko hält man für größer, als es offizielle Sicherheitsstudien angeben, weil zumindest zwei sehr ernste Störfälle bereits eintraten, nämlich der GAU von Harrisburg 1979 und der Super-GAU von Tschernobyl 1986. Dieser Super - GAU hat das Schadensmaß demonstriert, das beim Durchschmelzen des Reaktorkerns auftritt. Dazu gehören nicht nur die ca. 250 Todesfälle, die bisher bekannt wurden, vielmehr werden noch viel mehr Krebstote in den folgenden Jahrzehnten zu beklagen sein, wie der Leiter der Aufräumungsarbeiten, Chernousenko angibt. Weiterhin ist ganz sicher mit einer erhöhten Mutationsrate bei der strahlenexponierten Bevölkerung zu rechnen. Zu den unmittelbar nachweisbaren Folgen gehört die Kontamination weiter Teile Europas mit radioaktivem fall out, was in Schweden zu einem Massenschlachten von Rentieren und in anderen Ländern zu Ernteausfällen führte. Ferner wurde in einem Gebiet von mindestens 100 000 km^2 der Boden so stark mit radioaktivem Material verseucht, daß hier über eine ungewisse Zeitspanne hinweg keine Landwirtschaft mehr betrieben werden kann.

Ein anderes Problem stellen die verbrauchten Brennelemente dar. Zur Beseitigung dieser Abfälle bieten sich Wiederaufarbeitung und Deponie an. Bei der Wiederaufarbeitung werden die Zirkallogstäbe nebst hochradioaktivem Inhalt mechanisch zerschnitten, sodann werden die löslichen Anteile, also Uran und das gebildete Plutonium sowie die meisten Spaltprodukte in Salpetersäure aufgelöst. Aus der Salpetersäure werden Uran und Plutonium in eine organische Phase übergeführt und anschließend separat als Uran und Plutonium zurückextrahiert. Uran und Plutonium können wieder zu Kernbrennstoffen verarbeitet werden. Die meisten Spaltprodukte werden in ein Glas eingeschmolzen. Damit lassen sich die letzten Problemstoffe sehr viel sicherer lagern als die ursprünglichen, "abgebrannten" Kernbrennstoffe. Wenn auch äußerst geringe Mengen an Radioaktivität bei diesem Verfahren in die Umwelt entlassen werden, so besteht ein unbestreitbarer Vorteil der Wiederaufarbeitung darin, daß das Plutonium mit seiner sehr hohen Halbwertzeit nicht endgelagert werden muß sondern durch seinen erneuten Einsatz im Kernkraftwerk gespalten wird. Andererseits emittieren Wiederaufarbeitungsanlagen insgesamt mehr Radioaktivität als Kernkraftwerke.

Die Endlagerung von radioaktiven Abfällen stellt ein schwieriges Problem dar, denn die Spaltprodukte der Kernkraftwerke müssen etwa 1 000 Jahre gelagert werden, bis ihre Aktivität derjenigen natürlicher Pechblende entspricht. Bei Plutonium dauert diese Zeitspanne etwa 500 000 Jahre, eine sicherlich problematisch lange Zeit. Dabei ist noch unklar, ob die Deponie in Salzstöcken oder in trockenem Fels, in großer Tiefe oder nahe der Erdoberfläche langfristig gesehen die meisten Vorteile bietet. Lediglich der Versenkung radioaktiver Abfälle in der Tiefsee steht man inzwischen skeptisch gegenüber. Die auch heute noch andauernde Ungewißheit über die günstigste Form der Endlagerung führt dazu, radioaktive Abfälle zur Einengung und Zwischenlagerung in andere Länder zu verschicken, ein Verfahren, das ebenfalls auf heftige Kritik stößt.

Ein ganz anderes Problem wird darin erblickt, daß ein Kernkraftwerk wegen der ständigen Strahlenbelastung nach ca. 30 Betriebsjahren stillgelegt werden muß. Dabei stellt sich die Frage, wo man die verstrahlten Abbruchteile sicher deponieren soll.

Auch das in den Reaktoren gebildete tritiierte Wasser sieht man als Problem an. Unkontrollierte Freisetzung hat zur Folge, daß es ständig über Trinkwasser und Luft, sowie über Nahrungsketten den Menschen erreichen kann. In nächster Umgebung der Einbauorte in den Zellen der Organismen würde der weiche ß - Strahler erhebliche biochemische

Schäden verursachen. Eine sichere Deponie tritiierten Wassers bereitet wegen der Lagerfrist von ca. 120 Jahren (= zehnfache physikalische Halbwertzeit) Schwierigkeiten. Für den Verbleib tritiierten Wassers wurde bisher noch kein befriedigendes Konzept entwickelt.

Das Für und Wider der Energiegewinnung aus spaltbarem Material, das hier nur äußerst knapp andiskutiert werden konnte, bedarf einer sorgfältigen Abwägung, wobei die heute noch viel zu wenig genutzten Möglichkeiten sog. alternativer Energiegewinnungsverfahren in die Überlegungen einbezogen werden sollten.

8.6 Kernwaffen und der nukleare Winter

Kernenergie wird nicht nur im zivilen Bereich eingesetzt. Große Mengen hochradioaktiver Materialien werden in Kernwaffen gelagert. Man schätzt, daß alleine von Pu-239 mehrere hundert Tonnen in Sprengköpfen eingeschlossen sind. Die Lagerung und Bewachung so großer Mengen des toxischsten Elements bedeutet bereits ein erhebliches Risiko für die Menschen. Ein Einsatz von Kernwaffen im Kriegsfall hätte jedoch weitreichende Folgen, von denen man sich einige Aspekte vergegenwärtigen sollte.

Der wahrscheinlichste Ort für einen Nuclearkrieg, auch nach der inzwischen eingesetzten politischen Entspannungsphase, wäre die Nordhalbkugel der Erde. Bei Detonationen über der Erde (sog. Luftdetonationen) bilden sich bevorzugt sehr kleine Partikel, die als radioaktives Aerosol die Nordhemisphäre vielfach umrunden und als sog. später fall out im Verlaufe von Monaten bis Jahren auf die Erdoberfläche niedergehen. Die freigesetzte Radioaktivität würde dabei mehr oder minder gleichförmig verteilt und belastet nicht bevorzugt das Detonationsgebiet. Unwägbarkeiten stellen Regenfronten dar, die zum inhomogenen Ausregnen der Radioaktivität führen können.

Bei Bodendetonationen werden erhebliche Mengen an Bodenpartikeln in die Luft gerissen, z. T. auch geschmolzen und verdampft. Beim Abkühlen bilden sich größere Partikel, von denen etwa 50 % als früher fall out nach etwa 2 - 3 Tagen zu Boden gehen. Die restlichen 50 % bilden wiederum späte Niederschläge. Über die biologischen Folgen der freigesetzten Radioaktivität muß nicht nochmals berichtet werden. Wichtig ist lediglich die Feststellung, daß bei einem Nuclearkrieg die gesamte Nordhemisphäre unter radioaktivem fall out zu leiden hätte, bei Luftdetonationen ausgeprägter als bei Bodendetonationen. Als Folge dieser Verteilung der Radioaktivität werden Radionuklide über Nahrungsketten nahezu alle Ökosysteme der Nordhalbkugel belasten und so auch die Menschen erreichen, auch wenn es ihnen gelingt sich vor der direkten Strahlung nach der Detonation zu schützen. Die zögernde Wanderung vieler Radionuklide im Boden läßt über Jahre hinaus keinen Anbau von Kulturpflanzen ohne radioaktive Belastung zu. Da die Hauptanbaugebiete von Nahrungsmittelpflanzen auf der Nordhalbkugel liegen, ist wenig Hilfe von der Südhalbkugel zu erwarten.

Mit steigendem Plutoniumgehalt in den Sprengköpfen wird die Letalitätsrate bei Menschen und Tieren zunehmen, weil sich zur Radiotoxizität die extrem hohe biochemische Toxizität gesellt.

Ein ganz anderer Aspekt ergibt sich aus der extremen Hitzeentwicklung bei derartigen Detonationen. Von den Bombenabwürfen über Hiroshima und Nagasaki weiß man, daß bei der Detonation ein Feuerball aus glühenden Gasen entsteht. Bei einer Bombe mit einer Sprengkraft, die 20 Megatonnen TNT entspricht, erreicht dieser Feuerball in Bodennähe einen Durchmesser von ca. 7 km. Durch die Ausdehnung der erhitzten Luft ist zu wenig Sauerstoff für eine vollständige Verbrennung organischer Materialien vorhanden, so daß erhebliche Mengen an feinsten Rußteilchen entstehen. Von solchen Beobachtungen ausgehend hat man Berechnungen angestellt, wie stark die Verrußung der Atmosphäre nach Kernwaffenschlägen unterschiedlichen Ausmaßes sein könnten. Die Ergebnisse solcher Modelle variieren erheblich, nicht zuletzt deshalb, weil die angenommenen Voraussetzungen variieren. Beispielsweise kommt es darauf an, ob ausgedehnte Waldbrände entstehen, ob Öllager den Flammen zum Opfer fallen usw. In jedem Fall umrundet auch die entstehende Rußwolke die Nordhalbkugel. Ungewiß bleibt jedoch, wieviel Sonnenenergie der Ruß absorbiert und wie lange er den Himmel verdunkelt. Je nach den zugrunde gelegten Modellvorstellungen soll die Temperatur in Erdbodennähe unterschiedlich tief sinken, wobei der Effekt im Sommer stärker ausfallen würde als im Winter. Es erscheint einigermaßen unerheblich, ob im

Sommer die Temperatur unter 0 °C fallen würde oder nur auf + 5 °C oder + 10 °C fallen würde. Stets könnten Feldfrüchte nicht mehr im Sommer ausreifen und das Pflanzenwachstum würde so stark gehemmt, daß eine Ernte unmöglich würde. Es muß also garnicht der sog. nucleare Winter mit langanhaltenden Vereisungen ausbrechen, um weltweite Hungersnot auszulösen. Durch Temperaturdepressionen würden auch die natürlichen Ökosysteme stark geschädigt. Eine Temperaturerniedrigung, auch wenn sie "nur" 5 °C betragen würde, müßte tiefgreifende Klimaänderungen auslösen. Man geht heute davon aus, daß Klimaänderungen bei Temperaturverschiebungen von 0.8 °C und mehr zu erwarten sind.

Die Detonation mehrerer Kernwaffen würde die Bildung großer Mengen von Stickoxiden verursachen. Von den Stickoxiden gehen stark toxische Wirkungen aus. NO_x könnte auch in die Stratosphäre einwandern, da sich die Detonationswolken ebenfalls bis in die Stratosphäre erstrecken können. In diesem Fall ergäben sich rasch einsetzende Auswirkungen auf das stratosphärische Ozon.

Die wenigen Andeutungen zu möglichen Konsequenzen eines Kernwaffeneinsatzes zeigen, daß auch ein "begrenzter Atomschlag" mit einer Sprengkraft von etwa 5 000 Mt TNT die Nordhalbkugel so stark in Mitleidenschaft ziehen würde, daß Ackerbau über Jahre hinweg kaum durchführbar wäre, Klimaänderungen eintreten und natürliche Ökosysteme zerstört werden müßten.

9 Ausblick

Die knappe Übersicht über einige Umweltbelastungsfaktoren hat einerseits erkennen lassen, daß man viele chemische und biochemische Konsequenzen noch nicht genügend überblickt. Andererseits kann man schon heute eine bedrückende Vielfalt von anthropogenen Schädigungen des Naturhaushalts erkennen.

Eine Quelle dieser Belastungen bildet unser stets auf Wachstum abgestelltes Produktions- und Konsumstreben. Eine andere Quelle stellt die steil ansteigende Bevölkerungskurve dar, die dazu führt, daß auch kleine Beiträge zur Umweltbelastung jedes Einzelnen bereits große Umweltprobleme insgesamt schaffen. Eine dritte Quelle bildet der einseitig fixierte Fortschrittsglaube, der uns in diesem Jahrhundert eine bisher nicht gekannte Flut neuer und naturfremder Industrieprodukte und chemischer Substanzen beschert hat. Dadurch werden alle Umweltmedien mit oft schwer oder nicht abbaubaren Fremdstoffen belastet, die vielerorts natürliche Ökosysteme in ihrer Existenz bedrohen. Deshalb sollten schnellstmöglich Änderungen eingeleitet werden, um die Natur vor einem Kollaps zu bewahren. Das sollte bedeuten, Schadstoffemissionen und den Verbrauch natürlicher Ressourcen drastisch zu reduzieren. Diese Bestrebungen könnten verknüpft werden mit der Hinwendung zu Naturstoffen oder naturähnlichen Verbindungen, die mikrobiell abbaubar sind und somit nach dem Gebrauch in den natürlichen Stoffkreislauf eingegliedert werden können.

Eine Umorientierung von Technik, Chemie und Wirtschaftsdenken hätte nichts mit einem Rückfall in die Steinzeit zu tun, vielmehr würde sie eine große und neuorientierte wissenschaftliche Herausforderung bedeuten, auf der Erkenntnis fußend, daß man sich in bestehende Naturkreisläufe einzuordnen hat, wenn der Mensch langfristig zu überleben gedenkt. Alle Naturwissenschaftler und Techniker sollten sich stets dessen bewußt sein, daß sie Gast in der Natur sind.

Glossar

Aerosol: Kolloidal (in Luft) dispergierte, feste und flüssige Teilchen.

ADI: Acceptable dayly intake oder duldbare tägliche Aufnahme (von Pestiziden), ausgedrückt in mg/kg.

Anämie: Reduktion der Zahl roter Blutkörperchen im Blut.

AOX: An Aktivkohle adsorbierbares, organisch gebundenes Halogen.

Asbestose: Durch Asbest - Mikrofasern ausgelöste, bindegewebige Veränderung der Lunge.

B-Lymphozyten: Zellen des Immunsystems, die ihre Fähigkeit zur Immunabwehr bei der Passage durch ein nicht genau bekanntes Organ (bei Vögeln: Bursa) erlangen.

BSB_5: Biochemischer Sauerstoffbedarf einer Wasserprobe in 5 Tagen.

cancerogen: krebserregend

carcinogen = cancerogen

Chlorakne: Auf chlorhaltige, organische Verbindungen (meist Chloraryle) zurückgehende, schwer heilende Hautausschläge, die Narben hinterlassen.

CSB: Chemischer Sauerstoffbedarf von Wasser- oder Abwasserproben.

EGW: Einwohnergleichwert. Abfallmenge, die eine Person pro Tag in das Abwasser entläßt.

elektrische Leitfähigkeit: Maß für die Belastung des Wassers mit Elektrolyten. Sie wird in Siemens (S) angegeben. $1\ S = 1\ Ohm^{-1}$.

Emission: Ausstoß von Schadstoffen.

Eutrophierung: Nährstoffanreicherung in Gewässern.

FAO: Food and Agriculture Organization = Nahrungsmittel und Landwirtschaftsorganisation.

Fibroblasten: Bildungszellen des Bindegewebes.

Gewässergüteklasse: Einteilung der Gewässer nach ihrem Belastungsgrad in (meist) vier Güteklassen: oligosaprob (I), ß-mesosaprob (II), α-mesosaprob (III) und polysaprob (IV).

Gray (Gy): Vom Körpergewebe absorbierte Strahlendosis. 1 Gy = 1 J/kg = 100 rad.
GVE: Großvieheinheit. Abfallmenge eines Rindes von 500 kg Lebendgewicht, die täglich in das Abwasser abgegeben wird.

Halbwertzeit, biologische: Zeitspanne, in der die Hälfte einer aufgenommenen Substanz abgebaut oder ausgeschieden wird.
Halbwertzeit, physikalische: Zeitspanne, während der die Hälfte einer radioaktiven Substanz zerfallen ist.
Hepatotoxizität: Schädigung des Leberparenchyms.
Hydraturgrad: Wassergehalt der Zelle, der sich im Gleichgewicht zwischen Wasseraufnahme und Wasserabgabe befindet.

Immission: Einwirkung von Schadstoffen.
Ionisationsdichte: Die pro durchstrahlter Strecke im Medium gebildete Anzahl von Ionenpaaren.
IW: Immissionswerte. Höchstmengenrichtwerte für Schadstoffe in der Biosphäre. Sie werden nach Langzeit(IW 1)- und Kurzzeit(IW 2)- Werten differenziert.

Jet - Stream: Horizontal gerichteter Strahlstrom an der Grenze von Troposphäre und Stratosphäre, der an seinen Flanken Verwirbelungen erzeugt und dadurch einen rascheren Eintritt von Gasen aus der Troposphäre in die Stratosphäre ermöglicht.

LD_{50}: Dosis eines Stoffes, angegeben in mg/kg, die auf die Hälfte der damit gefütterten Versuchstiere letal wirkt.
Lee: Windschatten
Lithosphäre: Gesteinshülle der Erde bis zu einer Tiefe von 1000 bis 1200 km.
Luv: windzugewandte Seite.

MAK: maximale Arbeitsplatzkonzentration. Schadstoffkonzentration, der ein gesunder, erwachsener Mensch täglich für 8 Stunden bei einer 5 - Tage - Woche ausgesetzt sein darf, ohne zu erkranken.

MEK: maximale Emissionskonzentration. Höchstzulässige Schadstoffkonzentration, die von einer technischen Anlage an die Atmosphäre abgegeben werden darf. Die Konzentration ist im Abgasstrom zu messen.
MIK: maximale Immissionskonzentration. Schadstoffkonzentration, die von den meisten Lebewesen schadlos ertragen wird. Sie wird häufig in Lang- und Kurzzeitwirkung untergliedert.
motorische Endplatte: Ansatzstelle einer Nervenfaser am Muskel.
Mykorrhiza: Zusammenleben (Symbiose) von Pflanzenwurzeln mit einem Pilzgeflecht zu beiderseitigem Nutzen.

Nahrungskette: Gruppe von Lebewesen, die einander als Nahrung dienen. In Nahrungsketten reichern sich Schadstoffe an, da die Zahl der Individuen am Ende der Nahrungskette klein ist.
Nekrose: abgestorbene Zellen.
Niereninsuffizienz: mangelhafte Nierenfunktion.

PAN: Peroxiacetylnitrat
Parasympathicus: Teil des vegetativen Nervensystems. Antagonist des Sympathicus. Die Reizübertragung (Transmitter) erfolgt durch Acetylcholin.
Pestizide: Sammelbegriff für alle Pflanzenschutz- und Schädlingsbekämpfungsmittel.
Phloem: Teil der Ferntransportbahnen in Pflanzen, in denen vorzugsweise Assimilate transportiert werden.
Population: Alle Individuen einer Art innerhalb eines bestimmten Areals, die alle untereinander kreuzbar sind und deshalb einen gemeinsamen Genbestand besitzen.
ppb: parts per billion = 10^{-12}.
ppm: parts per million = 10^{-6}.
procancerogen: Nach Umwandlung im Körper krebsauslösend wirkend.
Pseudokrupp: Entzündung des Kehlkopfes, die zu Atemnot führt.

rad: radiation absorbed dose = vom Körper absorbierte Strahlendosis. 1 rad = 10^{-2} J/kg = 10^{-2} Gy.
Reinluftgebiet: Region, die nicht im unmittelbaren Einzugsbereich indu-

strieller oder städtischer Abgase liegt.

Saprobienstufe: s. Gewässergüteklassen

Sievert (Sv): Biologische Wirkung energiereicher Strahlen, bezogen auf Photonen der Energie 100 - 200 KeV, auf lebende Gewebe. 1 Sv = 1 J/kg = 10^2 rem.

Silikose: Durch Quarzstäube ausgelöste, bindegewebige Knötchenbildung in der Lunge.

Stratosphäre: Der im Mittel zwischen 11 und 50 km Höhe gelegene Teil der Atmosphäre.

TA-Luft: Technische Anleitung zur Reinhaltung der Luft.

teratogen: Mißbildungen auslösend.

Thermokline: Temperatursprung im Ozean, bei ca. 200 m Tiefe, der die ständige Durchmischung von wärmerem Oberflächenwasser und kälterem Tiefseewasser verhindert.

TNT: Trinitrotoluol; gebräuchlicher Sprengstoff.

TOC: total organic carbon = gesamter, organisch gebundener Kohlenstoff.

Transmission: Ausbreitung von Schadstoffen.

TRK: Technische Richtkonzentration. Empfohlene Höchstwerte für gefährliche Giftstoffe, z. B. cancerogene Substanzen.

Troposphäre: Bodennaher Teil der Lufthülle der Erde, im Mittel bis zu einer Höhe von 11 km.

VDI: Verein Deutscher Ingenieure

Vorfluter: Oberflächengewässer, in das Abwässer geleitet werden.

WHO: World Health Organization = Weltgesundheitsorganisation.

Xenobiotika: Künstlich hergestellte Substanzen, Fremdstoffe in der Biosphäre.

Literatur

Bach, W. (Koordinator): The carbon dioxide problem. Experientia (Basel) **36**, 767 (1980)

Belitz, H. D., Grosch, W.: Lehrbuch der Lebensmittelchemie. 3. Aufl. Springer, Berlin, Heidelberg, New York, London, Paris, Tokyo 1987

Daunderer, M.: Handbuch der Umweltgifte. ecomed, Landsberg/Lech 1990

Enzyklopädie Naturwissenschaft und Technik. Verlag moderne Industrie, Landsberg/Lech 1981

Fabian, P.: Atmosphäre und Umwelt. 2. Aufl. Springer, Berlin, Heidelberg, New York, London, Paris, Tokyo 1987

Fellenberg, G.: Umweltforschung. Springer, Berlin, Heidelberg, New York 1977

Fellenberg, G.: Ökologische Probleme der Umweltbelastung. Springer, Berlin, Heidelberg, New York, Tokyo 1985

Forth, W., Henschler, D., Rummel, W. (Hrsg.): Allgemeine und spezielle Pharmakologie und Toxikologie. 4. Aufl. B.I. Wissenschaftsverlag, Mannheim, Wien, Zürich 1983

Glöbel, B., Gerber, G., Grillmaier, R., Kunkel, R., Leetz, H. K., Oberhausen, E. (Hrsg.): Umweltrisiko 80. Thieme, Stuttgart 1981

Hausen, B. M.: Lexikon der Kontaktallergene. ecomed, Landsberg/L. 1988

Harnisch, H.: Die FCKW - Ozonhypothese. Höchst-Information 1977

Heintz, A., Reinhardt, G.: Chemie und Umwelt. Vieweg, Braunschweig, Wiesbaden 1990

Hock, B., Elstner, E. F.: Pflanzentoxikologie. B.I. Wissenschaftsverlag Mannheim, Wien, Zürich 1984

Jakobi, H. W.: Fluorchlorkohlenwasserstoffe, Verwendung und Vermeidungsalternativen. E. Schmidt, Berlin 1988

Kaim, W., Schwederski, B.: Bioanorganische Chemie. Teubner, Stuttgart 1991

Kremer, B. P.: Toxische Planktonalgen. Naturwissensch. **68**, 101 (1981)

Korte, F. (Hrsg.): Lehrbuch der ökologischen Chemie. 2. Aufl. Thieme, Stuttgart 1987

Kümmel, R., Papp, S.: Umweltchemie. VEB Deutscher Verlag f. Grundstoffindustrie 1988

Kummert, S., Stumm, W.: Gewässer als Ökosysteme. 2. Aufl. Verlag der Fachvereine, Zürich 1988

Lahmann, E.: Luftverunreinigung, Luftreinhaltung. Paul Parey, Berlin, Hamburg, 1990

Lindner, E.: Toxikologie der Nahrungsmittel. 3. Aufl. Thieme, Stuttgart 1986

Menig, H.: Abgasentschwefelung und -entstickung. Deutscher Fachschriftenverlag, Wiesbaden 1987

Mudrack, K., Kunst, S.: Biologie der Abwasserreinigung. 2. Aufl. G. Fischer, Stuttgart 1988

Odzuck, W.: Umweltbelastungen. Ulmer, Stuttgart 1982

Olszyk, D. M., Tingey, D. T.: Phytotoxizity of Air Pollutants. Plant Physiol. **74**, 999 (1984)

Petzold, W., Krieger, H.: Strahlenphysik, Dosimetrie und Strahlenschutz. Teubner, Stuttgart 1988

Pöpel, F.: Lehrbuch für Abwassertechnik und Gewässerschutz. Deutscher Fachschriftenverlag, Wiesbaden 1988

Rippen, G.: Handbuch Umweltchemikalien. 2. Aufl. ecomed, Landsberg/L. 1984

Rump, H. H., Krist, H.: Laborhandbuch für die Untersuchung von Wasser, Abwasser und Boden. VCH Verlagsgesellschaft, Weinheim 1987

Scheffer, F., Schachtschabel, P. (Hrsg.): Lehrbuch der Bodenkunde. F. Enke, Stuttgart 1982

Sigg, L., Stumm, W.: Aquatische Chemie. Verlag der Fachvereine, Zürich 1989

Velvart, J.: Toxikologie der Haushaltprodukte. 2. Aufl. Hans Huber, Bern, Stuttgart, Toronto 1989

Verband der chemischen Industrie e.V. (Hrsg.): Waldschäden. Frankfurt/M 1984

Vollmer, G., Franz, M.: Chemische Produkte im Alltag. Thieme, Stuttgart 1985

Weish, P., Gruber, E.: Radioaktivität und Umwelt. 3. Aufl. G. Fischer, Stuttgart, New York 1986

Sachregister

Abbeizmittel 222
Abflußreiniger 222
Abgasreinigung 89 ff
Abwasserfischteich 139 f
Abwasserreinigung 135 ff
  bologische 136 ff
  Fällungsverfahren 142 f
Abwasserteiche 136
Abwasserverregnung 135
Abwasserverrieselung 135
acceptable daily intake 219
Aceton 226
ADI; s. acceptable daily intake
adsorbierbare, organisch gebundene
  Halogene 106
Adsorptionsverfahren 144
Äquivalentdosis 230
Aerosol 16 f, 23
  Bedeutung f. Korrosion 25
  Definition 16
  Innenräume 20
  Klimaänderung 59
  Reinigungsverfahren 35 ff
  stratosphärisches 22, 99
  Verweilzeit i. d. Atmosphäre 19
Aflatoxine 197 ff
  Toxizität 199 f
Aldrin 115
Alkoholvergiftung 191
Alkylammoniumverbindungen 119
Alkylbenzylsulfonat 119 f
Alkylphosphorsäureester 218
Alkylsulfonsäuren 119
Allergene 31, 33
Allergie 30 ff
Aluminium 30
  Ionenbildung 87, 134, 154
Ameisensäure 222 f
Ammoniak 111
Ammoniumthioglycolat 226
Amylalkohole 191
Anatoxin A 201 f
Anthrachinone 208
Antibiotika 194
AOX, s. adsorbierbare, organisch
  gebundene Halogene
Arsen 126
ß-Asaron 209
Asbestose 27
Atmosphäre
  Aufbau 20
  Entstehung 11
  Temperaturschichtung 42

Badezusatz 225
Becquerel 229
Belebtschlammverfahren 137, 140
Benzinabscheider 137
Benzo(a)pyren 168 ff, 170
Benzol 240
Bergbau-Forschungsverfahren 94
Beryllium 30
Biochem. Sauerstoffbedarf 104 f
  Kläranlage 139
Blei 28, 127, 155 f, 184, 195
  Alkylverbindungen 129

Erkrankungssymptome 28
Bleichmittel 224
Bleitetraethyl 24
Bleitriethylion 24
Boden
Erosion 152
Pufferkapazität 87
Säureeintrag 87 f, 153, 163
Schwermetalleintrag 88, 155 ff
Verdichtung 150
Versalzung 162, 164
Bodenpflegemittel 223
Botulinustoxin 203 f
Bronze, Patinabildung 67
BSB_5; s. biochem. Sauerstoffbedarf
Byssochlaminsäure 197
Cadmium 29, 127, 131 f, 156 f, 185
Bindung an Proteine 129, 132
biolog. Halbwertzeit 128
Vergiftungssymptome 29, 128 f
Cäsium-137 187f
Cancerogenität 29, 130 ff, 166, 169 f, 173 f, 182, 192, 194, 199 f, 208 f, 224, 240
Carcinogenität, s. Cancerogenität
Chelate 125, 130
chemischer Sauerstoffbedarf 105
Chloride (Wasserbelastung) 121 f
Bewässerungswasser 121, 162
Trinkwasser 121
chlorierte Kohlenwasserstoffe 114 f, 218, 170 ff
Chlorophyllzersetzung 70, 81
Chlorwasserstoff 60
Chrom 130 f, 143
Ciguatera 201
Citrinin 197
Claus-Verfahren 89
Coffein 192,210 f
coliforme Keime 110
CSB; s. chemischer Sauerstoffbedarf
Cyanide 144

DDT, s. Dichlordiphenyltrichlorethan
Debromo-Aplysiatoxin 201 f
Degussa-Verfahren 94
Denitrifikation 71
Deodorantien 227
Depositionen
nasse 61, 87
trockene 61, 87
1,2-5,6-Dibenzanthracen 168
Dibenzodioxine 140, 161, 179 ff, 218, 227
Flugstaub 183
Grenzwerte 183
Mülldeponien 181
Muttermilch 181
Toxizität 182
Toxizitätsäquivalente 180
Dibenzofurane 180 f
Dichlordiphenyltrichlorethan 117, 158, 174 ff
Abbauwege 176, 214
1,2-Dichlorethan 171
Dichlormethan 171, 192, 222
2,4-Dichlorphenoxyessigsäure 215 f, 218
Dieldrin 115 f

7,12-Dimethylbenzanthrazen 168
Dinitrophenol 225
Dioxine; s. Dibenzodioxine
Distickstoffmonoxid 57 f, 72
  Ozonabbau 102
  Verweilzeit i. d. Atmosphäre 102
Dünnsäureverklappung 133, 212

EGW; s. Einwohnergleichwert
Einwohnergleichwert 104
Eisen 150 f
  Säureschäden 66 f
  Toxizität 151
elektrische Leitfähigkeit 106 ff
Elektroabscheider 37 f
elektrochemische Spannungsreihe 66
Emission 41 f
  Verminderung 88 ff
Emschergraben 136
Entkalkungsmittel 223
Entschwefelung von Brennstoffen 89
Erdöl 112 f
Ergotalkaloide 196
Ergotismus 196
Ethanolamin 225
Ethylacetat 226
Ethylendiamintetraacetat 125
Eutrophierung 109 f, 122 f, 141, 201

Feinstaub 17, 28
Fettsäuren
  Autoxidation 189
  Polymerisation 190
  Radikalbildung 69 f, 81, 172 f, 189 f
Fichtennadelöl 226
Flockungsmittel 143 f, 147
Fluorchlorkohlenwasserstoffe 57 f, 224
  Herkunft 98
  Herstellung 101
  Infrarotabsorption 100
  Klimaveränderung 100
  Ozonzerstörung 99
  photochemische Reaktionen 99
  Verweildauer i. d. Atmosphäre 98
Fluorwasserstoff 60
Fungizide 213

Gammastrahlen 228
  Lebensmittelkonservierung 194
Gaswäscher 37
Gewässergüteklassen 107 f
  Kläranlage 139
Gewässerversauerung 134
  Ca-Stoffwechsel 134
Glucobrassicin 207
Gonyautoxin 201 f
Gray 230
Großvieheinheit 104 f
GVE; s. Großvieheinheit

Hämoglobin
  CO-Bindung 51 f

Fe(II)-Oxidation 123
Halbwertzeit
biologische 29
Radionuklide 230 ff
Harnstoff 111
Hausmüll 29, 124
Heptachlor 115
Herbizide 213
Hexachlorcyclohexan 117, 177
Hexachlorophen 180, 227
Holzschutzmittel 124, 225
Histamin 205
p-Hydroxybenzoesäure 192 f

Ilmenit 133
Immission 44 f
Immissionsgrenzwert 46 f
Mängel 48
Infrarotabsorption (Gase) 57 f
Insektizide 213
Inversion 42 f, 50
Invertseife 119
Iod-131 187
Itai-Itai Krankheit 29, 128 f
IW; s. Immissionsgrenzwert

Kalium-40 185, 188
Kaskadenwasserfall 138 f
Katalysator 95 f
KFZ-Abgasentgiftung 95
Klärschlamm 29, 140 f, 161, 167, 180
Klimaänderung 55 ff
Knauf-Research-Cottrell-Verfahren 90

Kohlendioxid 53 ff
Infrarotabsorption 55
Kalkauflösung 64
Klimaveränderung 55 ff
Konzentration (Atmosphäre) 54
Lösung im Meerwasser 55
Verweildauer i. d. Atmosphäre 54
Kohlenmonoxid 49 f
Bindung an Hämoglobin 51 f
Entgiftung i. d. Natur 53
Toxizität 50 f
Zigarettenrauch 50
Kohlenstoff-14 188
Korrosion 25
Korund 30
Kupfer 157

Lectine 206
Lederimprägnierungsspray 223
Ligninsulfonsäure 114
Lindan; s. Hexachlorcyclohexan
Lungenfibrose 30

MAK; s. maximale Arbeitsplatzkonzentration
Mangan 126, 150
maximale Arbeitsplatzkonzentration 46
Blei 26
Cadmium 29
maximale Emissionskonzentration 46
maximale Immissionskonzentration 46
MEK; s. maximale Emissionskonzentr.
Menthol 209

Metallothioneine 29, 132
Methan 57 f, 102, 141
3-Methylcholantren 168
Microcystin 201
MIK; s. maximale Immissionskonzentration
Minamatakrankheit 127
Molybdän 30
Müll; s. Hausmüll
Müllverbrennung 165, 180 f
Mutagenität 74, 81 f, 123, 130 f, 192, 194, 222, 226, 234 f
Mycotoxine 196 ff
Myristicin 210

Nagellackentferner 226
Natriumchlorid 120 f
Natriumhydroxid 222
Natriumhypochlorit 224
Nitrat 103, 123, 141, 145, 150, 184, 195, 204
Nitratspeicherpflanzen 184
Nitrilotriacetat 125
Nitrit 145, 195
Nitrosamine 123, 184, 192, 195
Nitrosylion 123
no effect level 219
nuclearer Winter 245

Ochratoxin 197 f
Olefine 75
optische Aufheller 223 f
Oxalsäure 208
Oxidationsgraben 139 f
Ozon 23, 76 f, 84, 97
  Bildung 74, 97
  Klimaänderung 57 f
  Konzentration (Troposphäre) 23
  MAK-Wert 80
  Photolyse 23
  Silberfleckenbildung 83
  Toxizität 80, 82 f
  UV-Absorption 97
  Verlust (Stratosphäre) 100

PAN; s. Peroxiacetylnitrat
Paraquat 218
Parathion 115 ff, 215
Patulin 197 f
Pentachlorphenol 178 f
Perborat 223 f
permissible level 220
Peroxiacetylnitrat 75, 84
Pestizide 158 ff, 212 ff
  Abbaureaktionen 213 ff
  Lebensmittel 221
  Muttermilch 220
  Persistenz (Boden) 159 f
  Toxizität 216 ff
Phenole 113, 144, 222
Phosgen 222
Phosphamidon 116
Phosphat 103, 123 f, 142, 204
Phthalsäureester 165 f
  MAK-Wert 166
Phytochelatine 132
Phytohämagglutinin; s. Lectine

Phytoplanktontoxine 200 ff
  Hemmung v. Neurotransmittern 203
α-Pinen 226
planetarische Windgürtel 19
Podsolierung 153
polychlorierte Biphenyle 161 f, 166 f
  MAK-Wert 167
  Toxizität 167
polycyclische, aromatische Kohlenwasserstoffe 167 f, 190
  Metabolismus 169 f
Polyoxyethylen 119
Propanil; s. 3,3',4'-Trichlor-4-(3,4-dichloranilino)-azobenzol
Propylenoxid 193
Proteaseinhibitoren 206
Prymnesin 201
Pyrazol 224
Pyrokohlensäurediethylester 194

Quecksilber 125, 132, 184 f
  Alkylverbindungen 129
  biologische Halbwertzeit 128
  methyliertes 127 f, 130, 185

Radioaktivität
  biologische Halbwertzeit 231 f
  Desaminierung von Nucleobasen 234
  effektive Halbwertzeit 231 f
  Grenzwertabschätzung 239 f
  Ionisierung von Nucleobasen 234
  Krebsrisiko 236
  natürliche R. 227
  physikalische Halbwertzeit 230 f
  Quellen 241 ff
Radiolyse von Wasser 232
Radionuklide 185 ff
Radikalbildung, strahleninduz. 233
Radon 228
Räuchermittel 193
Reinluftgebiete 77 f, 84, 86
Resistenzbildung 175, 194
Röntgen 229, 238
Rubratoxin 197

Safrol 209
Salmonellose 204
Salpetersäure 74
salpetrige Säure 74, 81 f, 222
Salzsäure 223
Sandfangbecken 137
Saponine 207
Saprobienstufen; s. Gewässergüteklassen
saure Emissionen, Verdriftung 60
saure Immissionen; s. saure Niederschläge
saure Niederschläge 61 f
  Al^{3+}-Freisetzung 87
  im Gletschereis 61
  Toxizität 81
  Zersetzung org. Stoffe 67
  Zersetzung von Silikaten 65, 87

Saxitoxin 201 f
Schädlingsbekämpfungsmittel;
  s. Pestizide
Schlauchfilter 35
Schwefeldioxid 57, 59 ff, 133
  Abgasreinigung 88 ff
  Quellen 59
  Reaktionen (Atmosphäre) 62 f
  Synergismus 69, 83
  Toxizität 68 ff
  Verweildauer (Atmosphäre) 60
Schwefelsäure
  Aerosol 25
  Bildung (Atmosphäre) 63
  Rostbildung 66
  Smog 63
  Zersetzung (Kalk) 64
schweflige Säure 69 f, 193
Schwermetalle 133, 161, 184
  Alkylierung 126
  Fällung 143
  Hydrierung 126
  Mobilisierung 125
  Nahrungsketten 127
  Nahrungsmittel 186
  Quellen 124
  Sedimente 125
Serotonin 208
Sievert 230
Silikonöl 223
Silikose 27
Smog 63, 68, 80
  London-Typ 76
  Los Angeles-Typ 75
  photochemische Bildung 74 f
Stabilisatoren (Nahrungsmittel) 189
Staub 16 ff, 34, 68
  Allergiebildung 31
  Definition 16
  Infrarotabsorption 21
  Innenräume 20
  Klimaänderung 59
  Korrosionsvorgänge 25
  Lichtstreuung 21
  Reinigung 34 ff
  Schutzpflanzung 39 f
  Smog 63
  Synergismus (SO_2) 69
  UV-Absorption 21
  Verweildauer (Atmosphäre) 18 f
  Vitamin D-Bildung 26
  Zersetzung (Metalle) 66
  Zersetzung (Steine) 64
Staubkammern 34
Staubsammelleistung (Pflanzen) 40
Sterigmatocystin 197 f
Stickoxide 77, 133
  Quellen 71 f
  Reaktionen (Atmosphäre) 73
  Toxizität 79 f
Stickstoffdioxid 60, 71 ff, 76 f
  Bildung 71 f
  MAK-Wert 80
  Synergismus (SO_2) 82
  Toxizität 79 f
Stickstoffmonoxid 71 f, 76 f
  Toxizität 79
Strahlenarten 227 f

Strahlendosis, letale 237 f
Strahlenexposition, beruflich 240
Strahlenkater 236 f
Strahlenschäden, biolog. 237 f
Strahlenschutzstoffe 235
Strontium-90 187
Sulfaminsäure 223
Sulfat
 Bildung 23
 Reduktion 151

Talkum 226
Tauchscheibenverfahren 137
Tausalz 120, 162
technische Richtkonzentration 27 f, 48
Tenside 119 f
Testbenzin 223, 225
1,1,2,2-Tetrachlorethan 171
Tetrachlorethen 171, 224
Tetrachlormethan 171 ff
 MAK-Wert 173
Theophyllin 211
Thermokline 55
Thiocyanate 207
Thujon 210
Thyroxin 207 f
Titan 30, 133
Titandioxid 212
TOC; s. totaler organischer Kohlenstoffgehalt
Toluol 224
totaler organischer Kohlenstoffgehalt 106
Transmission 41 f, 60 f
Treibhauseffekt; s. Klimaänderung
3,3',4'-Trichlor-4-(3,4-dichloranilino)-azobenzol 118
1,1,1-Trichlorethan 171, 224
1,1,2-Trichlorethan 171, 173 f
Trichlorethen 171, 224
2,4,5-Trichlorphenoxiessigsäure 180, 218
Trinkwasser 145 ff, 169, 173, 183, 200 ff
 Aktivkohlefiltration 148
 Chlorung 147
 Gewinnung 145 ff, 201
 Ozonisierung 147
 Qualität 145 f
TRK; s. technische Richtkonzentration
Trockenadditivverfahren 91
Tropfkörper 138 ff
Trypsinhemmstoffe 206
Tyramin 208

Venturiwäscher 37 f
Verschwindestoffe 194
Vinylchlorid 174, 195
Vitamin D_3 26

Waldsterben 84 ff
Walther-Verfahren 89
Waschmittel 223
Wasserbelastung 104 ff
Wasserstoff-3 188
Wasserstoffperoxid 226

Bildung in Zellen 70, 83, 233
WC-Reiniger 223
Wirbelschichtfeuerung 92 f
Wellmann-Lord-Prozeß 92 f
Wolfram 30

Xylol 224 f

Yttrium-90 187

Zink 157
Zinn 125 f
Zyklone 35

Kummert/Stumm

Gewässer als Ökosysteme

Grundlagen des Gewässerschutzes

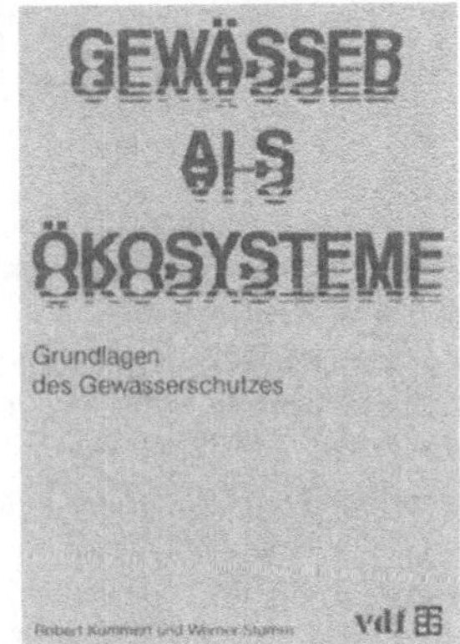

Aus dem Inhalt:

Teil 1: Natürliche Gewässer
- Ökosysteme. Mensch und Modelle
- Das Flaschenexperiment – oder »Wie funktioniert ein Ökosystem?«
- Ein wenig Thermodynamik
- Biologische Elemente eines aquatischen Ökosystems
- Chemische Zusammensetzung natürlicher Gewässer
- Seen, Flüsse, Grundwasser und Meere

Teil 2: Beeinträchtigung natürlicher Gewässer
- Entwicklung der Gewässerbelastung
- Reaktionen der Gewässer auf Beeinträchtigungen
- Verunreinigungsquellen
- Verhalten und Transformationen von Belastungskomponenten
- Gewässerzustand und Gewässerqualität

Teil 3: Gewässerschutz
- Gewässerschutzmaßnahmen: Eine Übersicht
- Gewässerschutz in der Schweiz
- Abwasserreinigungstechnik
- Mengenmäßiger Gewässerschutz
- Veränderungen von Verunreinigungen durch Maßnahmen an der Quelle

»Das Buch besticht durch seine übersichtliche und leicht lesbare Darstellung sowie durch graphisch hervorragend gestaltete, anschauliche Diagramme ...«

H. Kobus in Wasserwirtschaft, Stuttgart

Von
Robert Kummert
Eidg. Anstalt für Wasserversorgung, Abwasserreinigung und Gewässerschutz, EAWAG, und Mittelschullehrer an der Kantonschule Büelrain, Winterthur

und Prof.
Werner Stumm
Eidg. Technische Hochschule Zürich und Direktor der EAWAG

3. Auflage. 1992.
331 Seiten mit zahlreichen Bildern und Tabellen.
16,2 x 22,9 cm.
Kart. DM 42,–
ISBN 3-519-13650-3

Koproduktion
B. G. Teubner Stuttgart –
Verlag der Fachvereine Zürich

Preisänderungen vorbehalten.

B. G. Teubner Stuttgart